高等学校应用型特色规划教材

Java编程基础案例与实践教程

刘德山 李硕 崔晓松 ◎ 主编

人民邮电出版社
北京

图书在版编目（CIP）数据

Java编程基础案例与实践教程 / 刘德山，李硕，崔晓松主编. -- 北京 : 人民邮电出版社，2024.7
高等学校应用型特色规划教材
ISBN 978-7-115-63019-3

Ⅰ. ①J… Ⅱ. ①刘… ②李… ③崔… Ⅲ. ①JAVA语言－程序设计－高等学校－教材 Ⅳ. ①TP312.8

中国国家版本馆CIP数据核字(2023)第201524号

内容提要

本书以通俗易懂的语言、翔实的示例、新颖的内容诠释了Java这门具有安全性、动态性、可移植性的计算机语言。全书分为5部分，第1部分（任务1和任务2）介绍Java基础知识；第2部分（任务3～任务5）介绍Java语言面向对象的抽象、封装、继承、多态的特点，以及抽象类与接口等内容；第3部分（任务6～任务9）介绍Java的核心内容，包括数组、Java的常用类、集合框架、异常处理、输入/输出等内容；第4部分（任务10和任务11）介绍Java的图形用户界面和数据库编程；第5部分（任务12）介绍一个完整的综合项目的开发实现过程。全书内容以应用为核心展开，力求以知识的最小集来实现应用范围的最大化。

本书内容以项目贯穿、以任务驱动，教学内容与教学案例深入融合。本书配合教学，提供课程微视频、移动端和计算机端的教学测试平台。

本书可作为应用本科院校和高职院校计算机相关专业的Java程序设计课程教材或教学参考书，也可作为各类大数据或Java职业技能等级考试的辅助用书，还可作为计算机初学者学习编程语言的入门图书。

◆ 主　编　刘德山　李　硕　崔晓松
　责任编辑　王梓灵
　责任印制　马振武
◆ 人民邮电出版社出版发行　　北京市丰台区成寿寺路11号
　邮编　100164　　电子邮件　315@ptpress.com.cn
　网址　https://www.ptpress.com.cn
　固安县铭成印刷有限公司印刷
◆ 开本：787×1092　1/16
　印张：17.5　　2024年7月第1版
　字数：415千字　　2024年7月河北第1次印刷

定价：69.80元

读者服务热线：(010)53913866　印装质量热线：(010)81055316
反盗版热线：(010)81055315
广告经营许可证：京东市监广登字20170147号

前言

Java自20世纪90年代发布起，一直都是非常受欢迎的编程语言。Java开发具有普适性，其安全性、动态性、可移植性等优点，是用户选择Java的重要原因。

随着大数据、人工智能等新兴技术的发展，软件开发行业对Java开发人员的需求不断增加。党的二十大报告提出"统筹职业教育、高等教育、继续教育协同创新"。本书编者重点面向应用本科和高职院校的学生，编写了这本满足"入门""提升""创新"要求的图书，帮助初学者掌握Java编程技术，培养初学者形成创新思维，为"实施创新驱动发展战略"奠定基础。

本书主要有以下特色。

1. 以项目为主线组织全书内容。

本书以Java知识体系为核心，以项目引领全书内容。本书在任务1中引入项目，后续各个任务的知识点都围绕该项目展开，最后完成整个项目。

本书的每个任务都有具体的任务要求，形成面向知识点的微项目，为整个项目的实现提供支撑，体现任务驱动的教学特点。

2. 以"实用""适用"为原则。

本书系统地介绍了程序、软件、软件开发方法、结构化程序设计、面向对象程序设计等知识。在满足应用需求的前提下，编者选用了使用频率高、实用性强、相对较新的内容，并适当降低了程序设计在教学中的难度，体现"实用""适用"的原则。

3. 以立体化教学资源做支撑。

本书提供了丰富的教学资源。

（1）教学课件、程序源码等资源。读者可在信通社区下载。

（2）微视频。编者制作了主要课程内容的微视频，扫描封底的二维码即可观看对应各个任务的视频教程。

（3）在线测试平台。本书得到了百科园教育软件平台的支持，读者参考本书配套资源中的软件下载与安装说明，即可实现按任务练习测试，也可以下载百科园客户端进行在线编程测试。

4．案例丰富。

全书设计了一百多个示例和 10 个项目实践，内容基本覆盖 Java 的核心知识点。

本书由刘德山、李硕、崔晓松担任主编，负责全书的统稿和定稿工作。由于编写时间仓促和水平有限，书中难免存在不足之处，敬请广大读者批评指正。

为了便于学习和使用，我们提供了本书的配套资源。读者扫描并关注下方的“信通社区”二维码，回复数字 63019，即可获得配套资源。

“信通社区”二维码

编者

2024 年 2 月

目 录

任务1 认识 Java 语言

Java 是一种面向对象的程序设计语言，具有简单易用、稳定、平台无关、安全、解释执行等特点。Java 主要用于企业级应用程序开发，还可用于开发手机、数字机顶盒、汽车导航等各种嵌入式软件产品，是使用最为广泛的编程语言之一。

本任务主要介绍 Java 语言的产生背景、Java 程序的编辑和运行。

✧ 学习目标

（1）了解 Java 语言的产生、版本和特点。
（2）能够下载、安装、配置 JDK 和 IntelliJ IDEA 开发环境。
（3）掌握 Java 程序的编辑和运行方法，能读懂简单的 Java 程序。
（4）掌握 Java 输入/输出语句的使用方法。

✧ 项目描述

本任务介绍学生信息管理系统项目的功能、开发环境及其在各任务的具体实现，并给出命令行界面和图形用户界面的运行效果。

✧ 知识结构

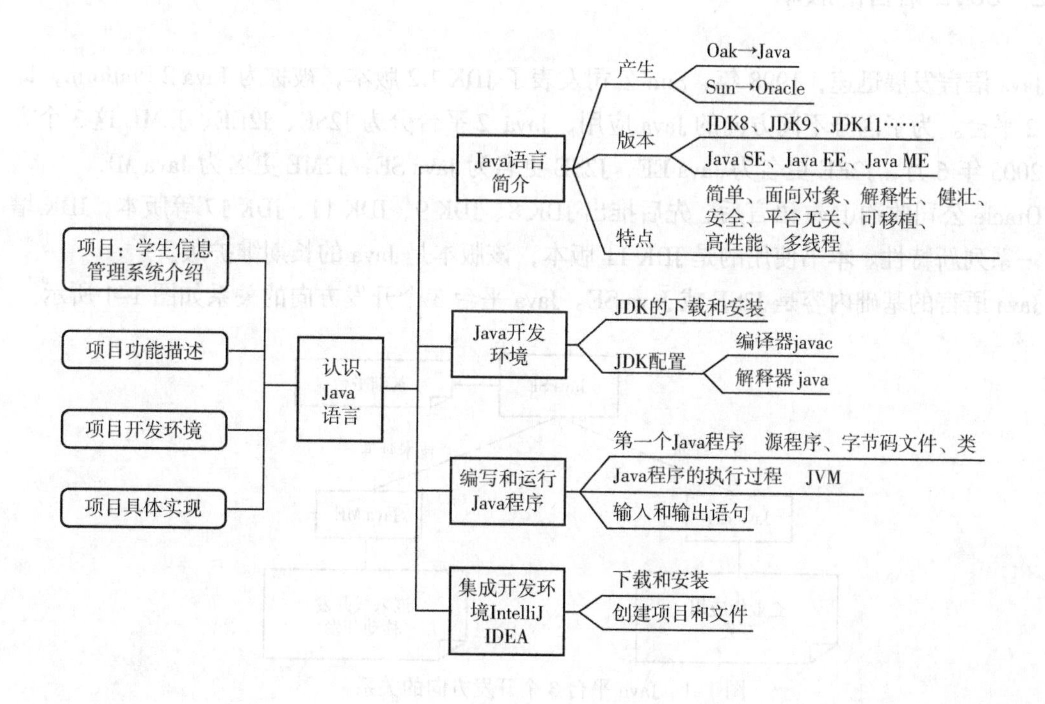

1.1 Java 语言简介

1.1.1 Java 语言的产生

Java 语言的前身是 Oak 语言。1991 年，Sun 公司为了寻找适合在消费类电子产品上开发应用程序的编程语言，成立了由詹姆斯·戈斯林和帕特里克·诺顿领导的 Green 研究小组。电子产品种类繁多，包括 PDA、机顶盒、手机等，存在不同种类产品跨平台的问题，即使是同一类消费电子产品，其所采用的处理芯片和操作系统也不相同，且存在跨平台的问题。起初 Green 小组考虑采用 C++语言来编写消费电子产品的应用程序，但对于消费电子产品而言，C++语言过于复杂和庞大，并不适用，安全性也并不令人满意。最后，Green 小组基于 C++语言开发出一种新的语言——Oak。该语言采用了许多 C 语言的语法，提高了安全性，并且是面向对象的，但是 Oak 语言在商业上并未获得成功。

随着互联网的蓬勃发展，Sun 公司发现 Oak 语言所具有的跨平台、面向对象、安全性高等特点，非常符合互联网的需要，于是转向互联网应用，进一步改进该语言的设计，并将这种语言取名为 Java。1995 年，Sun 公司在 Sun World 大会上正式发布了 Java 语言。

2009 年 4 月，Oracle 公司出于自身业务发展的需要，收购 Sun 公司，Java 成为 Oracle 公司企业级开发编程语言业务的重要组成部分。

1.1.2 Java 语言的版本

Java 语言发展迅速，1998 年，Sun 公司发表了 JDK 1.2 版本，被称为 Java 2 Platform，即 Java 2 平台。为了区分不同方向的 Java 应用，Java 2 平台分为 J2SE、J2EE、J2ME 这 3 个方向，2005 年 6 月，J2EE 更名为 Java EE，J2SE 更名为 Java SE，J2ME 更名为 Java ME。

Oracle 公司收购 Java 语言后，先后推出 JDK 8、JDK 9、JDK 11、JDK 17 等版本，JDK 增加了一系列新特性。本书使用的是 JDK 11 版本，该版本是 Java 的长期维护版。

Java 语言的基础内容是 J2SE 或 Java SE。Java 平台 3 个开发方向的关系如图 1-1 所示。

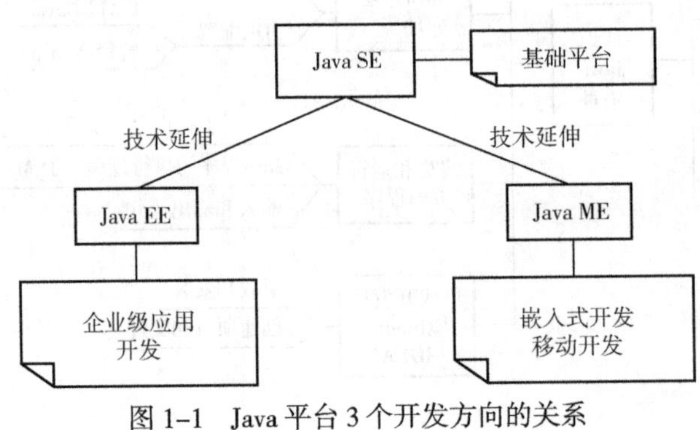

图 1-1　Java 平台 3 个开发方向的关系

1. Java SE

Java SE是标准版（基本的）Java开发工具，用户可以用其来编写、部署和运行Java应用程序。Jave SE主要包含Java的核心类库，如字符串、集合、输入/输出、数据库编程接口和网络编程接口等类库。Java SE还包含支持Java Web服务开发的类，这些类是开发Java EE应用程序的基础。

2. Java EE

Java EE是面向企业级应用的软件开发平台。它提供Web服务、组件模型、管理和通信应用程序接口（API），涉及COBRA、Java Servlets、JSP、XML等技术。

3. Java ME

Java ME是为移动设备和嵌入式设备提供开发和运行的应用平台，开发的软件一般被应用在手机、PDA、机顶盒等设备中，目前已经逐渐被Android开发代替。

1.1.3　Java语言的特点

Java具有简单易用、支持面向对象、解释执行、健壮、安全、平台无关、可移植性强、支持多线程等特点。

1. 简单易用

Java通过提供最基本的方法来完成程序设计，用户只需要理解一些基本的概念，就可以用它编写适合于各种应用的程序。Java没有使用C++中的指针、头文件、运算符重载、虚基类等概念，语言结构更为清晰、简洁。

2. 支持面向对象

Java是纯面向对象的编程语言，不再支持面向过程的程序设计技术。Java的设计集中于对象及接口，它提供了简单的类机制及动态的接口模型。对象封装了成员变量及成员方法，实现了模块化和信息隐藏；而类则提供了一类对象的原型，并且通过继承机制，子类可以使用父类所提供的方法，实现了代码的复用。

3. 解释执行

Java解释器（运行时系统）直接对Java的字节码文件解释执行。字节码本身携带了许多编译时的信息，使链接过程更加简单。

4. 健壮

Java 程序运行时，提供自动垃圾回收机制来进行内存管理，不需要用户管理内存。Java提供异常处理机制，在编译时，Java提示可能出现但未被处理的异常，帮助用户正确地进行选择以防止系统崩溃。

5. 安全

Java不支持指针和释放内存等操作，一切对内存的访问都必须通过对象的实例变量来实现，避免了非法内存操作和指针操作容易产生的错误；类装载器加载类文件（.class 文件）到虚拟机时，需要进行安全检查；字节码校验器负责检查类文件代码中是否存在非法操作。上述方法保证了Java程序运行的安全性。

6. 平台无关

Java 解释器生成与体系结构无关的字节码指令，在安装了 Java 解释器的计算机上，Java 字节码文件可以跨平台运行。

7. 可移植性强

与平台无关的特性使 Java 程序可以方便地被移植到不同的操作系统下执行。同时，Java 的类库中也实现了对不同平台的接口，使这些类库可以移植。另外，Java 编译器是由 Java 语言实现的，Java 运行时系统由标准 C 语言实现，这使 Java 系统本身也具有可移植性。

8. 支持多线程

多线程机制使应用程序能够并行执行，多线程同步保证了对共享数据的正确操作。通过使用多线程，用户可以分别用不同的线程完成特定的行为，而不需要采用全局的事件循环机制，这样就很容易实现网络上的实时交互功能。

1.2 Java 开发环境

Java 编程包括编写源程序代码、编译生成字节码文件和解释运行字节码文件等步骤。在编写和运行程序时，首先要搭建 Java 开发和运行环境，即下载、安装和配置 JDK。

1.2.1 JDK 的下载和安装

Java 程序的编译运行需要 JDK 的支持。

JDK 是 Java Development Kit 的缩写，含义是 Java 开发工具包，是开发、运行 Java 程序的系统软件。当前普遍使用 JDK 9 以上版本，本书使用的版本是 JDK 11。用户可以根据不同的操作系统从 Oracle 官网下载 JDK。JDK 11 下载页面如图 1-2 所示。

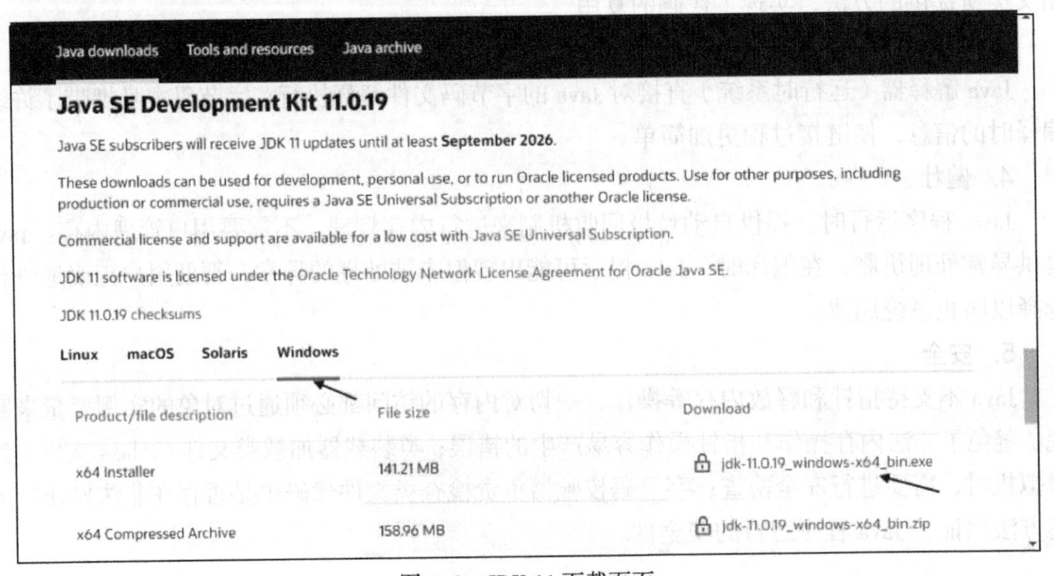

图 1-2　JDK 11 下载页面

从官网下载 jdk-11.0.19_windows-x64_bin.exe 文件，双击运行该文件即开始安装。在安装过程中可以选择安装路径和安装组件，选择安装路径界面如图 1-3 所示。如果没有特殊要求，保留默认设置即可。本书 JDK 的安装路径是 C:\Program Files\Java\jdk-11。

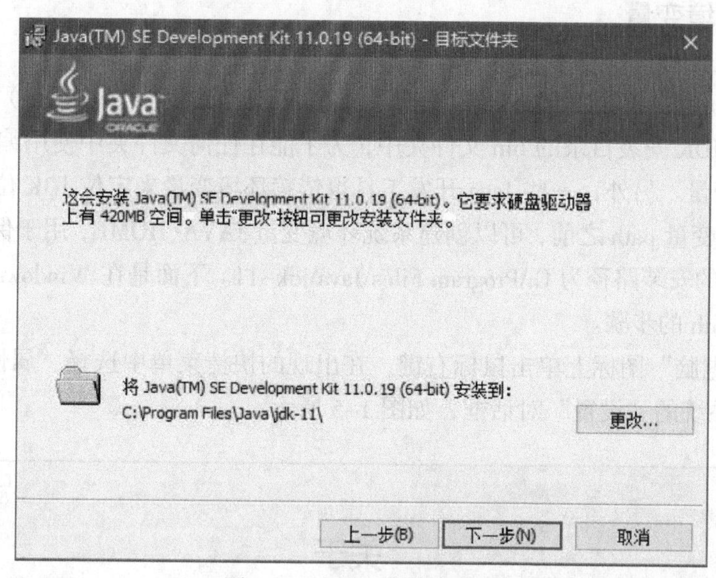

图 1-3　选择安装路径界面

JDK 安装完成后，出现如图 1-4 所示的安装完成界面。在 JDK 安装目录的 bin 文件夹下的 javac.exe、java.exe 等文件用于编译和运行 Java 程序；JDK 安装目录的 lib 文件夹用于存放 JDK 的一些补充 jar 包，其中的压缩文件 src.zip 中含有 JDK 的源程序，用户可以打开该文件，阅读并学习其中的源程序。

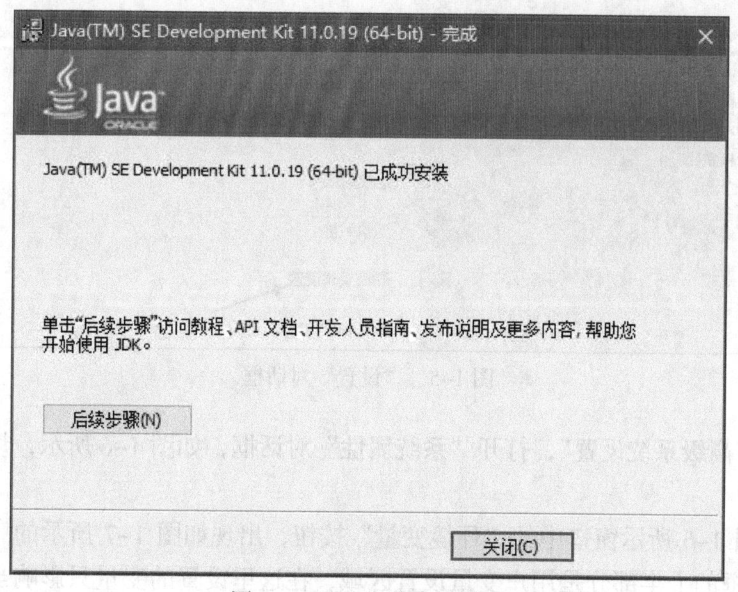

图 1-4　JDK 安装完成界面

为了使用方便，用户还应该在 Oracle 官网下载 JDK 文档。JDK 文档中包含了全部 JDK

涉及的类、接口和方法的介绍。下载的 JDK 文档解压缩后即可使用，用户在编程过程中可能需要经常查阅 JDK 文档。

1.2.2 配置环境变量

安装完 JDK 后，通常还要配置环境变量 path。Java 编译器（javac.exe）和 Java 解释器（java.exe）位于 JDK 安装目录的 bin 文件夹中，为了能在任何文件夹中使用编译器和解释器，需要设置 path 变量。另外，一些 Java 开发工具也依赖环境变量来定位 JDK 位置。

在配置环境变量 path 之前，可以创建系统环境变量 JAVA_HOME，用于保存 JDK 的安装目录。JDK 默认的安装路径为 C:\Program Files\Java\jdk-11。下面是在 Windows 10 操作系统下配置环境变量 path 的步骤。

① 在“此电脑”图标上单击鼠标右键，在出现的快捷菜单中选择“属性”命令，会出现 Windows 10 系统的“设置”对话框，如图 1-5 所示。

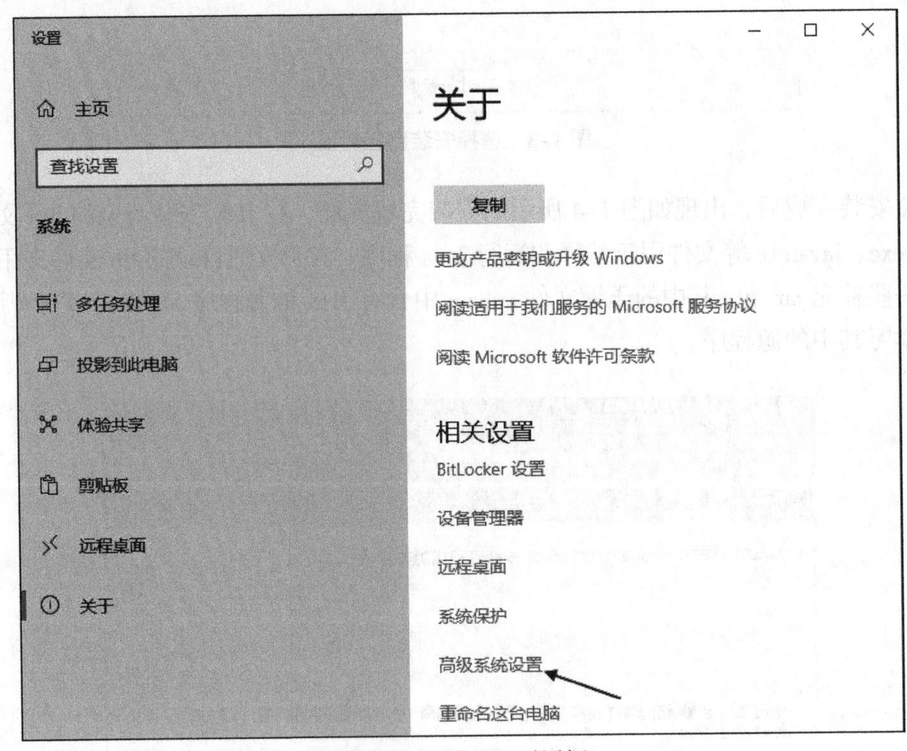

图 1-5 “设置”对话框

② 单击“高级系统设置”，打开“系统属性”对话框，如图 1-6 所示，切换到“高级”选项卡。

③ 单击图 1-6 所示窗口中的“环境变量”按钮，出现如图 1-7 所示的“环境变量”对话框。该对话框的上半部分是用户变量设置区域，在这里设置的变量只影响当前用户，而不会影响其他用户。“环境变量”对话框的下半部分是整个系统的环境变量设置区域，修改系统的环境变量，会影响该操作系统的所有用户。

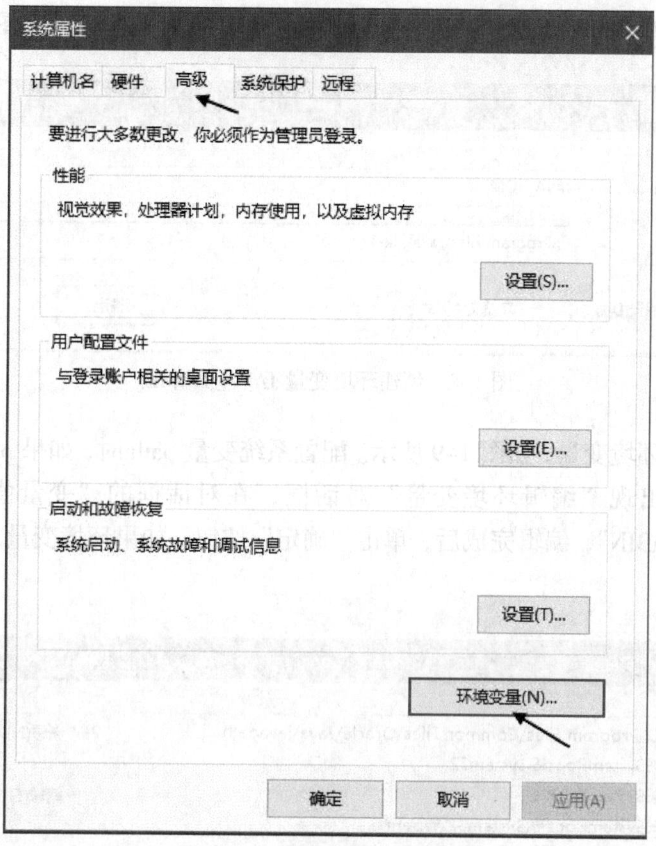

图 1–6　“系统属性”对话框

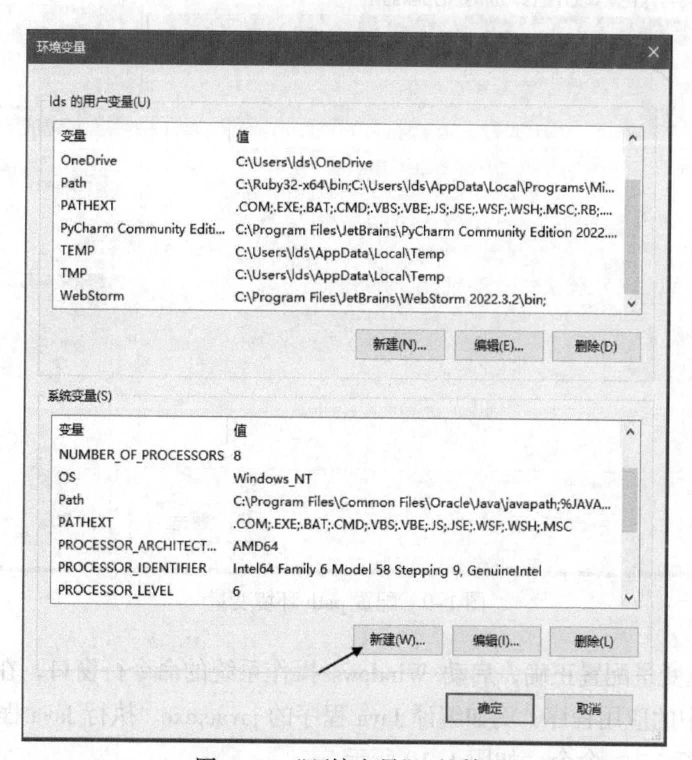

图 1–7　“环境变量”对话框

④ 单击图 1–7 中的“新建”按钮，创建环境变量 JAVA_HOME，如图 1–8 所示。

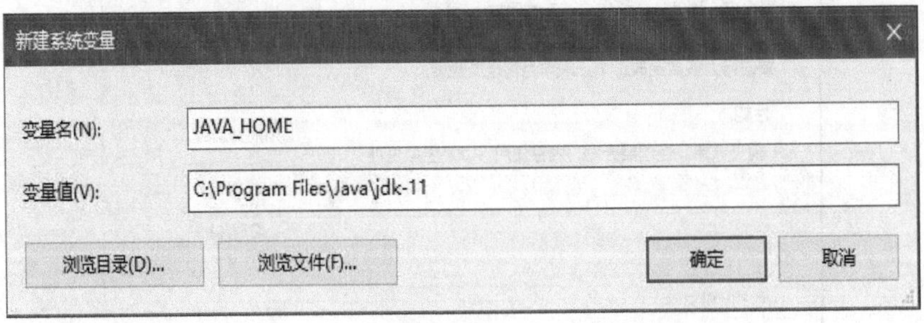

图 1–8　创建环境变量 JAVA_HOME

⑤ 配置 path 环境变量，如图 1–9 所示。配置系统变量 path 时，如果 path 变量已经存在，双击 path 选项，出现“编辑环境变量”对话框，在对话框的“变量值”文本框中添加“%JAVA_HOME%\BIN”，编辑完成后，单击“确定”按钮。如果环境变量 path 不存在，需要用户新建该变量。

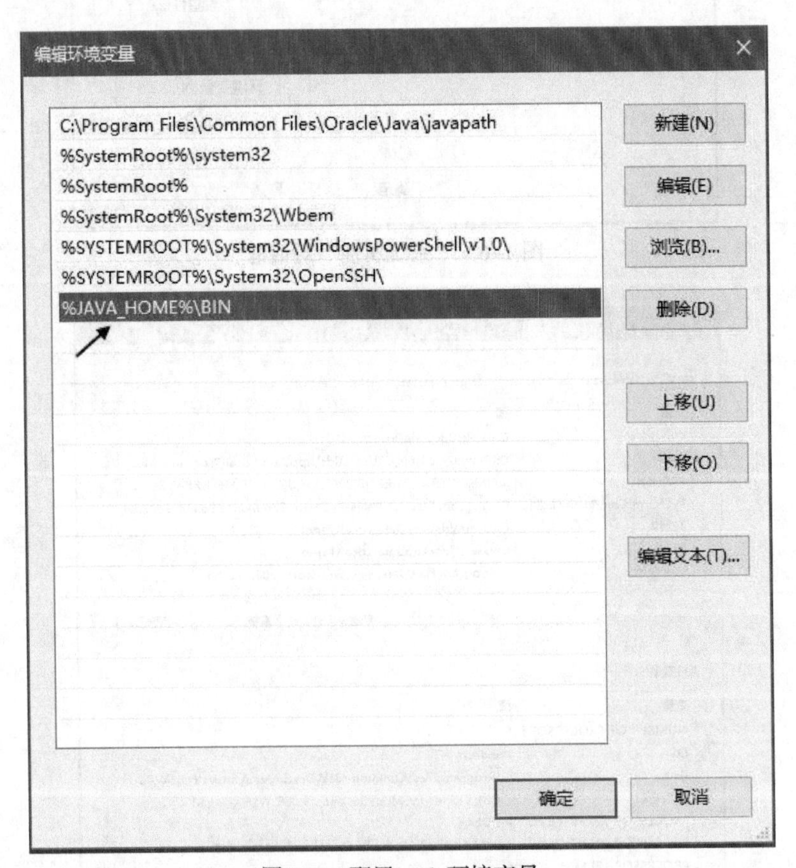

图 1–9　配置 path 环境变量

⑥ 如果环境变量配置正确，启动 Windows 操作系统的命令行窗口，在任何位置都可以运行 bin 文件夹中的应用程序，例如编译 Java 程序的 javac.exe、执行 Java 程序的 java.exe 等，在命令行窗口执行 javac 命令，如图 1–10 所示。

```
命令提示符
Microsoft Windows [版本 10.0.19045.2965]
(c) Microsoft Corporation。保留所有权利。

C:\Users\lds>javac
用法: javac <options> <source files>
其中, 可能的选项包括:
  @<filename>                  从文件读取选项和文件名
  -Akey[=value]                传递给注释处理程序的选项
  --add-modules <模块>(,<模块>)*
        除了初始模块之外要解析的根模块; 如果 <module>
                为 ALL-MODULE-PATH, 则为模块路径中的所有模块。
  --boot-class-path <path>, -bootclasspath <path>
        覆盖引导类文件的位置
  --class-path <path>, -classpath <path>, -cp <path>
        指定查找用户类文件和注释处理程序的位置
  -d <directory>               指定放置生成的类文件的位置
  -deprecation                 输出使用已过时的 API 的源位置
  --enable-preview             启用预览语言功能。要与 -source 或 --release
一起使用。
  -encoding <encoding>         指定源文件使用的字符编码
```

图 1-10　在命令行窗口执行 javac 命令

1.3　编写和运行 Java 程序

在安装和配置 Java 的开发环境之后，下面编写一个 Java 应用程序，进一步了解 Java 程序的结构和执行过程。

1.3.1　第一个 Java 程序

编写及运行 Java 程序包括以下步骤：使用文本编辑工具编写源程序、使用 JDK 编译和运行程序。Java 程序的编写和运行的过程如图 1-11 所示。

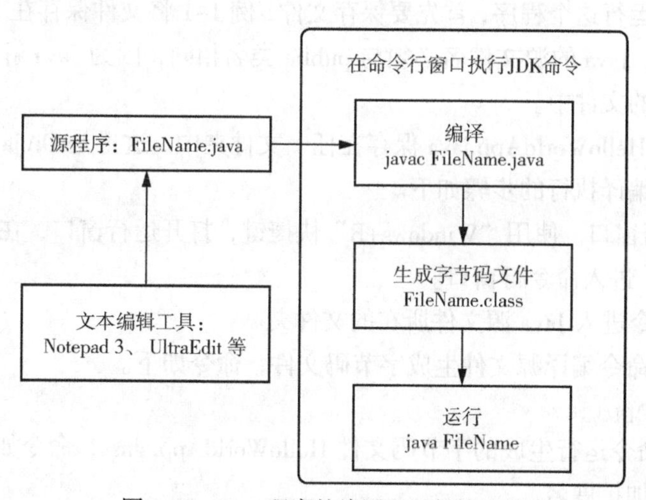

图 1-11　Java 程序的编写和运行的过程

1. 使用文本编辑工具编写源程序

编写 Java 程序时，首先启动文本编辑器，可以是记事本、NotePad 3、UltraEdit 等任一文本编辑工具，输入程序源代码并保存。一般来说（对于初学者而言），程序文件名与类文件名一致，如果类被定义为 public，那么程序文件名一定与类名一致。然后将 Java 的源程序编译成扩展名为.class 的字节码文件，最后再运行这个字节码文件。

【例 1-1】 HelloWorldApp.java，第一个 Java 程序，代码如下。

```
public class HelloWorldApp {
    public static void main(String[] args) {
        System.out.println("Hello World!");
    }
}
```

例 1-1 的功能是输出一行信息：Hello World!。下面来说明程序的基本结构。

（1）类定义

Java 应用程序由类构成，本例中是 HelloWorldApp 类。用关键字 class 来声明类，public 指明该类是一个公共类，一个 Java 源文件中可以定义多个类，但最多只能有一个公共类。

（2）main( )方法

例 1-1 定义了一个 main( )方法。事实上，main( )方法是应用程序的入口，而且必须用 public、static 和 void 指明，public 表示所有的类都可以使用这一方法，static 则说明该方法是一个静态方法，void 指明该方法不返回任何值，可以通过类名直接调用。Java 解释器在没有生成任何对象时，以 main( )方法作为入口来执行程序。

main( )方法定义中，括号中的 String args[ ]是传递给 main( )方法的参数，这个参数是 String 类型数组，名称为 args。

（3）程序内容

在 main( )方法中，只有一条语句用于实现字符串的输出，代码如下。

```
system.out.println("Hello World!");
```

2. 使用 JDK 编译和运行 Java 程序

如果要编译和运行这个程序，首先要保存文件，例 1-1 将文件保存在 HelloWorldApp.java 中。需要注意的是，Java 的源文件名必须与 public 类名相同，因为 Java 解释器要求 public 类必须放在与之同名的文件中。

可以将源文件 HelloWorldApp.java 保存在任一文件夹中，这里是 D:\ java 文件夹。在命令行窗口中，源文件编译执行的步骤如下。

① 启动命令行窗口。使用“Windows+R”快捷键，打开运行窗口，在“打开”文本框中输入“cmd”命令，进入命令行窗口。

② 使用 cd 命令进入 Java 源文件所在的文件夹。

③ 使用 javac 命令编译源文件生成字节码文件，命令如下。

```
javac HelloWorldApp.java
```

④ 使用 java 命令运行生成的字节码文件 HelloWorldApp.class，命令如下。注意，运行字节码文件时不需要加扩展名。

```
java HelloWorldApp
```

命令行窗口中显示运行结果：Hello World!。

进入 D:\ java 文件夹（源文件在该文件夹中），编译和运行文件的过程如图 1-12 所示。如果是在集成开发环境中，Java 程序的编译和运行过程更为简洁和方便。

图 1-12　编译和运行文件的过程

1.3.2 Java 程序的执行过程

计算机程序的执行方式分为**编译执行**和**解释执行**两种。编译执行是指用户编写的源程序会被编译器一次性翻译成某种计算机平台上的目标程序。解释执行是指用户编写的源程序应该由解释器一边翻译一边执行，即翻译一句执行一句。如果要再次运行这种程序，就必须重新翻译和执行。显然，解释方式的运行速度要比编译方式的运行速度慢得多，因为解释方式下运行的是高级语言的源程序，而编译方式下运行的是翻译好的目标程序。

Java 程序的执行介于这两种情形之间，Java 是一种**半编译半解释**的语言。要运行一个 Java 源程序，首先需要用 Java 编译器将其翻译成一种被称为字节代码的中间代码，然后再用 Java 解释器在特定的计算机平台上对字节代码一边翻译一边执行。虽然 Java 程序最终是以解释方式运行的，但其解释的是字节代码，而字节代码是一种经过编译优化的、接近具体处理器代码的二进制代码，所以程序的运行速度仍然相当快。

用户编写以.java 为扩展名的源程序，编译成扩展名为.class 的字节码文件，最后由 Java 解释器在不同平台上运行。字节码文件运行过程中，涉及一个 Java 的核心概念——**Java 虚拟机**（JVM）。

Java 虚拟机的作用类似于计算机的中央处理器（CPU），由类装载器、字节码校验器、解释器等组成，由其负责解释执行字节码文件。Java 的平台无关性更多地表现为字节代码执行结果的平台无关性，即同样的字节码文件，不管在哪个计算机平台上运行都会得出正确的结果。这是因为字节码文件并不是直接运行在计算机平台上，而是运行在 Java 虚拟机上。以运行 HelloWorldApp.class 字节码文件为例，Java 程序的执行过程如图 1-13 所示。

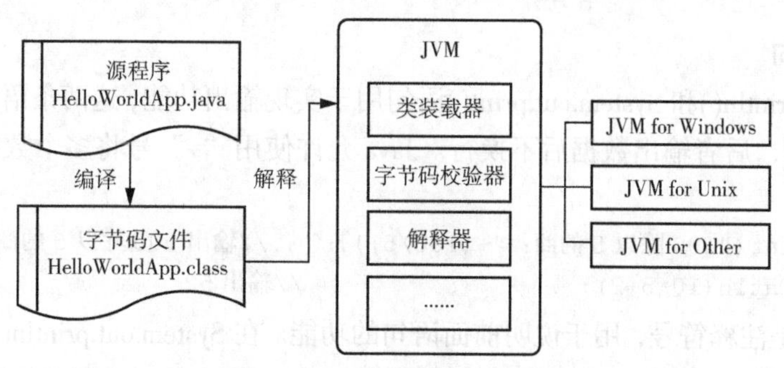

图 1-13　Java 程序的执行过程

在程序执行过程中，由类装载器完成对字节码的装载，由字节码校验器进行安全性检查，字节码文件由解释器翻译和执行。

1.3.3 输入和输出语句

程序是完成一定功能的语句的集合，用于解决特定的计算问题。程序通常由输入（Input）、处理（Process）、输出（Output）3 个部分组成。输入部分是程序设计的起点；处理部分是程序的核心，用于实现具体的功能；程序的运行结果通过命令行窗口或图形用户界面输出。下面介绍 Java 的输入和输出语句。输入语句和输出语句在编程中经常使用，为方便后面各任务的学习，在这里提前介绍。

1. 输入语句

在命令行窗口，可以使用 JDK 的 Scanner 类实现输入功能。Scanner 类的 next( )、nextInt( )、nextDouble( )、nextLong( )等方法可以接收不同类型的数据输入。数据类型将在任务 2 中介绍。

【例 1-2】 TestScanner.java，接收从键盘输入的整数，并输出该数的立方值，代码如下。

```
import java.util.Scanner;
public class TestScanner {
   public static void main(String[] args) {
      Scanner sc = new Scanner(System.in);
      System.out.print("请输入整数: ");
      int a=sc.nextInt();
      System.out.println(a+"的立方: "+(a*a*a));
   }
}
```

例 1-2 中，import 语句用于导入 java.util.Scanner 类，原因是 Scanner 类在 java.util 包中，导入后才能使用；代码 Scanner sc = new Scanner(System.in)用于创建 Scanner 类的对象 sc，System.in 的含义是标准输入（键盘），是向 Scanner 类传递的参数；代码 int a=sc.nextInt( )将用户输入的数据传递给变量 a。

程序的运行结果如下。

```
请输入整数: 4
4 的立方: 64
```

2. 输出语句

System.out.println( )和 System.out.print( )语句用于实现输出功能，这两条语句的区别是前者输出数据后换行，后者输出数据后不换行。Java 允许使用“+”号将多个数据一起输出。代码示例如下。

```
System.out.print("100 除以 5 的商: "+(100/5));      //输出 100 除以 5 的商: 20
System.out.println(10*5+2);                        //输出 52
```

代码中的//是注释符号，用于说明前面语句的功能。在 System.out.println( )语句中，System 是 JDK 中的一个类，out 是 System 类的一个属性，而 println( )是一个用于打印输出的方法。

1.4 集成开发环境 IntelliJ IDEA

1.3 节使用文本编辑器编辑程序，然后在命令行窗口编译运行。文本编辑器功能十分有限，适用于编写一些简单的程序。Java 作为流行的计算机语言，有很多优秀的集成开发环境。集成开发环境简称 IDE，是提供程序开发运行环境的应用程序，具有代码编写、编译、调试运行等功能，能够大大提高开发效率。Java 常用的 IDE 有 IntelliJ IDEA、Eclipse、NetBeans 等。本书使用 IntelliJ IDEA 环境学习 Java 编程。

1.4.1 下载和安装 IntelliJ IDEA

IntelliJ IDEA 是 JetBrains 公司的产品，被业界认为是功能强大的 Java 开发工具。在智能代码助手、代码自动提示、重构、Java EE 支持等方面，IntelliJ IDEA 功能尤其强大。IntelliJ IDEA 插件非常丰富，支持目前主流的技术和框架，适用于企业级应用、移动应用和 Web 应用开发。

我们可以从 JetBrains 官网下载 IntelliJ IDEA 开发包。

① 进入 JetBrains 官网主页，单击导航栏的“Developer Tools”选项，可以看到 JetBrains 的所有开发工具，选择“IntelliJ IDEA”，如图 1-14 所示。

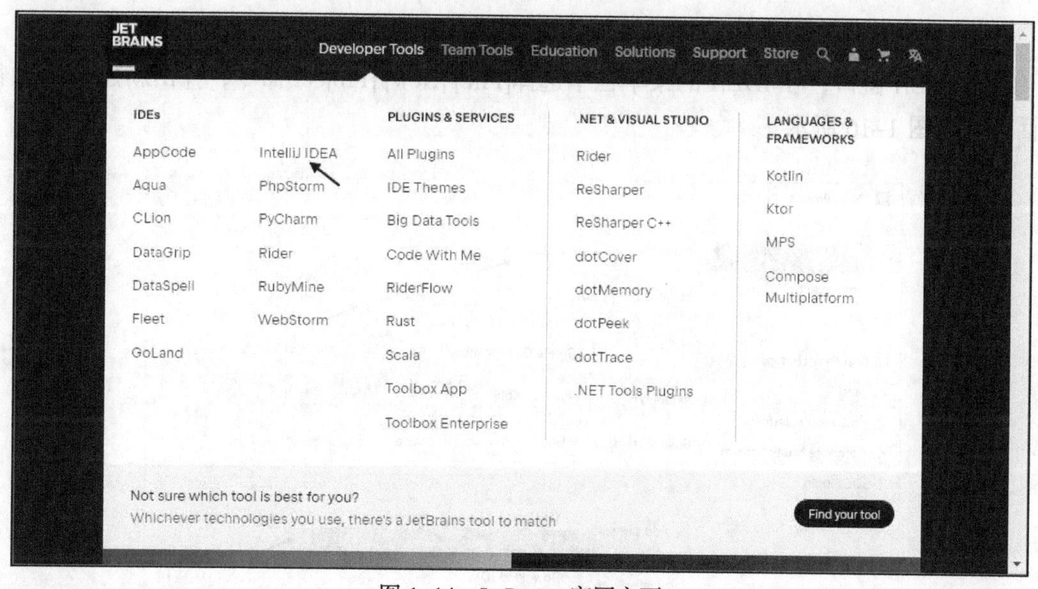

图 1-14　JetBrains 官网主页

② 进入 IntelliJ IDEA 产品页面，单击“Download”按钮，进入 IntelliJ IDEA 下载页面，如图 1-15 所示。

③ 在下载页面，可以选择 Windows、macOS、Linux 等不同操作系统的 IDEA 开发包。每种操作系统都有两个版本可供下载——Ultimate（旗舰版，付费）和 Community Edition（社区版，免费）。

图 1-15 IntelliJ IDEA 下载页面

通常情况下，企业开发使用 Ultimate 版本，个人学习使用 Community 版本即可。用户可以根据具体需求选择适合自己的版本。本书使用 ideaIC-2022.3.2 版的 IntelliJ IDEA Community Windows 版本。

下载安装文件 ideaIC-2022.3.2.exe 后，双击该文件，启动安装向导，根据提示按顺序安装即可，初学者可以使用默认安装选项。安装完成后就可以启动 IntelliJ IDEA，创建项目和文件了。

1.4.2 创建项目和文件

1. 新建项目

打开 IDEA 窗口，在 IDEA 的菜单栏中选择[File]/[New]/[Project]命令，弹出新建 Java 项目对话框，如图 1-16 所示。

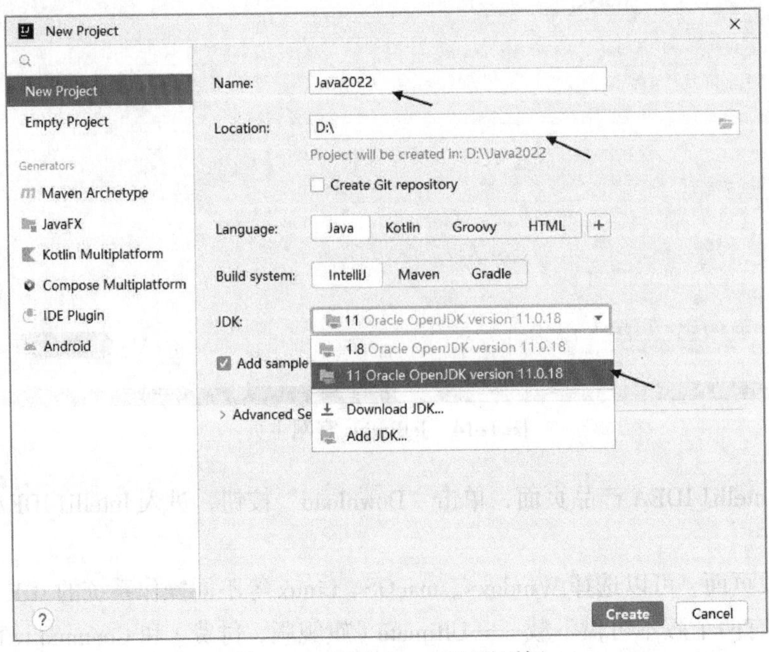

图 1-16 新建 Java 项目对话框

在"Name"文本框和"Location"文本框中输入项目名和项目路径，并在"JDK"下拉列表中选择要使用的JDK的版本，如图1-16所示。如果已经安装的版本没有出现在该下拉列表中，则可以使用"Add JDK…"命令定位查找JDK。最后单击"Create"按钮完成项目的创建。

2. 新建类

在项目名称下的src目录上单击鼠标右键，在弹出的快捷菜单中选择[New]/[Java Class]命令，在弹出的"New Java Class(新建Java类)"对话框中输入要新建的类名称(HelloWorldApp)。新建类对话框如图1-17所示。

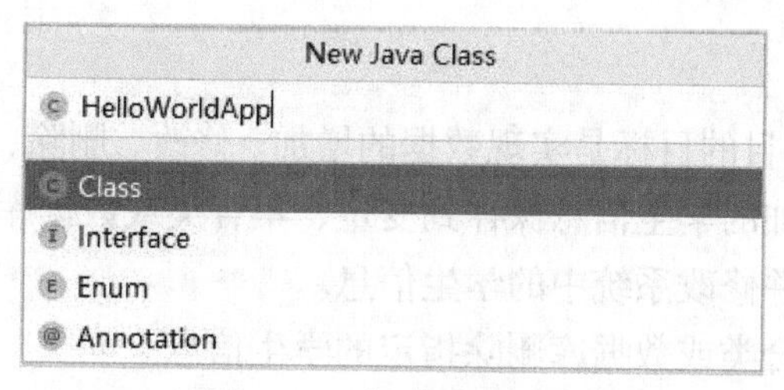

图1-17　新建类对话框

类名输入完成后按"Enter"键，会在程序编辑窗口自动生成类的声明代码。IDEA的程序编辑窗口如图1-18所示。

在代码编辑区输入程序代码，输入完成后，执行"Run"菜单命令运行该程序。也可直接在代码编辑区单击鼠标右键，在弹出的快捷菜单中选择"Run HelloWorldApp"命令，程序会自动编译并运行，程序运行结果会出现在"Run"窗口中。

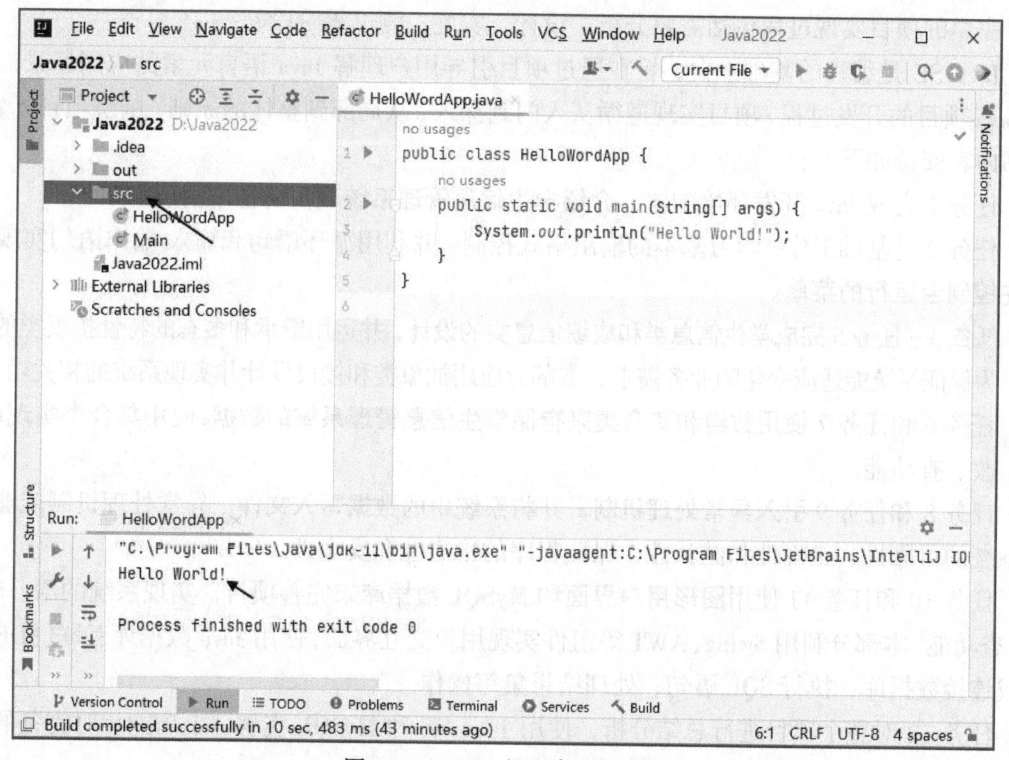

图1-18　IDEA的程序编辑窗口

在创建类之前，也可以先创建一个 package（包），再在 package 中创建类，创建包的过程和创建类的过程类似。

1.5 学生信息管理系统项目介绍

本书使用 Java SE 提供的类和接口完成一个学生信息管理系统项目，后续任务都围绕该项目展开。

1. 项目功能描述

学生信息管理系统项目的目标是实现数据的增加、修改、删除、查询、显示、备份功能。

① 增加数据：将添加的学生信息保存到变量、集合类或数据库中。

② 修改数据：检索并修改系统中的学生信息。

③ 删除数据：从集合类或数据库删除指定的学生信息。

④ 查询数据：根据条件获取指定的学生信息。

⑤ 显示数据：在控制台（命令行窗口）或图形用户界面窗口输出学生信息。

⑥ 备份数据：将数据库中的数据导出到文本文件中。

2. 项目开发环境

学生信息管理系统项目使用 IDEA 环境开发，开发平台是 J2SE，数据库使用 MySQL，除图形用户界面外，所有运行结果均为 IDEA 控制台输出。

3. 项目在各任务的实现

完整的项目实现过程包括需要分析、设计、实施、测试等阶段。

Java SE 是编程的基础平台，旨在通过项目引导用户理解 Java 语言元素的应用场景，掌握 Java 项目的开发过程，项目实现遵循从入门到深入、从局部到整体的原则。围绕项目开发，本书内容安排如下。

任务 1 完成 Java 开发环境配置，**介绍学生信息管理系统项目的基本情况**。

任务 2 是基础工作，学习基本的输出格式控制，并利用循环语句和输入/输出语句实现**一个在控制台运行的菜单**。

任务 3 ~ 任务 5 **完成学生信息类和成绩信息类的设计**，并运用继承和多态的特性扩展类的功能。为保证系统能适应变化的业务需求，本部分应用抽象类和接口设计并实现系统的相关功能。

任务 6 和任务 7 **使用数组和集合类来存储学生信息管理系统的数据**，使用集合类实现增、删、改、查功能。

任务 8 和任务 9 **引入异常处理机制**，并**将系统中的数据写入文件**。异常处理机制能够提高系统的可靠性、正确性和健壮性，保证程序的稳定性和安全性。

任务 10 和任务 11 使用**图形用户界面和 MySQL 数据库**来完善项目，实现系统的增、删、改、查功能。本部分利用 Swing、AWT 等组件实现用户交互界面，使用 Java 数据库互联（JDBC）完成连接数据库、执行 SQL 语句、处理结果集等操作。

任务 12 对整个项目进行总结分析，使用 Java SE 和 MySQL 实现一个功能相对完备的图形用户界面的学生信息管理系统。

项目运行的图形用户界面如图1-19所示。

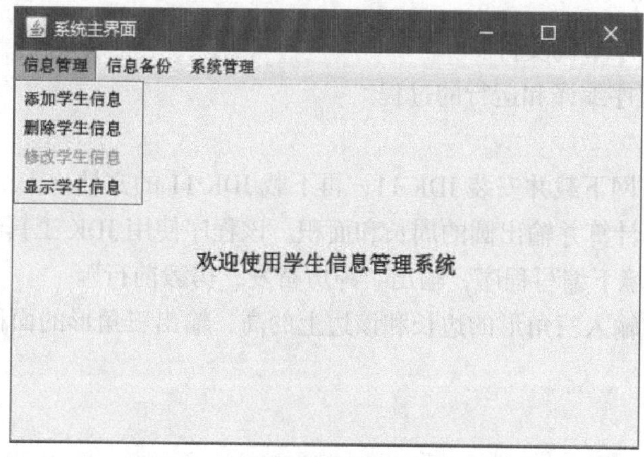

图1-19　项目运行的图形用户界面

习题1

1. 选择题

（1）下列关于Java特点的描述，**不正确**的是哪一项？（　　）

A．支持多线程　　B．具有平台无关性

C．纯面向对象的语言　　D．支持编译执行和解释执行两种方式

（2）下列关于Java程序的main( )方法的代码，正确的是哪一项？（　　）

A．public static void main( ){}　　B．public static void main(String[ ]string){}

C．public static void main(String args){}　　D．static public int main(String[ ] args){}

（3）下列关于Java源文件的说法，**不正确**的是哪一项？（　　）

A．一个源文件中最多可以有一个public类

B．一个源文件可以没有main( )方法

C．一个源文件只能有一个方法

D．一个Java程序可以包括多个源文件

（4）Java虚拟机（JVM）中运行的是哪种类型的文件？（　　）

A．.java　　B．.exe　　C．.class　　D．.com

（5）下列关于main( )方法的说法，正确的是哪一项？（　　）

A．一个类可以没有main( )方法

B．所有对象的创建都必须放在main( )方法中

C．main( )方法必须被放在public类中

D．main( )方法的声明可以根据情况修改

2. 简答题

（1）Java语言有哪些主要特点?

（2）为什么说Java是一种半编译、半解释的程序设计语言?

（3）什么是 Java 虚拟机?

（4）什么是 JDK?

（5）什么是 Java 字节码文件?

（6）说明 Java 程序编译和运行的过程。

3. 上机实践

（1）在 Oracle 官网下载并安装 JDK 11，再下载 JDK 11 的文档。

（2）编写程序，计算并输出圆的周长和面积。该程序使用 JDK 工具编译并运行。

（3）在 IDEA 环境下编写程序，输出“踔厉奋发，勇毅前行”。

（4）编写程序，输入三角形的边长和该边上的高，输出三角形的面积。

任务2　掌握Java基础语法

用计算机语言编写的程序被称为源程序，也叫作源代码。编写程序时应注意语句格式、语法约束、关键字等，这些属于基本语法的范畴。本任务学习Java的基本语法，主要包括Java的数据类型、常量、变量、运算符和表达式，以及程序的流程控制等内容。

✧ 学习目标

（1）了解Java的标识符命名规则，认识常用的关键字。
（2）掌握Java的基本数据类型。
（3）掌握常量、变量、运算符和表达式的使用方法。
（4）能熟练使用输入/输出语句和流程控制语句编写程序。

✧ 项目描述

本任务为实现学生信息管理系统项目做准备工作，主要内容如下。
（1）实现学生简历信息输出。
（2）实现学生成绩计算和输出。
（3）应用输入/输出语句和流程控制语句实现一个菜单。

✧ 知识结构

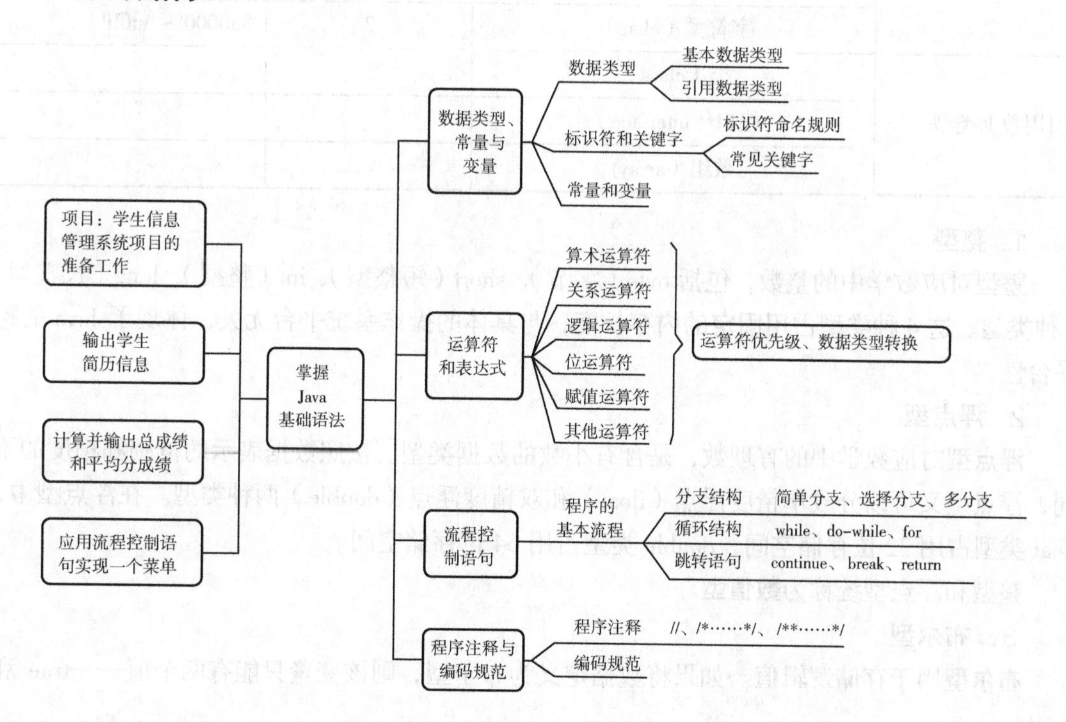

2.1 数据类型、常量与变量

2.1.1 数据类型

数据类型指明了变量或表达式的状态和行为。Java 的数据类型分为基本数据类型和引用数据类型。基本数据类型用于实现基本的数据运算，引用数据类型是用户根据自己的需要定义并实现的类型，它是由基本数据类型组合而成的。需要说明的是，Java 的字符串不是一种基本数据类型，而是被当作对象，String 对象和 StringBuffer 对象都可以用于表示一个字符串。Java 语言的数据类型见表 2–1。

表 2–1 Java 语言的数据类型

分类	数据类型		占用字节数	取值范围
基本数据类型	整型	byte	1	$-2^{7} \sim 2^{7}-1$
		short	2	$-2^{-16} \sim 2^{16}-1$
		int	4	$-2^{-31} \sim 2^{31}-1$
		long	8	$-2^{-63} \sim 2^{63}-1$
	浮点型	float	4	± 3.4E–38 ~ ± 3.4E38
		double	8	± 1.7E–308 ~ ± 1.7E308
	布尔型（boolean）		1	true、false
	字符型（char）		2	'\u0000' ~ '\uffff'
引用数据类型	类（class）			
	接口（interface）			
	数组（array)			

1. **整型**

整型对应数学中的整数，包括 byte（字节）、short（短整型）、int（整型）、long（长整型）4 种类型。这 4 种类型占用固定的内存长度，与具体的操作系统平台无关，体现了 Java 的跨平台性。

2. **浮点型**

浮点型对应数学中的有理数，是含有小数的数据类型。按照数据表示的范围和精度的不同，浮点型又可以分成单精度浮点（float）和双精度浮点（double）两种类型。在浮点型中，float 类型占用 32 位存储空间，double 类型占用 64 位存储空间。

整型和浮点型统称为**数值型**。

3. **布尔型**

布尔型用于存储逻辑值。如果将数据定义为布尔型，则该变量只能有两个值——true 和

false。布尔型也被称为逻辑型。

4．字符型

字符型（char）数据是用单引号包围起来的单个字符。Java 中的字符是 16 位无符号 Unicode 数据。

除了基本数据类型，Java 中还存在引用数据类型，包括类（class）、接口（interface）和数组（array），这些类型将在后面的内容中介绍。

2.1.2 标识符和关键字

标识符、关键字、常量和变量是构成 Java 程序的基本元素，是学习 Java 编程的基础。

1. 标识符

任何一个变量、常量、方法、对象和类都需要有名称，这些需要程序员标识和使用的符号就是**标识符**。程序员可以根据需要任意指定标识符，但一般应符合见名知意的原则。定义标识符的规则如下。

① Java 语言的标识符可以由字母、数字和下划线（_）、符号（$）等组成。

② 标识符必须由字母、下划线（_）、符号“$”开头。

③ Java 的标识符区分大小写，没有长度限制。

Java 采用 Unicode 字符集来描述标识符。

例如，$MyVariable、_flag、姓名、intVar 都是合法标识符。下面列出了一些非法标识符并说明了具体原因。

```
7variable          //数字不能作为标识符的首字母
Variab#le         //标识符包含非法字符#
switch            //switch 为关键字
star@ln           //标识符包含非法字符@
stu age           //标识符包含非法字符空格
```

2. 关键字

Java 为一些单词赋予特殊的含义，这些单词就是**关键字**，也称**保留字**。如果用户定义的方法名或者变量名与关键字相同，编译时就会报告错误。Java 常用的关键字见表 2-2。

需要注意，在 Java 中，常量 true、false、null 都是小写的，与其他计算机语言有所区别。

表 2-2 Java 常用的关键字

abstract	boolean	break	byte	case	catch
char	class	continue	default	do	double
else	extends	false	final	finally	float
for	if	implements	import	instanceof	int
interface	long	native	new	null	package
private	protected	return	short	static	super
switch	synchronized	this	thread	throws	throw
transient	true	try	void	volatile	while

2.1.3 常量和变量

1. 常量

常量是指在程序运行期间其值不能发生变化的量。常量分为普通常量（常数）和标识符常量。标识符常量就是常值变量，使用前需要先被定义；而普通常量（常数）可以直接使用。常量可以有各种数据类型。

（1）整数常量

整数常量包括 byte、short、int、long 4 种类型。Java 的整数常量有 4 种形式。

① 十进制数，例如 235、-45、0。

② 八进制数，以 0 开头，例如 0126 表示十进制数 86，-010 表示十进制数-8。

③ 十六进制数，以 0x 或 0X 开头，例如 0x12 表示十进制数 18。

④ 二进制数，以 0b 或 0B 开头，例如 0B1101 表示十进制数 13。

（2）浮点常量

浮点常量分为单精度浮点常量和双精度浮点常量两种。其中，单精度浮点常量后面用一个 f 或 F 来标识，双精度浮点常量后面用一个 d 或 D 来标识。双精度浮点常量后面的 d 或 D 可以省略。例如，3.14f、-234d 是常见的常量书写方法。可以使用科学记数法形式表示常量，例如 32743 可以写成 3.2743E4d，-8902 可以写成-89.02E2f。

（3）字符常量

字符常量是用单引号括起来的一个字符，例如'1'　'F'　'%'等，而"1"　"F"　"%"是包含了单个字符的一个字符串，二者是有区别的。

转义符是常用的字符常量，是指一些有特殊含义、很难用一般方式表达的字符，例如回车、换行和退格等。Java 提供以反斜杠（\）开头、将其后的字符转变为特殊含义的转义字符。转义字符见表 2-3。

表 2-3　转义字符

转义符	含义	Unicode 值
\'	单引号字符	\u0027
\"	双引号字符	\u0022
\\	反斜杠	\u005c
\r	回车	\u000d
\n	换行	\u000a
\f	走纸换页	\u003d
\t	横向跳格	\u0009
\b	退格	\u0008

（4）布尔常量

布尔常量用于表示布尔型数据，其取值包括 true（真）和 false（假）两个。

前面提到的4种常量实际上是4种常数值。Java中的常量更多是指标识符常量，也就是使用final关键字修饰的变量，其定义格式如下：

```
final type name=value;
```

其中type为Java中任意合法的数据类型，例如int、double、char等；name为常量名，可以由任意合法的Java标识符组成。一般情况下，常量标识符全部为大写字符。

下面是两个标识符常量的定义。

```
final float FPI=3.1415926f;
final double DPI=3.1415926d;
```

2. 变量

变量是在程序运行过程中其值可以改变的量，是Java程序中的基本存储单元。在程序中使用变量来临时保存数据。变量用标识符来命名，定义格式如下。

```
数据类型 变量名= 值;
```

上面定义变量的过程可以称为变量的**赋值**，即把“=”后面的值传递给前面的变量名。

变量名是一个合法的标识符，Java对变量名区分大小写。变量名应具有一定的含义，符合见名知意的原则，以提高程序的可读性。

例如，下面是一个变量的定义。

```
int  a,b,c;               //定义（声明）变量a、b、c为int型
double  d1,d2=2.3         //定义变量d1、d2为double型，d2的值为2.3
```

在Java中关于变量的定义总结如下。

① 使用一个变量之前要对变量的类型加以定义（声明）。

② Java中变量的声明就是一条完整的Java语句，所以应该在结尾使用分号。

③ 可在一条语句中进行多个变量的声明，不同变量之间用逗号分隔。

【例2-1】 TestVariable.java，常量的定义和变量的赋值，代码如下。

```
public class TestVariable {
    public static void main(String arg[]) {
        final double PI=3.1416;               //定义常量π

        int i_var1 = 123;
        byte b_num1 = 67;
        float f_var2 = 1.23f;                 //浮点型必须加f
        double d_var3 = 3.12e3;
        long l_num2 = 123;
        long l_num3 = 30000000000L;     //长整型必须加L
        String sname="Rose";

        System.out.println("常量PI: "+PI);
        System.out.println("整型变量i_var1: "+i_var1);
        System.out.println("字节型变量b_num1: "+b_num1);
        System.out.println("单精度浮点变量f_var2: "+f_var2);
        System.out.println("双精度浮点变量d_var3: "+(d_var3+20000));

        System.out.println("长整型变量l_num2: "+l_num2);
```

```
        System.out.println("长整型变量 l_num3: "+l_num3);
        System.out.println("字符串变量 sname: "+sname);
    }
}
```

程序运行结果如下。

```
常量 PI: 3.1416
整型变量 i_var1: 123
字节型变量 b_num1: 67
单精度浮点变量 f_var2: 1.23
双精度浮点变量 d_var3: 23120.0
长整型变量 l_num2: 123
长整型变量 l_num3: 30000000000
字符串变量 sname: Rose
```

2.2 运算符和表达式

表达式是由常量、变量和运算符按一定的语法形式组成的符号序列。在表达式中，表示各种不同运算类型的符号被称为**运算符**。运算符可分为算术运算符、关系运算符、逻辑运算符等类型，相应的有算术表达式、关系表达式、逻辑表达式等表达式类型。

2.2.1 算术运算符

算术运算符用于完成数学中的加、减、乘、除等运算。算术运算符包括+（加）、-（减）、*（乘）、/（除）和%（求余）等运算符，还包括++（自增）、--（自减）运算符。

其中，自增运算的作用是使变量的值加 1，自减运算的作用是使变量的值减 1。自增/自减运算有两种形式，即运算符在变量前或在变量后。运算符在变量前实现的功能是“先运算，后引用”，运算符在变量后实现的功能则是“先引用，后运算”。

【例 2-2】 ArithmaticOperator.java，算术运算符的应用，代码如下。

```
public class ArithmaticOperator {
    public static void main(String args[]) {
        int x1 = 17;
        int x2 = 4;
        System.out.println(x1 + x2);        // 21
        System.out.println(x1 - x2);        // 13
        System.out.println(x1 * x2);        // 68
        System.out.println(x1 / x2);        // 4
        System.out.println(x1 % x2);                // 1
        System.out.println((float) x1 / x2);        // 4.25
        //自增和自减运算符
        int y1, y2 = -3;
        y1 = y2++;
        System.out.println(y1 + "  " + y2);            // y1=-3,y2=-2
```

```
        y1 = ++y2;
        System.out.println(y1 + "  " + y2);          // y1=-1,y2=-1
        y1 = y2--;
        System.out.println(y1 + "  " + y2);          // y1=-1,y2=-2
    }
}
```

以上程序的运行结果见代码中的注释。

由算术运算符连接起来的表达式是算术表达式，它的计算结果是一个数值。同一类型的数据进行算术运算得到的还是原类型的数据。例如整数除以整数得到的还是整数。不同类型的数据进行运算时，低级类型自动向高级类型转换。关于数据类型转换请参考 2.2.8 节。

2.2.2 关系运算符

关系运算符用来完成两个数据之间的比较运算，返回 boolean 值。关系运算符有 6 个，即>（大于）、<（小于）、>=（大于等于）、<=（小于等于）、==（等于）和!=（不等于）。

关系运算符主要用于数值类型数据的比较，但==和!=可以用于任何类型数据的比较，既可以是数值型的，也可以是布尔型或引用型的。

【例 2–3】　RelationOperator.java，关系运算符的应用，代码如下。

```
public class RelationOperator {
    public static void main(String[] args) {
        boolean b1 = true;
        boolean b2 = false;
        int i1 = 12;
        int i2 = 21;

        System.out.println(i1 > i2);            // false
        System.out.println(i1+i1 < i2*i2);      // true
        System.out.println(i1 == i2);           // false
        System.out.println(b1 != b2);           // true
    }
}
```

2.2.3 逻辑运算符

逻辑运算符用于布尔型数据的运算。逻辑运算符有 6 个，即!（逻辑非）、&（逻辑与）、|（逻辑或）、^（逻辑异或）、&&（条件与）和 ||（条件或）。逻辑运算的结果是布尔值 true（真）或 false（假）。

给出布尔型变量 a=true、b=false，逻辑运算符的功能描述如下。

① !（逻辑非）是单目运行符，其结果与参与运算数据的值相反。例如，!a 结果为 false，!b 结果为 true。

② &（逻辑与）具有“并且”的含义，只有运算符两端的数据值均为 true 时，运算结果才为 true；否则，运算结果为 false。例如，a&b 的运算结果为 false。

③ |（逻辑或）具有“或者”的含义，运算符两端的数据有一个为 true 时，运算结果为 true；否则运算结果为 false。例如，a|b 的运算结果为 true。

④ ^（逻辑异或），运算符两端的数据相同时，即同为 true 或同为 false 时，运算结果为 false；否则运算结果为 true。

⑤ &&（条件与）、||（条件或）运算符的功能和&（逻辑与）、|（逻辑或）的功能类似，但&&和||有短路计算的功能，具体解释如下。

条件运算可能只计算左边表达式的值而不计算右边表达式的值。例如，对于&&运算符，只要左边数据的值为 false，就不再对右边的表达式进行计算，整个表达式的值仍为 false；对于||运算符，只要左边数据的值为 true，就不再对右边的表达式进行计算，整个表达式的值仍为 true。

【例 2-4】 LogicOperator.java，逻辑运算符的应用，代码如下。

```
public class LogicOperator {
    public static void main(String args[]) {
        int num1 = 16, num2 = 3;
        boolean result = num1 < num2;
        System.out.println("num1<num2 = " + result);     //result=false

        int fv1 = 3, fv2= 0;
        if (fv1 != 0 || fv1 / fv2 > 5)          //短路运算，未计算 fv1/fv2>5
            System.out.println("num1/fv1 = " + num1/fv1);  //num1/fv1 = 5

        if (fv1 != 0 | fv1 / fv2 > 5)          //计算 fv1/fv2>5，运行时报告错误
            System.out.println("num1/fv1 = " + num1 / fv1);
    }
}
```

2.2.4 位运算符

位运算符按位操作数据，用于对整数中的位进行测试、置位或移位处理。Java 的位运算符有 7 个，即~（非）、&（与）、|（或）、^（异或）、>>（右移）、<<（左移）、>>>（无符号右移）。位运算符的运算规则见表 2-4。其中，op1、op2 指的是参与运算的操作数。

表 2-4　位运算符的运算规则

运算符	用法	描述
~	~op1	按位取反
&	op1&op2	按位与
|	op1|op2	按位或
^	op1^op2	按位异或
>>	op1>> op2	右移 op2 位
<<	op1<< op2	左移 op2 位
>>>	op1>>> op2	无符号右移 op2 位

【例 2-5】 BitOperator.java，位运算符的应用，代码如下。

```
public class BitOperator {
```

```
    public static void main(String[] args) {
        int op1 = 6;
        int op2 = 2;
        System.out.println(~op1);              //等价于二进制~00000110=11111001，输出-7
        System.out.println(op1 | op2);         //等价于二进制 0110|0010=0110，输出 6
        System.out.println(op1 & op2);         //等价于二进制 0110&0010=0010，输出 2
        System.out.println(op1 >> op2);        //0110 右移 2 位为 0001，输出 1
        System.out.println(op1 << op2);        //0110 左移 2 位为 11000，输出 24
        System.out.println(op1 >>> op2);       //0110 无符号右移 2 位为 0001，输出 1
    }
}
```

需要说明的是，进行位运算后得到的二进制值是补码的形式，如果首位是 1，表示这是个负数，需要按照按位取反、末位加 1 的规则计算输出结果。

2.2.5　赋值运算符

赋值运算符用于计算表达式的值并传递给变量。赋值运算格式如下。

```
变量名= 表达式;
```

由赋值运算符组成的式子称为赋值表达式。赋值表达式的值就是左边变量获得的值。赋值表达式的运算方向是从右到左。

赋值运算符可以和算术、逻辑、位运算符组合成**复合赋值运算符**，包括+=、-=、*=、/=、%=等。例如，x+=1 等效于 x=x+1。

【例 2-6】　AssignmentOperator.java，赋值运算符和复合赋值运算符的使用，代码如下。

```
public class AssignmentOperator {
    public static void main(String[] args) {
        int op1 = 6;
        int op2 = 2;
        op1=op1+1;                    //等效于 op1++
        System.out.println("op1=op1+1 后，op1 值=" + op1);    //op1=op1+1 后，op1 值=7
        op1 += op2;                   //等效于 op1=op1+op2
        System.out.println("op1+=op2 后，op1 值=" + op1);     //op1+=op2 后，op1 值=9
        op1 %= op2;                   //等效于 op1=op1%op2
        System.out.println("op1%=op2 后，op1 值=" + op1);    //op1%=op2 后，op1 值=1
}
```

2.2.6　其他运算符

1. 条件运算符

条件运算符用于组成条件表达式，格式如下。

```
布尔表达式?表达式 1:表达式 2
```

该表达式先计算布尔表达式的值，当值为 true 时，则将表达式 1 的值作为整个表达式的值；反之，则将表达式 2 的值作为整个表达式的值。

2. 对象运算符（instanceof）

对象运算符用于判断一个对象是不是某个类或其子类的对象，如果是则返回 true，否则返回 false。

3. ()和[]运算符

括号运算符()的优先级是所有运算符中最高的，它主要用来改变表达式运算的先后顺序，还可以表示方法或函数的调用。方括号[]是下标运算符，用来访问数组指定位置的元素。

4. 分量运算符

分量运算符用“.”表示，用于访问对象的成员，或者访问类的静态成员。

5. new 运算符

new 运算符用于建立类的对象或建立数组。

【例 2-7】 OtherOperator.java，各种运算符的应用，代码如下。

```
class Emp {
}
public class OtherOperator {
    public static void main(String[] args) {
        Emp emp1 = new Emp();                                    //new 运算符
        if (emp1 instanceof Emp) {                               //instanceof 运算符
            System.out.println("emp1 是 Emp 类的对象");          //.是分量运算符
            //输出：emp1 是 Emp 类的对象
        }
        String s = null;
        s = (emp1 == null) ? "emp1 是空对象" : "emp1 已创建";   //条件运算符
            //输出：emp1 已创建
        System.out.println(s);
    }
}
```

2.2.7 运算符的优先级

Java 规定了运算符的优先级和结合性。**优先级**是指在同一表达式中多个运算符被执行的次序。在计算表达式的值时，应按运算符的优先级别，由高到低依次执行。如果在一个数据两侧，运算符的优先级相同，则按规定的结合方向处理，这就是运算符的结合性。在 Java 中，!（非）、+（正）、-（负）及赋值运算符的结合方向是“先右后左”，其余运算符的结合方向都是“先左后右”。

运算符的优先级见表 2-5。

表 2-5 运算符的优先级

优先级	运算符	优先级	运算符
1	.[]()	9	&
2	+（正） -（负）++ -- ! ~ instanceof	10	^

续表

<table>
<tr><th>优先级</th><th>运算符</th><th>优先级</th><th>运算符</th></tr>
<tr><td>3</td><td>new</td><td>11</td><td>|</td></tr>
<tr><td>4</td><td>* / %</td><td>12</td><td>&&</td></tr>
<tr><td>5</td><td>+ −</td><td>13</td><td>||</td></tr>
<tr><td>6</td><td>>> << >>></td><td>14</td><td>?=</td></tr>
<tr><td>7</td><td><> <= >=</td><td>15</td><td>= += −= *= /= %= ^=</td></tr>
<tr><td>8</td><td>== !=</td><td>16</td><td>&= |= <<= >>= >>>=</td></tr>
</table>

在表达式中，可以使用括号( )显式地标明运算次序，括号中的表达式优先被计算。示例代码如下。

```
int x = 10,y = 20;
float m = 3.0f,n=8.2f;
boolean b = x+y>x-y*-1&&m<n%3;
```

最后一条语句最好显式地写成以下格式。

```
boolean b = ((x+y)>(x-y*(-1)))&&(m<(n%3));
```

这样，代码的可读性明显增强。

2.2.8　数据类型转换

整型数据和字符型数据可以混合运算。通常，表达式中有字符型数据参与运算时，其他类型的数据都将转换为字符型。把一种类型的数据赋值给另一种类型的变量时，通常需要转换数据类型。根据转换方式的不同，类型转换分为自动类型转换和强制类型转换两种。

1. 自动类型转换

数值类型数据取值范围从小到大的关系如下。

```
byte<short<char<int<long<float<double
```

在程序中，从大类型向小类型转换的语句不推荐使用，因为在大数据类型向小数据类型转换时，由于数据存储位数减少，可能导致计算结果精度降低。取值范围小的数据类型可以自动转换为取值范围大的数据类型。

【例 2-8】　ConvertDatatype1.java，自动类型转换的应用，代码如下。

```
public class ConvertDatatype1 {
    public static void main(String[] args) {
        char c='a';
        byte b=8;
        int i=24;
        long long1=552L;
        float f=3.45f;
        double d=563.8987;
        int ic=c+i;                  //char 型转换成 int 型
        long li=long1-i;             //int 型变量 i 自动转换成 long 型
```

```
        float fb=f*b;          //byte型变量b自动转换成与f一致的float型
      //int型变量ic自动转换为与fb一致的float型，fb/ic的结果又转换成与d一致的double型
        double df=fb/ic-d;

        System.out.println("ic="+ic);              //ic=121
        System.out.println("li="+li);              //li=551
        System.out.println("fb="+fb);              //fb=27.6
        System.out.println("df="+df);              //df=-563.6706008177518
    }
}
```

2. **强制类型转换**

强制类型转换也称为显式类型转换。如果将取值范围大的数据类型转换成取值范围小的数据类型，则必须做强制类型转换。类型转换的基本格式如下。

```
(数据类型)表达式;
```

下面的代码实现了强制类型转换，将大类型int转换为小类型byte。

```
int num=4;
byte b=(byte)num;
```

【例2-9】 ConvertDatatype2.java，强制类型转换的应用，代码如下。

```
public class ConvertDatatype2 {
    public static void main(String[] args) {
        int x1=(int)3.32;
        float x2 = 4;
        double x3=3.3;
        int result=(int)(x1+x2+x3);
        System.out.println(result);
    }
}
```

2.3 流程控制语句

大部分用高级语言编写的程序是由若干语句组成的。一般认为Java语句是以分号（;）结束的单一的一条语句。实际上，语句也可以是大括号{}括起来的语句块（复合语句）。语句块比单一语句具有更强的功能。在编写程序的过程中，各种计算机语言都有流程控制的问题。Java的流程控制主要包括顺序、分支和循环3种结构，也支持方法调用。

2.3.1 程序的基本流程

结构化程序设计是公认的面向过程编程应遵循的原则，按照自顶向下、逐步求精和模块化的原则进行程序的分析与设计。结构化程序设计的逻辑结构清晰、层次分明，具有良好的可读性。结构化程序设计大致包括3种基本框架：顺序结构、分支结构和循环结构，如图2-1所示。

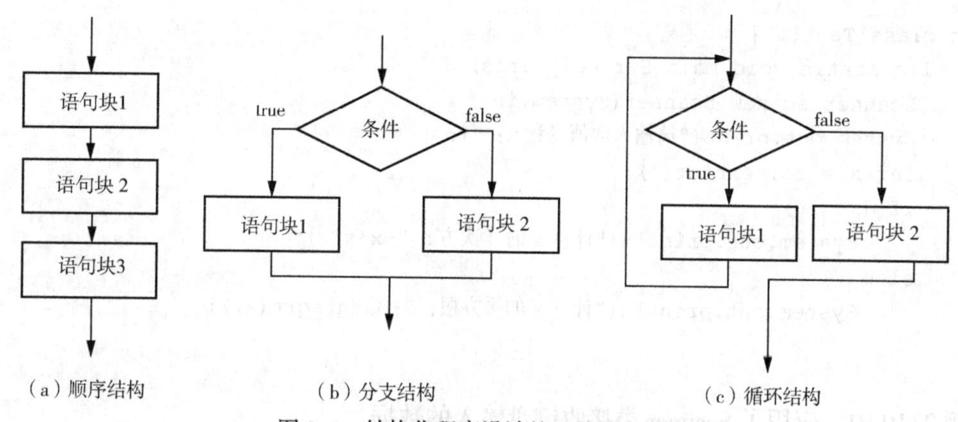

图 2-1　结构化程序设计的 3 种基本框架

顺序结构是 3 种结构中最简单的一种，即语句按照代码书写的顺序依次执行；分支结构又称为选择结构，它根据条件表达式的值来判断程序选择执行的分支；循环结构则是在一定条件下反复执行一段语句的流程结构。这 3 种结构构成了程序的基本框架。

Java 是面向对象的语言，但是在局部的代码实现上，仍然符合结构化程序设计的基本流程。Java 中有专门负责实现分支结构的条件分支语句和负责实现循环结构的循环语句。

2.3.2　分支结构

Java 使用 if 语句来实现分支结构。分支结构根据分支条件的个数可以分成 3 类：如果是一个条件，形成简单分支结构；如果是两个条件，形成选择分支结构；如果是多个条件，形成多重分支结构。分支语句中还可以包含分支结构，形成分支的嵌套结构。

1. 简单分支结构

简单分支结构使用 if 语句实现，语法格式如下。

```
if (条件表达式)
语句块;
```

简单分支结构根据条件表达式的值来判断程序的流程走向。在程序执行过程中，如果条件表达式的值为 true，则执行语句块；否则，绕过 if 分支，执行 if 语句块后面的其他语句。

2. 选择分支结构

选择分支使用 if…else 语句实现，语法格式如下。

```
if (条件表达式)
  语句块 1;
else
  语句块 2;
```

其中，条件表达式用来选择判断程序的流程走向。在程序的执行过程中，如果条件表达式的值为 true，则执行 if 分支的语句块 1，否则执行 else 分支的语句块 2。在程序中如果没有 else 分支，则会形成简单分支结构。

【例 2-10】　TestIf.java，分支语句的应用，计算分段函数的值，代码如下。

```
import java.util.Scanner;
```

```
public class TestIf {
    public static void main(String[] args) {
        Scanner sc=new Scanner(System.in);
        System.out.print("请输入数值变量 x: ");
        int x = sc.nextInt( );
        if (x < 0)
            System.out.println("计算 x 的 3 次方: "+x*x*x);
        else
            System.out.println("计算 x 的平方根: "+Math.sqrt(x));
    }
}
```

例 2-10 中，应用了 Scanner 类接收键盘输入的数据。

3. 多分支结构

多分支结构有两种形式，可以使用 if…elseif…else 语句实现，也可以使用 switch 语句实现。

（1）if…elseif…else 语句

多分支结构扩展了选择分支的功能，程序根据条件判断执行不同的分支，但只执行第一个条件为 true 的分支，即执行一个分支后，其他分支不再执行。语法格式如下。

```
if (条件表达式 1)
    语句块 1;
else if (条件表达式 2)
    语句块 2;
…
else if (条件表达式 N)
    语句块 N;
else
    语句块;
```

【例 2-11】 TestIf 2.java，多分支程序，根据输入的月份显示该月的天数，代码如下。

```
import java.util.Scanner;
public class TestIf2 {
    public static void main(String[] args) {
        Scanner sc=new Scanner(System.in);
        System.out.print("请输入月份（1~12）: ");
        int month = sc.nextInt( );
        int days = 0;
        if (month ==1 ||month == 3 ||month == 5||month == 7||month == 8||month =
= 10||month == 12)
            days = 31;
        else if (month == 4||month == 6||month == 9||month == 11)
            days = 30;
        else if (month==2)
            days=28;
        System.out.printf("%d 月份的天数是%d",month,days);
    }
}
```

（2）switch 语句

switch 语句是实现多分支的开关语句，语法格式如下。

```
switch (表达式) {
    case 值1: 语句块1;break;
    case 值2: 语句块2;break;
    …
    case 值N: 语句块N;break;
    default: 语句块;
}
```

switch语句在执行时，首先计算表达式的值，这个值必须是整型或字符型的，同时应与各个case分支的值的类型一致。计算出表达式的值之后，先将它与第一个case分支的判断值相比较，若相同，则程序的流程转入第一个case分支的语句块；否则，再将表达式的值与第二个case分支相比较……，以此类推。如果表达式的值与所有case分支的值都不相同，则转向执行最后的default分支；如果default分支不存在，则跳出整个switch语句。

需要注意的是，switch结构的每个case分支，都只负责指明程序分支的入口，并不负责指定分支的出口，分支的出口需要用跳转语句break来指明。

【例2-12】 TestSwitch1.java，多分支的应用，代码如下。

```
public class TestSwitch1 {
    public static void main(String[] args) {
        char grade = 'B';
        int myScore = 0;
        switch(grade) {
            case 'A':   myScore=5;
            case 'B':   myScore=4;
            case 'C':   myScore=3;
            default:    myScore=0;
        }
            System.out.println(myScore);    //输出0
    }
}
```

例2-12将变量grade赋值为'B'，执行完switch语句后，变量myScore的值被赋成什么呢？是0，而不是4。因为case判断只负责指明分支的入口，表达式的值与第一个case分支的判断值相匹配后，程序的流程继续进入第二个分支，将myScore的值置为4。由于没有专门的分支出口，所以流程将继续沿着下面的分支逐个执行，myScore的值被置为3，最后变为0。如果希望程序的逻辑结构正常完成分支的选择，则需要为每个分支添加跳转语句。修改后的代码如下。

```
switch(grade) {
    case 'A':   myScore=5; break;
    case 'B':   myScore=4; break;
    case 'C':   myScore=3; break;
    default:   myScore=0;
}
```

break是流程跳转语句。通过引入break语句，定义了各分支的出口，多分支开关语句的结构就完整了。

2.3.3 循环结构

循环结构是在一定条件下，反复执行某个语句块的流程结构。反复执行的语句块被称为循环体。循环结构是程序中非常重要的一种结构，它是由循环控制语句来实现的。Java 的循环控制包括 3 种：while 循环、do-while 循环和 for 循环，如图 2-2 所示。

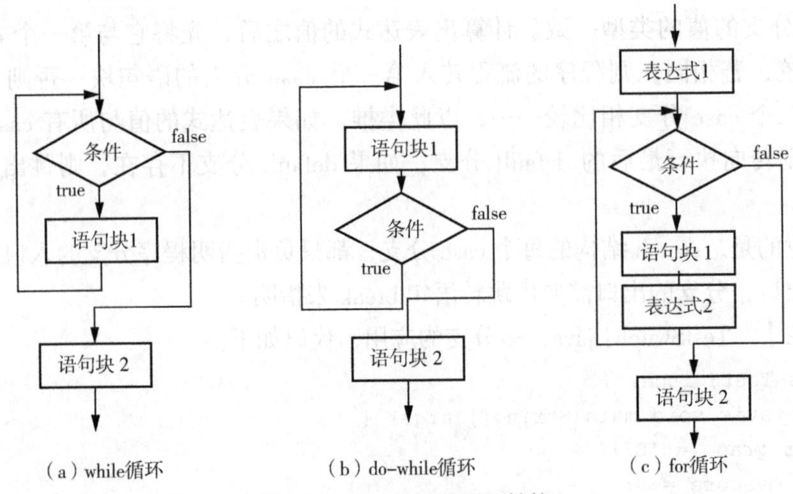

图 2-2 Java 的 3 种循环结构

1. while 循环

while 循环的语法格式如下。

```
while (条件表达式) {
    语句块;
}
```

while 循环的执行过程是先判断条件表达式的值，若为 true，则执行循环体，循环体执行完之后，再无条件转向条件表达式并做计算与判断；当条件表达式的值为 false 时，跳过循环体执行 while 语句后面循环体外的语句。

【例 2-13】 TestWhile.java，计算 1+2+…+100 的累加和，代码如下。

```
public class TestWhile {
    public static void main(String[] args) {
        int s=0,i=1;
        while (i<=100) {
            s=s+i;
            i++;
        }
        System.out.println("1+2+…+100 之和: "+s);
    }
}
```

2. do-while 循环

do-while 语句的语法结构如下。

```
do {
    语句块;
} while(条件表达式);
```

do-while语句的作用与while语句类似，不同的是它不像while语句先计算条件表达式的值，而是无条件地先执行一遍循环体语句块，再来判断条件表达式的值。若值为真，则运行循环体，否则跳出do-while循环，执行循环体外面的语句。可以看出，do-while语句的特点是它的循环体将至少被执行一次。

【例2-14】　TestDoWhile.java，计算1+1/2+1/3…+1/20之和，代码如下。

```
public class TestDoWhile {
    public static void main(String[] args) {
        float s=0,i=1;
        do {
            s+=1/i;
            i=i+1;
        }while (i<=20);
        System.out.println("1+1/2+1/3…+1/20之和: "+s);
    }
}
```

可以看出，while循环和do-while循环在一定条件下是可以转化的。在例2-14中，变量i是float类型，如果变量i是int类型，那么程序的运行结果是什么呢，请读者调试运行程序，查看结果。

3. for循环

for循环是Java中使用较广泛的一种循环，其流程结构如图2-2（c）所示。for循环的语法格式如下。

```
for(表达式1;条件表达式;表达式2) {
    语句块;
}
```

其中，返回布尔值的条件表达式用来判断循环是否继续；表达式1完成初始化循环变量和其他变量的工作；表达式2用来修改循环变量，改变循环条件。3个表达式之间用分号隔开。

for语句的执行过程：首先执行表达式1，完成必要的初始化工作；再判断条件表达式的值，若为true，则执行循环体，执行完循环体后再返回表达式2，计算并修改循环条件，这样一轮循环就结束了。

下一轮循环从计算条件表达式开始，若表达式的值仍为true，则继续循环，否则跳出整个循环体，执行循环体外的语句。for语句的3个表达式都可以为空，但若表达式2为空，则表示该循环是一个死循环，需要在循环体中书写跳转语句终止循环。

【例2-15】　TestFor.java，计算一个数的阶乘，代码如下。

```
public class TestFor {
    public static void main(String[] args) {
        Scanner sc = new Scanner(System.in);
        System.out.print("请输入数一个正整数: ");
```

```
        int n = sc.nextInt();
        long t = 1;
        for (int i = 1; i <= n; i++) {
            t = t * i;
        }
        System.out.println("计算 n 的阶乘值: " + t);
    }
}
```

4. 循环的嵌套

无论是 for 循环还是 while 循环，其中都可以再包含循环，从而构成循环的嵌套。例 2-16 使用二重循环来计算阶乘之和。

【例 2-16】 SumofFactorial1.java，嵌套循环的应用，计算 1!+2!+ …+n!，代码如下。

```
public class SumofFactorial1 {
    public static void main(String[] args) {
        int k = 6,sum = 0;
        for (int i = 1; i <= 6; i++) {
            int t = 1;
            for (int j = 1; j <= i; j++) {
                t *= j;
            }
            sum += t;
        }
        System.out.println("计算 1! +2! +…+6!的值是: "+sum);
    }
}
```

for 循环和 while 循环有时也可以相互替代，下面使用 while 的嵌套循环计算阶乘之和。

【例 2-17】 SumofFactorial2.java，使用 while 语句实现的嵌套循环，计算 1! +2! +…+n! 代码如下。

```
public class SumofFactorial2 {
    public static void main(String[] args) {
        int k = 6, sum = 0;
        int i = 1;
        while (i <= k) {
            int t = 1, j = 1;
            while (j <= i) {
                t = t * j;
                j++;
            }
            sum += t;
            i++;
        }
        System.out.println("计算 1! +2! +…+6!的值: " + sum);
    }
}
```

2.3.4　跳转语句

跳转语句用于控制程序执行过程中流程的转移。前面在switch分支中使用的break语句就是一种跳转语句。Java的跳转语句有3个：continue语句、break语句和return语句。

1. continue语句

Continue语句必须用于循环结构中，它的作用是终止当前这一轮的循环，跳过本轮剩余的语句，直接进入下一轮循环。continue语句也被称为短路语句，指的是只对本次循环短路，并不终止整个循环。

【例2-18】 TestContinue.java，continue语句的应用，计算1~100不含被5整除的数之和，代码如下。

```
public class TestContinue {
    public static void main(String[] args) {
        int s=0;
        for (int i=1;i<=100;i++) {
            if (i%5==0)
                continue;
            s+=i;
        }
        System.out.println("1~100不含被5整除的数之和："+s);
    }
}
```

2. break语句

break语句的作用是使程序的流程从一个语句块内部跳转出来，如从switch语句的分支中跳出来，或从循环体内部跳出来。break语句也被称为断路语句，就是循环被中断，不再执行循环体。

【例2-19】 TestBreak.java，break语句的应用，求一个数的最大真约数，代码如下。

```
public class  TestBreak {
    public static void main(String[] args) {
        Scanner sc = new Scanner(System.in);
        System.out.print("请输入数一个正整数：");
        int a = sc.nextInt();
        int i = a/2;
        while(i>0){
            if( a % i == 0 )    break;
            i--;
        }
        System.out.println(a + "的最大真约数：" + i);
    }
}
```

3. return语句

return语句可以使程序流程从调用的方法中返回，语法格式如下。

```
return 表达式;
```

其中，表达式的值是调用方法的返回值。如果方法没有返回值，则 return 语句中的表达式可以省略。

2.4 程序注释与编码规范

2.4.1 程序注释

给程序添加注释是一个良好的编程习惯，合理的注释有利于代码的维护和阅读。Java 的注释包括 3 种。

1. 单行注释

程序中的**单行注释**以“//”开头到本行结束。单行注释一般用于描述代码的实现细节，例如代码行的功能、变量的用途等。

2. 多行注释

多行注释用“/*……*/”标记，其中，“/*”标志着注释的开始，“*/”标志着注释的结束。“/*”和“*/”可以括起若干个行。

3. 文档注释

文档注释用“/**……*/”标记。文档注释是 Java 所特有的，主要是为支持 JDK 工具 javadoc 而采用的。

2.4.2 编码规范

编码规范是对编码的一些约定。编码规范不是必须遵守的规范，但它是提高程序可读性和可维护性的一种手段，便于代码的调试和重用。

最重要的规范是标识符的命名规则。标识符是否规范直接影响着代码的正确性、可读性和可维护性。下面是一些常用的规则，建议遵守。

① 包的名字由小写字母序列组成。

② 类的名字由大写字母开头，组成类名的每个单词首字母大写。例如，HelloWorldApp。

③ 接口的命名规则与同类的命名规则一致。

④ 常量的名字大写，并且应给出完整含义。例如，STUDENT_NUMBER。

⑤ 变量的名字小写字母开头，后面的每个单词首字母大写。例如，userName。

⑥ 方法的名字一般以动词开头，第一个字母小写，后面每个单词首字母大写。例如，方法名 isPrime( )。

2.5 项目实践

本项目主要实现学生信息打印输出、计算学生成绩、创建菜单等功能。

1. 输出简历信息

在main( )方法中定义变量并赋值，使用System.out.println( )语句输出。ResumeInfo.java代码如下。

```
public class ResumeInfo {
    public static void main(String[] args) {
        int id = 10101;
        String name = "Rose";
        String sex = "女";
        int age = 19;
        System.out.println("-----简历信息-----");
        System.out.println("学号: " + id);
        System.out.println("姓名: " + name);
        System.out.println("性别: " + sex);
        System.out.println("年龄: " + age);
    }
}
```

2. 计算并输出学生成绩

使用运算符和表达式计算总成绩和平均成绩，保存并输出。程序中使用了 Math 类的round( )方法实现四舍五入功能。ScoreInfo.java 代码如下。

```
public class ScoreInfo {
    public static void main(String[] args) {
        String name = "Rose";
        int math = 83;                  //数学成绩
        int Chinese = 72;               //语文成绩
        int politics = 94;              //政治成绩
        int total = math + Chinese + politics;    //总分
        float avg = Math.round(total / 3f);
        System.out.println("姓名\t\t数学\t\t语文\t\t政治\t\t总分\t\t平均分");
        System.out.println(name + "\t" + math + "\t\t" + Chinese + "\t\t"
                + politics + "\t\t" + total + "\t\t" + avg);
    }
}
```

3. 建立学生信息管理系统菜单

菜单程序使用System.out.println( )语句输出菜单项；使用Scanner类的对象接收用户输入；使用while循环和switch实现功能判断。菜单功能在后续内容中实现。菜单程序mainMenu.java代码如下。

```
import java.util.Scanner;
public class mainMenu {
    public static void main(String[] args) {
        System.out.println("-----学生信息管理系统菜单-----");
        System.out.println("1:----基本信息管理");
        System.out.println("2:----成绩信息管理");
        System.out.println("0:----退出系统");
        System.out.println("----------------------------");
```

```
        while(true){
            Scanner sc = new Scanner(System.in);
            System.out.print("输入 0、1、2 选择功能>");
            String choice = sc.next();
            switch(choice){
                case "1":
                    System.out.println("基本信息管理...");
                    break;
                case "2":
                    System.out.println("成绩信息管理...");
                    break;
                case "0":
                    System.out.println("谢谢使用! ");
                    System.exit(0);
                default:
                    System.out.println("输入错误,请输入 0、1、2 选择功能! ");
            }
        }
    }
}
```

程序运行结果如下。

```
-----学生信息管理系统菜单-----
1:----基本信息管理
2:----成绩信息管理
0:----退出系统
---------------------------
输入 0、1、2 选择功能>1
基本信息管理...
输入 0、1、2 选择功能>2
成绩信息管理...
输入 0、1、2 选择功能>0
谢谢使用!
```

习题 2

1. 选择题

(1)字节型数据的取值范围是哪一项?(　　)

A. −128 ~ 127　　B. −127 ~ 128

C. −255 ~ 256　　D. 取决于具体的 JVM

(2)下面代码中能够正确编译的是哪一项?(　　)

A. float f=3.77d;　　B. double D=2233.0;

C. byte b=257;　　D. char c = 65536;

(3)在下列各组数据类型中,位数相同的是哪一组?(　　)

A．char 和 byte　　B．float 和 int

C．int 和 long　　D．int 和 double

（4）下面不是 Java 关键字的是哪一项？（　　）

A．super　　B．Object

C．long　　D．static

（5）下面可以作为 Java 标识符的是哪一项？（　　）

A．get.path()　　B．throw

C．city#v　　D．$_f_price

（6）Java 代码如下。

```
public int count(char c,int i,double d)  {
    return_____;
}
```

要使这段代码能够正确编译，横线处可以填入的代码是哪一项？（　　）

A．c*d　　B．c*(int)d

C．(int)c*d　　D．i*d

（7）下面代码段的运行结果是哪一项？（　　）

```
int i = 3;
int j = 0;
double k=3.2;
if(i < k)
    if( i== j)
        System.out.println(i);
    else
        System.out.println(j);
else
    System.out.println(k);
```

A．3　　B．0

C．3.2　　D．以上 3 个都不对

（8）关于下面代码的描述中，正确的是哪一项？（　　）

```
void looper( ){
    int x = 0;
    while(x < 10){
        System.out.println(++x);
        if(x>3)
            break;
    }
}
```

A．代码不能被编译　　B．输出：0 1 2

C．输出：1 2 3　　D．输出：1 2 3 4

2. 简答题

（1）Java 的逻辑运算符&与&&有什么区别？

（2）Java 的整型数据包括哪几种？各占用多少位的宽度？

（3）什么是强制类型转换？在什么情况下需要强制类型转换？

（4）使用 switch 语句实现多分支时，需要注意哪些问题？

3. 上机实践

（1）编写并测试方法 char change(char c)，其功能是对参数 c 进行大小写转换：如果 c 是大写字母，则将它转换成小写字母；如果 c 是小写字母，则将它转换成大写字母；如果 c 不是字母，则不转换。

（2）编写并测试方法 reverse(int x)，输入一个整数，将各位数字反转后输出。

（3）编写程序求 $1^2-2^2+3^2-4^2+\cdots+97^2-98^2+99^2$。

（4）编写并测试方法 static int gcd(int m,int n)和 static int lcm(int m,int n)，方法的功能是求两个整数的最大公约数和最小公倍数。

（5）一个数如果恰好等于它的因子之和，这个数就称为“完数”，例如，6 的因子为 1、2、3，而 6=1+2+3，因此 6 就是“完数”。编程找出 100 以内的所有完数。

任务 3　用类与对象实现抽象与封装

面向对象编程通过类和对象对现实世界中的事物进行模拟，使软件开发更加灵活，能更好地支持代码复用和设计复用，适用于大型软件的设计与开发。Java 是面向对象的编程语言，本任务将介绍面向对象编程的基本思想，以及类与对象的设计与创建。

✧ 学习目标

（1）了解面向对象的基本思想。
（2）掌握类和对象的定义、创建类和对象的方法。
（3）掌握 this 关键字和 static 关键字的应用。
（4）掌握封装的概念和实现。

✧ 项目描述

本任务完成学生信息管理系统项目中类的设计。

（1）学生信息类 StudentInfo，包括 stuId（学号）、stuName（姓名）、sex（性别）、age（年龄）等属性，以及显示信息的 show()方法。

（2）成绩信息类 ScoreInfo，包括 name（姓名）、math（数学成绩）、Chinese（语文成绩）、politics(政治成绩)等属性，以及计算总分的方法 getTotal()和计算平均分的方法 getAverage()。

✧ 知识结构

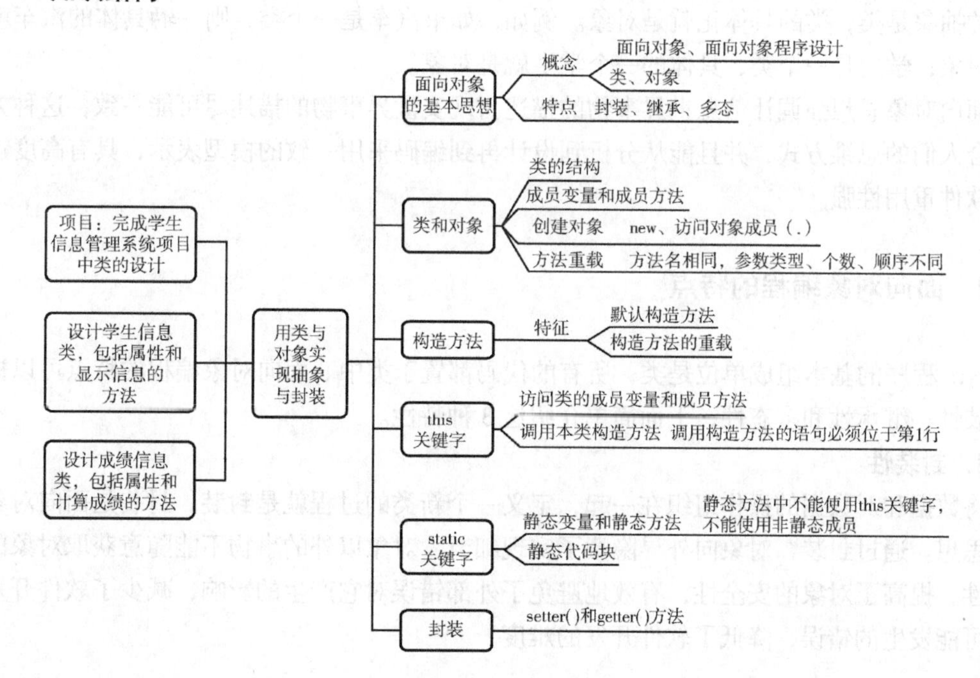

3.1 面向对象的基本思想

3.1.1 面向对象编程的概念

1. 面向对象编程

面向对象是一种符合人类思维习惯的编程思想。现实世界中存在多种形态的事物，这些事物之间存在多种联系。在程序中使用对象来模拟现实中的事物，使用对象之间的关系来描述事物之间的联系，这种思想就是面向对象。

基于面向对象思想的程序设计方法被称为**面向对象编程**。对象封装了数据和对数据的操作，与现实世界的实体是对应的。对象之间通过传递消息来模拟事物之间的联系。

面向过程的编程方法也称结构化程序设计，强调分析和解决问题所需要的步骤，然后用方法封装这些步骤，通过方法调用完成特定功能。面向过程的编程以算法为核心，在计算机内部用数据描述事物，程序则用于处理这些数据，程序执行过程中可能出现正确的程序模块使用错误的数据的情况。

面向对象把解决的问题按照一定规则划分为多个独立的对象，然后通过调用对象的方法来实现多个对象相互配合，完成应用程序功能，当应用程序功能发生改变时，只需要修改个别对象即可，代码更容易维护。

2. 对象和类的概念

对象对应现实世界的事物，将描述事物的一组数据和与这组数据的有关操作封装在一起，形成一个实体，这个实体就是对象。具有相同或相似性质的对象的抽象就是**类**。因此，对象的抽象是类，类的具体化就是对象。例如，如果汽车是一个类，则一辆具体的汽车就是一个对象；学生是一个类，具体的一个学生就是对象。

面向对象思想强调让信息世界事物的描述与现实世界事物的描述尽可能一致，这种方法更符合人们的思维方式，并且能从分析到设计再到编码采用一致的模型表示，具有高度连续性，软件重用性强。

3.1.2 面向对象编程的特点

Java 程序的基本组成单位是类，所有的代码都置于类中。面向对象编程的特点可以概括为封装性、继承性和多态性，下面简单介绍这 3 种特性。

1. 封装性

将数据和对数据的操作组织在一起，定义一个新类的过程就是**封装**。封装是面向对象的核心思想。通过封装，对象向外界隐藏了实现细节，对象以外的事物不能随意获取对象的内部属性，提高了对象的安全性，有效地避免了外部错误对它产生的影响，减少了软件开发过程中可能发生的错误，降低了软件开发的难度。

例如，用户利用手机的功能菜单就可以操作手机，而不必知道手机内部的工作细节，这就是一种封装。

2. 继承性

继承描述的是类之间的关系。在这种关系中，一个类共享了一个或多个其他类定义的数据和操作。继承的类（子类）可以对被继承的类（父类）的操作进行扩展或重新定义。

通过继承，可以在无须重新编写原有类的情况下，对原有类的功能进行扩展。例如，有一个汽车的类，该类中描述了汽车的公共特性和功能，而轿车的类中不仅应该包含汽车的特性和功能，还应该增加轿车特有的功能，这时，可以让轿车类继承汽车类，在轿车类中单独添加轿车特性的方法即可。

继承不仅增强了代码复用性，提高了开发效率，而且为程序的修改补充提供了便利。另外，继承增加了对象之间的联系，使用时需要考虑父类改变对子类的影响。

3. 多态性

多态可以指类中的方法重载，即一个类中有多个同名（不同参数）的方法，方法调用时，根据不同的参数选择执行不同的方法。

多态性更多地发生在继承过程中，当一个类的方法被其他类继承后，它们可以表现出不同的行为，这使同一个方法在不同的类中具有不同的语义。例如，当听到“Cut”这个单词时，理发师的行为是剪发，演员的行为是停止表演，不同的对象所表现出来的行为是不一样的，这就是多态的含义。

面向对象的思想需要我们通过大量的实践去学习理解，去领悟面向对象的精髓。本书将围绕面向对象的3个特征（封装、继承、多态）来讲解Java的面向对象程序设计。

3.2 类的定义

类是将数据和方法封装在一起的一种数据结构，其中数据表示类的属性，方法表示类的行为。定义类实际上就是对描述的事物抽象出编程需要的属性，并定义要实现的方法。类实际上就是用户定义的新的数据类型。在使用类之前，必须先定义，然后才可以利用所定义的类来创建对象。

3.2.1 类的结构

类用关键字class来定义，Java中定义类的格式如下。

```
[类修饰符]  class 类名{
    成员变量（属性）
    成员方法（行为）
}
```

在类的定义中，“类修饰符”可以为public，或不使用修饰符。类的**属性**通过成员变量来描述，类的**行为**通过成员方法来描述。类定义需要注意以下问题。

① 一个 Java 源文件中只能有一个类可以用 public 修饰符，并且要求类与文件同名。

② 类的命名遵循标识符的命名规范，通常每个单词首字母大写。

③ 类后的大括号内是类体，包括成员变量和成员方法两部分。

3.2.2 成员变量

类的**成员变量**描述了该类的特征（属性）。成员变量可以是基本类型，也可以是对象、数组等引用类型。成员变量的格式如下。

```
[修饰符]类型 成员变量=[值];
```

成员变量的修饰符主要包括 public、protected、private 等。

在定义类的成员变量时，可以同时赋初值，表明成员变量的初始化状态，但对成员变量的操作只能放在方法中。下面是成员变量的定义示例。

```
private int num;
public int a=20;
```

3.2.3 成员方法

成员方法表示类所具有的功能，用于类与外界交互。成员方法可以操作类的成员变量，语法格式如下。

```
[修饰符] 返回值类型 方法名([参数表]){
    方法体
}
```

① 方法定义中，修饰符可以是 public、protected、private 等访问控制符。

② 方法的返回值类型可以是基本数据类型或引用类型，如果无返回值，返回值类型为 void。

③ 方法名后的参数被称为形式参数，如果是多个参数，参数之间用逗号分隔。与形式参数对应，方法调用时传入的参数被称为实际参数。

成员方法与成员变量都可以有多个修饰符，当用两个以上的修饰符来修饰同一个方法时，需要注意，有些修饰符之间是互斥的，互斥的修饰符不能同时使用。

下面的代码定义一个 Student 类，该类记录学生的 stuId、stuName、sex、age 属性，还包括 play()和 show()两个成员方法。

【例 3-1】 Student.java，创建 Student 类，代码如下。

```
class Student {
    int stuId;            //学号
    String stuName;       //姓名
    String sex;           //性别
    int age;              //年龄

    void play() {
        System.out.println(stuName + "生命在于运动");
```

```
    }

    void show() {
        System.out.println("学号:" + stuId + "\t 姓名:" + stuName + "\t 性别:" + sex
                + "\t 年龄: " + age);
    }
}
```

例 3-1 创建的 Student 类是**功能类**。功能类包含一组相关的成员变量和成员方法，表明该类具有的功能。与功能类对应，Java SE 中的**测试类**是指包含 main( )方法的类，在测试类中启动 Java 程序的运行。

3.3 创建和使用对象

3.3.1 创建对象

类和对象是抽象和具体的关系。类是对同一类事物的描述，可以理解为模板。而对象是实际存在的某类事物的个体，也称为实例。例如，Rose、Tim 都是学生，都具有学生的特点。学生是类别，是针对具有相同属性和方法操作的集合，所以学生是类。而其中的 Rose 是一个具体的学生，所以可以看作一个实例，即对象。对象可以执行具体的动作。

创建对象的格式如下。

```
类名 对象名= new 类名();
```

例如，在例 3-1 的 Student 类的基础上，创建对象 s1，代码如下。

```
Student s1 = new Student();
```

对象也可以先声明，再创建对象，代码如下。

```
Student s1;
s1=new Student();
```

对于创建的对象 s1，因为是从 Student 类产生的，所以它有保存数据的 stuId、stuName、sex、age 变量，也包括了该类具有的 play( )方法和 show( )方法。

3.3.2 访问对象成员

创建对象后，就可以访问其成员变量或调用其成员方法了，语法格式如下。

```
对象名.对象成员
```

使用“.”运算符来访问对象的成员。如果访问的是成员变量，可以通过这种引用方式来获取或修改成员变量的值，示例如下。

```
s1.stuName="Rose";
```

如果访问成员方法，在成员方法名的圆括号内提供所需要的参数即可。调用 Student 类的 study( )方法如下。

```
s1.study();
```

【例 3-2】 TestStudent1.java，创建 Student 对象，显示 Student 信息，代码如下。

```
public class TestStudent1 {     //测试类
    public static void main(String[] args) {
        Student s1=new Student();
        s1.stuId=1001;
        s1.stuName="Rose";
        s1.sex="male";
        s1.age=22;
        s1.show();
        s1.play();
    }
}
class Student {              //功能类，同例 3-1
    int stuId;              //学号
    String stuName;        //姓名
    String sex;            //性别
    int age;               //年龄

    void play() {
        System.out.println(stuName + "生命在于运动");
    }
    void show() {
        System.out.println("学号:" + stuId + "\t 姓名:" + stuName + "\t 性别:" + sex
        + "\t 年龄: " + age);
    }
}
```

程序运行结果如下。

```
学号: 1001    姓名: Rose    性别: male    年龄: 22
Rose 生命在于运动
```

3.3.3 引用数据类型

Java 数据类型分为基本类型和引用类型两类，基本类型变量存储的是变量的值，而引用类型变量保存的并不是值本身，而是变量的引用（内存地址）。类、接口和数组是引用类型，下面以类为例说明引用类型的含义。

从内存分配的角度，基本类型变量的值存储在栈空间中；引用类型变量的地址存储在栈空间中，值则存储在堆空间中。以 Student 类为例，观察不同类型数据的内存空间分配情况，代码如下。

```
Student s1 = new Student();
Student s2 = new Student();
int age = 22;
```

图 3-1 是上面代码执行后变量的内存分配情况，基本类型变量 age 只占据一块栈空间，对象 s1 和 s2 是引用类型，占据栈空间和堆空间两块空间。对象 s1 和 s2 中的初始数据都是成员变量的默认值。

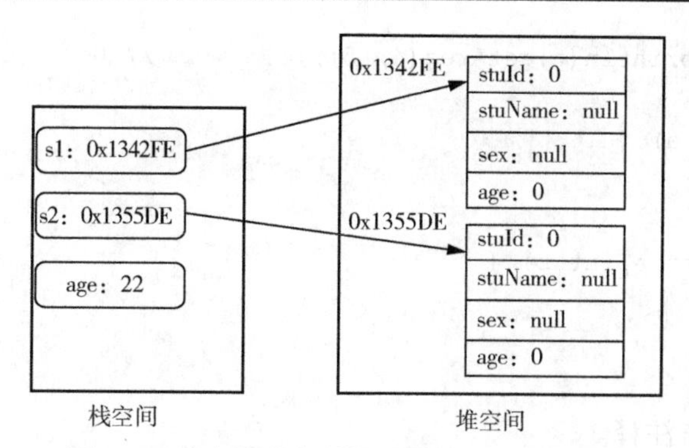

图 3-1　基本类型和引用类型的内存分配情况

【例 3-3】 TestStudent2.java，引用数据类型的应用，代码如下。

```
public class TestStudent2 {
    public static void main(String[] args) {
        Student s1 = new Student();
        Student s2;
        s1.stuId = 1001;
        s1.stuName = "Rose";
        s1.sex = "male";
        s1.age = 22;
        s2 = s1;
        System.out.println(s2.stuId + "\t" + s2.stuName);  //1001    Rose

        s2.stuId = 2002;
        s2.stuName = "Mike";
        System.out.println(s1.stuId + "\t" + s1.stuName);//2002    Mike
    }
}
```

程序的运行结果见注释。可以看出，引用变量 s1 和 s2 指向的是同一内存空间。

3.3.4　方法重载

方法重载是指同一个类中的多个方法有相同的方法名，但这些方法的参数不同，可以是参数个数不同，或者参数类型不同，或者参数顺序不同。

方法重载扩展了类的功能，参数的类型是关键，仅仅是参数名不同是不行的。当重载的方法被调用时，Java 会根据传递的实际参数的类型、个数及顺序与哪一个重载方法的形式参数匹配，来实际调用哪一个方法。

需要特别注意的是，返回值类型不能作为重载方法的区分标准。

【例 3-4】 TestOverloading1.java，方法重载的实现，代码如下。

```
public class TestOverloading1 {
    public static void main(String[] args) {
        TestOverloading1 t = new TestOverloading1();

        System.out.println(t.getArea(3));                //9
```

```
        System.out.println(t.getArea(4, 5));          //20
    }
    int getArea(int a) {
        return(a*a);
    }
    float getArea(int a,int b) {
        return a*b;
    }
}
```

程序运行结果参考注释。

例 3-4 中的 getArea( )方法被重载。getArea(int a)方法接收 1 个整数作为参数，getArea(int a,int b)接收 2 个整数作为参数。这两个方法可理解为计算正方形的面积和长方形的面积的方法。

可以看出，通过参数个数不同，方法重载扩展了程序的功能。

【例 3-5】 TestOverloading2.java，方法重载的实现，代码如下。

```
public class TestOverloading2 {
    public static void main(String args[]){
        Output  output= new Output ();
        int i = 88;
        output.test();
        output.test(10,20);
        output.test(i);
        output.test(123.2);
    }
}
class Output{
    void test(){
        System.out.println("无信息");
    }
    void test(int a,int b){
        System.out.println("显示两个数: " + a + " " + b);
    }
    void test(double a){
        System.out.println("显示一个数: " + a);
    }
}
```

程序运行结果如下。

```
无信息
显示两个数: 10 20
显示一个数: 88.0
显示一个数: 123.2
```

在例 3-5 中，Output 类没有定义 test(int)方法，test( )方法原则上不能接收一个 int 参数，当执行 test(i)，即 test(88)时，找不到和它匹配的重载方法。但 int 类型可以自动转换为 double 类型，所以 Java 将整数 88 转换为 double 类型的数据，然后调用了 test(double)方法。如果定义了 test(int)方法，就会调用 test(int)，而不会调用 test(double)。只有在无法精确匹配时，Java 才会开启类型自动转换功能。

3.4 构造方法

构造方法是一种特殊的方法，在对象创建时自动调用并执行，主要用来初始化对象。构造方法通常为 public 类型，构造方法在定义时必须与类同名，并且无返回值的类型。

3.4.1 构造方法的特征

使用构造方法创建对象的代码格式如下。

```
类型名 对象名 = new 构造方法();
```

构造方法有以下特征。

① 构造方法的名字必须与类名完全相同。

② 构造方法没有返回值的类型，也不可以使用 void 作为返回值类型。

③ 构造方法不能被 static、final、synchronized、abstract 等关键字修饰。

④ 构造方法不能被子类继承，但是构造方法可以被重载。

【例 3-6】 YourPoint0.java，无参数构造方法的应用，代码如下。

```
public class YourPoint0 {
   int x;
   int y;

      YourPoint0() {
         x=0;
         y=0;
         System.out.println("默认坐标: "+x+" "+y);   //默认坐标: 0 0
   }
   public static void main(String[] args) {
      System.out.println( new YourPoint0());
   }
}
```

执行 main()方法时，构造方法被调用，该方法初始化成员变量 x、y，并打印输出。可以看出，例 3-5 的 main()方法在单独的测试类中，例 3-6 的 main()方法被包括在功能类中。

3.4.2 默认构造方法

每个类都有构造方法。如果一个类没有显式地提供构造方法，Java 会为该类提供无参的默认构造方法。默认构造方法的方法体中没有任何代码，即不执行任何操作。

例 3-4 中 Student 类没有定义构造方法，则 Java 会自动为其生成默认构造方法，代码如下。

```
public Student(){
}
```

用 Student 类创建对象时，使用默认的构造方法来实现。

```
Student s1 = new Student();
```

如果提供了显式的构造方法，那么默认构造方法将不再被提供。例 3–5 因为有显式的构造方法，系统将不再提供默认的构造方法。

构造方法可以是显式的无参构造方法，也可以是显式的有参构造方法。

【例 3–7】 YourPoint1.java，有参数构造方法的应用，代码如下。

```
public class YourPoint1 {
    int x;
    int y;
    YourPoint1() {  //默认构造方法
    }
    YourPoint1(int x1,int y1) {
        x=x1;
        y=y1;
        System.out.println("当前坐标: "+x+" "+y);
    }

    public static void main(String[] args) {
      YourPoint1 p1 = new YourPoint1(4,5);
      YourPoint1 p2 =new YourPoint1();
    }
}
```

例 3–7 使用 YourPoint1 类创建对象 p1 和 p2，分别调用了不同的构造方法，实际上是构造方法的重载。

如果删除默认构造方法的定义，编译器将报告错误，原因是提供显式的构造方法后，默认的构造方法将不再被提供。

3.4.3 构造方法的重载

构造方法支持重载。一个类中如果有多个构造方法，这些构造方法均与类同名，因此构造方法一定是重载的。在创建对象时，应根据方法的参数来选择匹配的构造方法完成初始化工作。

【例 3–8】 YourPoint2.java，构造方法重载的实现，代码如下。

```
public class YourPoint2 {
   int x;
   int y;
   YourPoint2() {
       x=y=0;
   }
   YourPoint2(int x1) {
       x=x1;
       y=0;
   }
   YourPoint2(int x1,int y1) {
```

```
        x=x1;
        y=y1;
    }
    public static void main(String[] args) {
        YourPoint2 p1 =new YourPoint2();
        YourPoint2 p2 =new YourPoint2(4,5);
        System.out.println("p1 坐标: "+p1.x+"\t"+p1.y);
        System.out.println("p2 坐标: "+p2.x+"\t"+p2.y);
    }
}
```

程序运行结果如下。

```
p1 坐标: 0    0
p2 坐标: 4    5
```

可以看出，例 3-8 包括 3 个重载的构造方法，功能分别是初始化原点的坐标(0, 0)、x 轴上点的坐标(x, 0)、平面上点的坐标(x, y)。构造方法的重载，提高了程序的灵活性。

3.5 this 关键字

this 关键字表示当前对象，主要用来解决成员变量与局部变量同名的问题。this 可以访问类的所有成员变量和成员方法。

3.5.1 this 访问类中的成员变量

当成员变量和局部变量重名时，通过 this 关键字访问成员变量，可以解决局部变量和成员变量名称冲突的问题。this 调用成员变量的格式：this.成员变量名。

【例 3-9】 YourPoint3.java，this 指当前类中的成员变量，代码如下。

```
public class YourPoint3 {
    int x;
    int y;
    YourPoint3() {
        this.x=this.y=0;   //等价于 x=y=0;
    }

    YourPoint3(int x) {   //x 是局部变量，this.x 是成员变量
        this.x=x;
        this.y=0;
    }
    YourPoint3(int x, int y) {
        this.x=x;
        this.y=y;
    }
    public static void main(String[] args) {
```

```
        YourPoint3 p1 =new YourPoint3();
        YourPoint3 p2 =new YourPoint3(4,5);
        System.out.println("p1坐标: "+p1.x+"\t"+p1.y);
        System.out.println("p2坐标: "+p2.x+"\t"+p2.y);
    }
}
```

程序运行结果与例 3-8 相同。在例 3-9 中，用 this.x 和 this.y 指向类中的成员变量，代码的可读性更强。

3.5.2 this 调用类的成员方法

this 可以调用成员方法，但不能调用静态方法。this 调用成员方法的格式：this.方法名(参数表)。

【例 3-10】 YourPoint4.java，this 调用类中的成员方法，代码如下。

```
public class YourPoint4 {
    int x;
    int y;
    YourPoint4() {
        this.x=this.y=0;        //与 x=y=0;等价
        this.displpy();         //与 displpy()等价，调用成员方法
    }

    YourPoint4(int x) {         //x 是局部变量
        this.x=x;               //this.x 是成员变量
        this.y=0;
        this.displpy();
    }
    YourPoint4(int x, int y) {
        this.x=x;
        this.y=y;
        displpy();
    }
    void displpy() {
        System.out.println("该点坐标: "+this.x+"\t"+this.y);
    }
    public static void main(String[] args) {
        YourPoint4 p1 =new YourPoint4();
        YourPoint4 p2 =new YourPoint4(4);
    }
}
```

程序运行结果如下。

```
该点坐标: 0    0
该点坐标: 4    0
```

3.5.3　this 调用本类构造方法

可以在构造方法中使用 this 调用本类其他的构造方法，调用格式：this(参数)，但 this 调用构造方法的语句必须位于非注释性语句的第 1 行。

需要注意的是，不能在成员方法中通过 this 调用构造方法。

【例 3-11】 YourPoint5.java，this( )调用本类其他的构造方法，代码如下。

```
public class YourPoint5 {
    int x;
    int y;
    YourPoint5(int x, int y) {
        this.x=x;
        this.y=y;
    }
    YourPoint5(int x) {   //x是局部变量
        this(x,0);

    }
    YourPoint5() {
        this(0);
    }
    void displpy() {
        System.out.println("该点坐标："+this.x+"\t"+this.y);
    }
    public static void main(String[] args) {
        YourPoint5 p1 =new YourPoint5();
        YourPoint5 p2 =new YourPoint5(4);
        YourPoint5 p3 =new YourPoint5(5,6);
        System.out.println("p1坐标："+p1.x+"\t"+p1.y);
        System.out.println("p2坐标："+p2.x+"\t"+p2.y);
        System.out.println("p2坐标："+p3.x+"\t"+p3.y);
    }
}
```

程序运行结果如下。

```
p1坐标：0    0
p2坐标：4    0
p2坐标：5    6
```

3.6　static 关键字

static 表示“静态”或“全局”的意思。Java 用 static 关键字修饰类的成员，被 static 修饰的成员独立于该类的任何对象，将被该类的所有对象共享。static 也可以修饰静态代码块。

3.6.1 静态变量

类的成员变量可以分为两种：被 static 修饰的**静态成员变量**和没有被 static 修饰的**实例成员变量**，简称静态变量和实例变量。

静态变量也叫类变量，在内存中只分配唯一的空间，被该类的所有对象共享。类在加载过程中完成静态变量的内存分配。静态变量可以用类名直接访问，也可以通过对象名来访问，格式如下。

```
类名.静态变量名;
对象名.静态变量名;
```

对于实例变量，每创建一个对象，就会为该对象分配一个内存空间，每个对象都有自己独立的内存空间。只能用“对象名.成员变量名”方式访问。

静态变量适合在对象之间共享数据。

【例 3–12】 TestPerson1.java，静态变量的应用，代码如下。

```
public class TestPerson1 {     //测试类
    public static void main(String[] args) {
        Person1 p1 = new Person1(101,"Rose");
        System.out.println(p1.pId+"\t"+ p1.pName+"\t"+Person1.total);
        Person1 p2 = new Person1(203,"Kate");
        //p1.total=p2.total=Person.total
        System.out.println(p2.pId+"\t"+ p2.pName+"\t"+ p1.total);
    }
}
class Person1 {                              //功能类
    int pId;
    String pName;
    static int total;

    public Person1(int pId, String pName) {
        this.pId = pId;
        this.pName=pName;
        total++;
    }
}
```

在 TestPerson1 类的 main( )方法中，创建 p1、p2 两个 Person1 对象，p1 和 p2 共享变量 total。程序运行结果如下。

```
101    Rose 1
203    Kate 2
```

3.6.2 静态方法

用 static 修饰符修饰的方法叫**静态方法**，又称为类方法。静态方法是属于整个类的方法，可以直接通过类名调用，或由该类的对象调用。

未被 static 修饰的方法叫实例方法，前面介绍的成员方法都是实例方法。

静态方法中不能使用 this 关键字，不能使用非静态成员，只能访问类的静态变量和调用类的静态方法。但实例方法既可以访问静态方法又可以访问非静态方法。

【例 3-13】 TestPerson2.java，静态方法的应用，代码如下。

```
public class TestPerson2 {                          //测试类
    public static void main(String[] args) {
        Person2 p1 = new Person2(101,"Rose");
        System.out.println(p1.pId+"\t"+ p1.pName+"\t"+ p1.getTotal());
        Person2 p2 = new Person2(203,"Kate");
        System.out.println(p2.pId+"\t"+ p2.pName+"\t"+ Person2.getTotal());
    }
}
class Person2 {                                   //功能类
    int pId;
    String pName;
    private static int total;

    public Person2(int pId, String pName) {
        this.pId = pId;
        this.pName=pName;
        total++;
    }
    static int getTotal() {
        return total;
    }
}
```

例 3-13 对例 3-12 略作修改，Person2 中的静态变量 total 定义为 private，同时增加了静态方法 getTotal( )。验证了静态方法可以直接通过类名调用，也可以通过对象调用，静态方法只能访问类的静态成员。

程序运行结果与例 3-12 相同。

例 3-13 中，每创建一个对象，该对象就有自己的 pName 空间，可以存储每个对象的不同 pName 信息。而 total 是静态成员变量，被类内所有成员共享，类的所有对象都访问同一个 total 变量，每个对象虽然只执行 1 次 total++操作，但是多个对象就会对同一个 total 内存空间执行多次 total++操作。

静态方法只能访问静态成员，而不能访问实例成员，因为实例成员属于某个特定的对象，而不是属于类。

3.6.3　静态代码块

用 static 修饰的代码块叫作**静态代码块**，是由 static 引导的一对大括号{}括起的语句块。静态代码块的作用一般是完成类的初始化工作。

一个类的静态代码块可以有多个，位置可以任意，但它不可以出现在任何的方法体内。如果 static 代码块有多个，Java 将按照它们在类中出现的先后顺序依次执行它们，每个代码块只会被执行一次。

【例 3-14】 TestPerson3.java，静态代码块的示例，代码如下。

```
public class TestPerson3 {
    static {
        System.out.println("TestPerson3 中的静态代码块 1");
    }
    public static void main(String[] args) {
        Person3 p1 = new Person3();
    }
    static {
        System.out.println("TestPerson3 中的静态代码块 2");
    }
}
class Person3 {
    int pId;
    String pName;
    static int total;
    static {
        System.out.println("Person3 中的静态代码块");
        System.out.println(total);
    }
}
```

程序运行结果如下。

```
TestPerson3 中的静态代码块 1
TestPerson3 中的静态代码块 2
Person3 中的静态代码块
0
```

程序运行时，TestPerson3 类先加载，所以先按顺序执行 TestPerson3 类中静态代码块的内容；再加载 Person3 类，执行 Person3 类中静态代码块的内容，并打印输出了静态变量 total 的默认值。

3.7 封装

面向对象编程的本质是抽象出事物的成员变量和成员方法，将这些变量和方法封装在一个类中。在 Java 中，**封装**的含义是指将所有的或部分的成员变量声明为私有的（private），然后通过公有的（public）方法来访问，从而更好地对信息进行封装和隐藏。关于访问权限将在任务 4 中介绍。

成员变量的存取是常规操作，如果是私有成员，外部类（非本类）必须通过公有方法来实现存取功能。对成员变量的存取可以有多种方法，实现的方法形式有可能不同，但 Java 建议使用 setter( )和 getter( )方法存取类的成员变量。

如果成员变量名称为 XXX，setter( )和 getter( )方法命名规则如下。

- setter( )方法

setter( )方法无返回值，方法名称为 set 加上成员变量名称，方法仅有一个参数，定义格式如下。

```
void setXXX(类型变量名)
```

- getter( )方法

getter( )方法返回值类型就是变量类型，方法名称为 get 加上成员变量名称，方法无输入参数，定义格式如下。

```
类型 getXXX( )
```

在 setter( )和 getter( )方法中，成员变量名称的第一个字符应大写。

【例 3-15】 TestPerson4.java，封装的实现，代码如下。

```
public class TestPerson4 {
    public static void main(String[] args) {
        Person4 p1 = new Person4(101, "Rose");
        p1.setpName("Tim");
        System.out.println(p1.getpId() + "\t" + p1.getpName());
        Person4 p2 = new Person4(203, "Kate");
        System.out.println(p2.getpId() + "\t" + p2.getpName());
    }
}

class Person4 {
    private int pId;
    private String pName;

    public void setpId(int pId) {
        this.pId = pId;
    }

    public int getpId() {
        return pId;
    }

    public void setpName(String pName) {
        this.pName = pName;
    }

    public String getpName() {
        return pName;
    }

    public Person4(int pId, String pName) {
        this.pId = pId;
        this.pName = pName;
```

```
    }
}
```

程序运行结果如下。

```
101   Tim
203   Kate
```

由于 Person 类的 pId、pName 属性为私有，测试类 TestPerson4 访问 Person 对象的属性时，只能调用其公有的 setter( )和 getter( )方法。在后续内容中，因为篇幅关系，多数程序没有按照使用 setter( )和 getter( )封装的风格来定义类，请读者注意。

3.8 项目实践

本项目完成学生信息类 StudentInfo 和成绩信息类 ScoreInfo 的设计，后续内容将根据需要修改这两个类的内容。

1. 设计学生信息类

StudentInfo 类包括以下成员变量：stuId（学号）、stuName（姓名）、sex（性别）、age（年龄），静态变量 total 用于统计学生人数。此外，StudentInfo 类还包括用于输出信息的 show( )方法。为体现面向对象程序封装的特性，将 stuId、stuName、sex、age 等属性设置为私有，并用公有的 setter( )和 getter( )方法访问。

StudentInfo.java 程序代码如下。

```
public class StudentInfo {
    private int stuId;
    private String stuName;
    private String sex;
    private int age;

    static int total;    //累计学生数

    public int getStuId() {
        return stuId;
    }
    public String getStuName() {
        return stuName;
    }
    public String getSex() {
        return sex;
    }
    public int getAge() {
        return age;
    }

    public void setStuId(int stuId) {
        this.stuId = stuId;
```

```
    }
    public void setStuName(String stuName) {
        this.stuName = stuName;
    }
    public void setSex(String sex) {
        this.sex = sex;
    }
    public void setAge(int age) {
        this.age = age;
    }

    public StudentInfo(int stuId, String stuName, String sex, int age) {
        this.stuId = stuId;
        this.stuName = stuName;
        this.sex = sex;
        this.age = age;
        total++;
    }

    void show() {
        System.out.println("-----简历信息-----");
        System.out.print("学号: " + stuId);
        System.out.print("\t姓名: " +stuName);
        System.out.print("\t性别: " + sex);
        System.out.println("\t年龄: " + age);
    }
}
```

测试类 TestStudentInfo.java 代码如下。

```
public class TestStudentInfo {
    public static void main(String[] args) {
        StudentInfo stu1=new StudentInfo(1011,"Rose","女",19);
        stu1.show();
        StudentInfo stu2=new StudentInfo(2023,"Tim","男",21);
        stu2.show();

        System.out.println();
        System.out.println("学生总人数:"+StudentInfo.total);

        stu1.setAge(20);    //stu1.age=20; error
        System.out.println(stu1.getName());//System.out.println(stu1.Name);error
    }
}
```

2. 设计成绩信息类

ScoreInfo 类包括以下成员变量：name（姓名）、math（数学成绩）、Chinese（语文成绩）、politics（政治成绩），还包括计算总分的方法 getTotal()和计算平均分的方法 getAverage()。

ScoreInfo.java 代码如下。

```
public class {
    String name;
    int math;       //数学成绩
    int Chinese;    //语文成绩
    int politics;   //政治成绩

    public ScoreInfo(String name, int math, int Chinese, int politics) {
        this.name = name;
        this.math = math;
        this.Chinese = Chinese;
        this.politics = politics;
    }

    float getTotal() {
        return math + Chinese + politics;
    }
    float getAverage() {
        return Math.round(this.getTotal() / 3.0f);
    }

    void show() {
        System.out.println("姓名\t\t数学\t\t语文\t\t政治\t\t总分\t\t平均分");
        System.out.println(name + "\t" + math + "\t\t" + Chinese + "\t\t"
                + politics + "\t\t" + this.getTotal() + "\t\t" + this.getAverage
());
    }

    public static void main(String[] args) {//程序入口
        ScoreInfo scinfo1 = new ScoreInfo("Rose", 81, 72, 94);
        scinfo1.show();
    }
}
```

习题 3

1. 选择题

（1）下列**不属于**面向对象编程的特性的是哪一项？（　　）

A. 封装　　B. 继承　　C. 重载　　D. 多态

（2）用来描述一类相同或相似事物的共同属性的是哪一项？（　）

A. 类　　B. 对象　　C. 方法　　D. 数据

（3）以下选项中，哪一个是正确的？（　　）

A. 类中如果没有一个显式的构造方法，那么 JDK 就会提供一个默认构造方法

B. 类中至少有一个显式的构造方法

C. 每个类总有一个默认构造方法

D. 默认构造方法是有参数的构造方法

（4）已知代码：Circle x = new Circle( )，下述描述中，最准确的是哪一项？（　　）

A．x是一个数值　　B．x是Circle对象

C．x是Circle对象的引用　　D．x是一个类

（5）有boolean、int、Object等3种成员变量，默认初始化值是哪一项？（　　）

A．true,1,null　　B．false,0,null

C．true,0,null　　D．false,1,null

（6）被类的每个对象共享的变量是哪一项？（　　）

A．公有变量　　B．私有变量

C．实例变量　　D．类变量

（7）用于返回布尔成员变量finished，下面方法中，定义最合理的是哪一项？（　　）

A．public void getFinished( )　　B．public boolean getFinished( )

C．public void isFinished( )　　D．public boolean isFinished( )

（8）下列方法中，不能与方法public void add(int a){ }重载的是哪一项？（　　）

A．public int add(int b){ }　　B．public void add(double b){ }

C．public void add(int a,int b){ }　　D．public void add(float g){ }

（9）为了区分重载的方法，以下正确的是哪一项？（　　）

A．采用不同的参数列表　　B．返回值类型不同

C．调用时将类名或对象名作为前缀　　D．参数名不同

（10）下面程序的输出结果是哪一项？（　　）

```
class Test101{
    int i=2;
    String s=null;
    void Test( ){
        i=3;
        s="days";
    }
    public static void main(String args[]){
        Test101 t = new Test101( );
        System.out.println(t.i+"\t"+t.s);
    }
}
```

A．2　null　　B．3　null　　C．3　days　　D．以上都不对

（11）编译并运行下面的程序，运行结果是哪一项？（　　）

```
class Test102{
    int i=1;
    int j;
    public static void main(String[] args){
        int k;
        Test102 a = new Test102( );
        System.out.println(a.i+a.j+k);
    }
}}
```

A．0　　B．1　　C．2　　D．出现编译错误

（12）下面程序的输出结果是哪一项？（　　）

```
class Point{
    int x,y;
    Point(int a,int b){
        x=a;
        y=b;
    }
}
class Test{
    public static void main(String[] args){
        Point p1,p2;
        p1 = new Point(3,6);
        p2 = new Point(8,9);
        p1 = p2;
        System.out.println("p1.x = "+p1.x+",p1.y = "+p1.y);
    }
}
```

A. p1.x = 3,p1.y = 6　　　　B. p1.x = 3,p1.y = 9

C. p1.x = 8,p1.y = 6　　　　D. p1.x = 8,p1.y = 9

2. 简答题

（1）什么是类？什么是对象？类与对象的关系是什么？

（2）静态变量与实例变量的区别是什么？

（3）成员变量初始化规则是什么？

（4）构造方法的作用是什么？

（5）什么是方法的重载？

（6）this 关键字的作用是什么？

3. 上机实践

（1）为一元二次方程 $ax^2+bx+c=0$ 设计一个名为 Equation 的类，要求如下。

- 代表 3 个系数的成员变量 a、b、c。
- 参数为 a、b、c 的构造方法。
- getDiscriminant( )方法，返回判别式的值。
- getRoot1( )和 getRoot2( )方法，返回方程的两个根：如果判别式为负，这两个方法返回 0。

（2）设计一个求 A^b 的个位数字的类，并编制测试类。设 A、b 均为正整数。例如，求 3^4，返回值是 1。

（3）设计一个整形数组的封装类，要求如下。

- 显示全部数组数据。
- 显示从某一位置开始的一段连续数组数据。

（4）设计并测试一个名为 MyStudent 的类。该类包括 sid（学号）、sname（姓名）、maths（数学成绩）、English（英语成绩）、computer（计算机成绩）5 个属性，以及计算 3 门课程的总分、平均分和最高分的两个方法。

（5）设计并测试一个表示点的 MyPoint 类。

- 该类包括以下属性。

x：点的横坐标。

y：点的纵坐标。

- 该类包括以下方法。

MyPoint (double x, double y)：构造方法，创建对象的同时为属性 x、y 赋初值。

getX( )：获得点的横坐标。

getY( )：获得点的纵坐标。

getDdistance (MyPointp)：返回当前点与点 p 之间的距离。

（6）设计并测试一个 Bank 类，实现银行某账号的资金往来账目管理，包括建立账号、存入、取出等。

任务4　面向对象的继承性与多态性

继承与多态是面向对象编程的两个重要特性。在Java语言中，在已有的类基础上扩展出新类，称为继承，程序的同一个方法在不同的环境中有不同语义解释的现象，称为多态。Java的抽象性、封装性、继承性和多态性，构成了面向对象编程的核心。

本任务包括Java中继承与多态的概念与具体实现,还包括包的概念与访问权限控制的内容。

✧ 学习目标

（1）了解创建和导入包的package语句和import语句。
（2）能够合理设计类、方法、属性的访问权限。
（3）掌握继承、多态的相关概念和应用方法。
（4）掌握super关键字和final关键字的应用方法。

✧ 项目描述

本任务完善学生信息管理系统项目中类的设计。
设计CollegeScoreInfo类继承ScoreInfo类，并重写父类的方法和添加属性。

✧ 知识结构

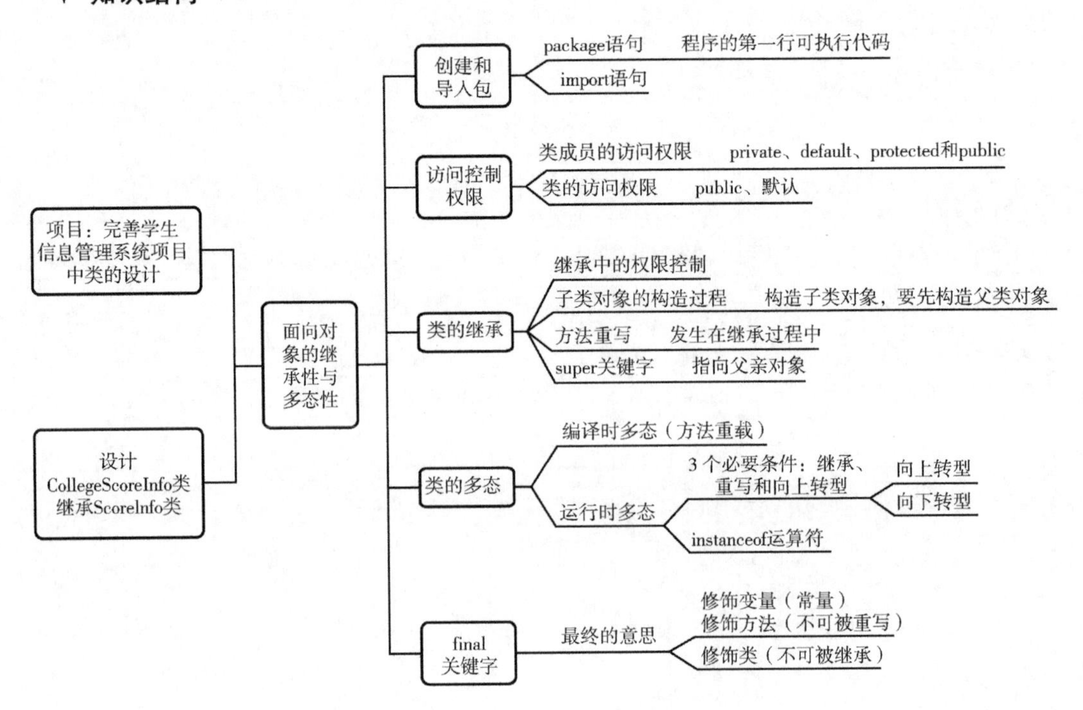

4.1 创建和导入包

面向对象编程的核心是类和对象。为了方便对类进行组织和管理，Java 引入了包的概念。包提供了访问控制权限和命名管理机制，解决了类的命名冲突和文件管理等问题。

4.1.1　package 语句

1. 创建包

包是一组文件（类、接口、子包等）的集合，用于组织项目中的文件，其作用类似于文件夹。Java 使用 package 语句定义包，该语句应放在程序的第一行。在每个源程序中只能有一个 package 语句。定义包的语法格式如下。

```
package  包名;
```

下面是包的命名规则。

① 包名应符合标识符命名规则，建议全部由小写字母组成。

② 如果包有多个层次，不同层次之间用“.”分隔。

③ 用户定义的包不能以 java 开头。

例如，下面的代码创建了一个包。

```
package  com.use;
```

包名为 com.use，表示 Java 文件的路径是“com\use\”，即文件保存在 com 文件夹下的 use 文件夹内。

需要说明的是，前面内容中的 Java 文件中并没有定义包，实际上是将文件保存在一个无名包中，这个无名包也称为默认包。在实际开发中，通常不会把类定义在默认包下。

【例 4-1】 TestPkg.java，IDEA 环境下，在当前项目中建立包 com.use，并在包中新建一个 TestPkg 类，代码如下。

```
package com.use;
public class TestPkg{
    public static void main(String args[]){
        System.out.println(“Hello,com.use.TestPkg”);
    }
}
```

IDEA 环境提供了创建包的命令。执行创建包 com.use 的命令后，会自动创建 com 文件夹及下级的 use 文件夹，然后可以在包中建立类、接口等对象。引入包有以下优点。

① 相同的类名保存在不同的包中，使用包能避免命名冲突。

② 包具有文件组织功能，功能相似或相关的类或接口组织在同一个包中，方便查找和使用。

③ 提供访问权限控制机制。

2. Java 中的常用包

在 JDK 中，不同功能的类被组织在不同的包中。其中，Java 开发常用的基础类库在 java

包及其子包下。JDK 常用的包包括 java.lang（Java 核心类库）、java.util（常用工具包）、java.io（输入/输出包）、java.awt（图形界面包）、java.awt.event（事件处理包）等。

4.1.2 import 语句

创建包的目的是组织文件。在编程时导入包的目的是将保存在不同包中的文件导入，能让编译器方便地找到所需要的类或接口。导入包使用 import 关键字，常用的语法格式如下。

```
import 包名.*;              //用于导入包中所有的类
import 包名.子包名.*;        //用于导入包中子包中的所有类
import 包名.类名;            //用于导入包中具体的类
```

如果需要导入包下的所有类，可以使用语句“import 包名.*”，但该语句并不能导入子包里的类。要调用的类和被调用的类如果在同一包下，则不需要导入，可以直接使用。

4.2 访问控制权限

“权限”划分是现实世界中普遍存在的现象。现实世界中的信息有些是公开的，有些需要权限才能查看。Java 中类和成员的访问也涉及权限问题。Java 将权限抽象为 4 种：private、默认、protected、public。类成员的访问权限与类的访问权限有所区别，下面分别介绍。

4.2.1 类成员的访问权限

类的成员变量和成员方法都有访问权限。类中封装了数据和方法，包中包含了类、接口和其他的包，在类之间还可能存在着继承关系，所以，Java 提供了类的成员在 4 种不同范围内的访问权限控制，这 4 种范围包括：同一个类中、同一个包中、不同包中的子类和不同包中的非子类。其中，后两种访问权限将在学习继承后再介绍。

访问权限修饰符包括 private、default、protected 和 public 这 4 种。成员变量及方法访问权限见表 4-1。

表 4-1　成员变量及方法访问权限

权限/范围	同一个类中	同一个包中	不同包中的子类	不同包中的非子类
private	√			
default	√	√		
protected	√	√	√	
public	√	√	√	√

注：√表示可以访问。

① private（私有的）：类中限定为 private 的成员只能被这个类本身访问，即私有访问控制。

② default（默认的）：当类中的成员不带有具体的访问权限修饰符时，被称为默认的访问控制。这时，类中的成员可以被类本身和同一个包中的类访问。

③ protected（受保护的）：类中限定为 protected 的成员可以被这个类本身、它的子类（包括同一个包中及不同包中的子类）及同一个包中的类访问。

④ public（公共的）：类中限定为 public 的成员可以被所有的类访问。

由于还没有讲到继承，现在只涉及成员变量或方法在“同一个类中、同一个包中、不同包中的非子类”3 种情况。

【例 4-2】 Blue.java 和 Green.java，同一个包中类的访问权限示例。

Blue 类在 pkg1 包中，其中包括 4 种访问权限的成员变量，代码如下。

```
package  pkg1;

class  Blue  {
    private int a;              //私有访问权限
    int b;                      //默认访问权限
    protected int c;            //保护访问权限·
    public int d;               //公有访问权限

    private void fa() {         //私有方法,可访问类中所有的变量及方法
        a = 1; b = 2; c = 3;d = 4;          //正确
        fb(); fc(); fd();                   //正确
    }
    void fb() {                             //默认方法
        a = 1; b = 2; c = 3;d = 4;          // 正确
    }
    protected void fc() {                   //保护方法
        a = 1; b = 2; c = 3; d = 4;         // 正确
    }
    public void fd() {                      //公有方法
        a = 1; b = 2; c = 3; d = 4;         // 正确
    }
}
```

Green 类与 Blue 类同在 pkg1 包中，访问同一包中不同类的成员变量，代码如下，编译及运行结果见注释。

```
package pkg1;

class Green{
    Blue obj = new Blue();
    void func() {
        obj.a = 1; //错误：不能访问同一包中其他类私有变量
        obj.b = 2; //正确，可以访问同一包中其他类默认变量
        obj.c = 3; //正确，可以访问同包中其他类保护变量
        obj.d = 4; //正确，可以访问同一包中其他类公有变量
        obj.fa();  //错误，不能访问同一包中其他类私有方法
        obj.fb();  //正确，可以访问同包中其他类默认方法
        obj.fc();  //正确，可以访问同包中其他类保护方法
        obj.fd();  //正确，可以访问同包中其他类共有方法
    }
```

```
}
```

带有访问权限的成员变量和成员方法的定义格式如下。

```
[public|default|protected| private]类型变量名|方法名()
```

例如，声明一个私有成员变量 private int a，不能写成 int private a，而且，局部变量不可以使用访问权限修饰符。

在例 4-2 中，如果 Green 类和 Blue 类分别属于不同的包，成员变量 b 也不可以访问，因为默认访问权限不能访问其他包中类的变量。具体代码请读者自行调试。

4.2.2 类的访问权限

类有 public 和 default 两种访问权限，没有 private、protected。相同包中的类（或类中成员）有无 public 修饰符均能访问。若在不同包下访问类的成员，则被访问的类必须具有 public 权限。

有不同包中的 A 类和 B 类，A 类要调用 B 类的成员。B 类代码如下。

```
package tom1;
public class B {  //必须是public类，被不同包的类调用
}
```

A 类代码如下。可以看出，A 类访问 B 类的成员，需要 B 类的访问权限为 public，并且在 A 类中要导入 B 类。

```
package tom2;
import tom1.B;
class A {    //默认访问权限
    B =new
    B();         //可以访问
}
```

4.3 类的继承

4.3.1 继承的概念

继承是在一个类的基础上扩展新的功能而实现的。被继承的类称为**父类**或**超类**，由继承而得到的类称为**子类**。一个父类可以有多个子类，但 Java 不支持多继承，因此一个类只能有一个直接父类。

通过继承，子类拥有父类可访问的成员，也可以修改父类的成员，还可以添加新的成员。例如，已有 Student 类，如果要设计一个 CollegeStudent 类，由于 CollegeStudent 类具有所有 Student 类的特征，可以将 CollegeStudent 类作为 Student 类的子类，这样 CollegeStudent 类就不需要再重复定义 Student 类中已有的成员，而直接声明 CollegeStudent 类特有的成员即可。

Java 通过 extends 关键字实现类的继承，格式如下。

```
class 子类  extends 父类{
    ...
}
```

继承的实现：可以先创建一个具有共同属性的父类，根据父类再创建具有特殊属性的子类。

Java 的所有类都有着严格的层次体系，如果一个类的声明中没有使用关键字 extends，则这个类被默认为 Object 类的子类。例如，class A{}与 class A extends Object{}是等价的。

【例 4-3】 TestExtends.java，Student1 类继承 Person1 类的设计，代码如下。

```
public class TestExtends {
    public static void main(String[] args) {
        Student1 stu=new Student1();
        stu.name="Rose";stu.age=21;stu.department="Computer";
        stu.show();
    }
}
class Person1 {
    String name;
    int age;
    public void show() {
        System.out.println("姓名："+name+"  年龄："+age);
    }
}
class Student1 extends Person1{
    String department;
    public void show() {
        System.out.println("姓名："+this.name+"\t 年龄："+this.age+"\t 专业：
"+this.department);
    }
}
```

程序运行结果如下。

```
姓名：Rose    年龄：21    专业：Computer
```

name 与 age 是 Person1 类的成员变量，Student1 类定义了成员变量 department。由于 Student1 类继承了 Person1 类，则子类 Student1 继承了父类 Person1 中的成员，所以 Student1 类的对象也拥有 name 与 age 成员变量。例 4-3 中，子类还重写了父类的 show()方法。

需要说明的是，通过 extends 关键字，可将父类中的非私有成员继承给子类，这涉及访问权限的问题；Java 程序在执行子类的构造方法之前，会先自动调用父类中的构造方法，目的是完成父类成员的初始化操作。这些内容下面会逐一介绍。

4.3.2　继承中的权限控制

继承发生在子类与父类之间，子类访问父类成员存在权限问题。具体的访问权限与子类和父类是否在同一个包中有关。

① 如果父类和子类在同一包下，子类不能访问父类的 private 成员，可访问 default 成员、protected 成员、public 成员。

② 如果父类和子类在不同包下，子类不能访问父类的 private 成员、default 成员，可访问 protected 成员、public 成员。

【例 4-4】 Parent.java，同一个包中的子类 Child 访问父类 Parent 的成员，代码如下。

```
//Parent.class 与 Child.class 在同一包（默认包）中。
class Parent {
    private int a;
    int b;
    protected int c;
    public int d;
}

class Child extends Parent {
    void func() {
        a = 10; //编译错误，不可以访问父类私有成员
        b = 20; //正确，可访问父类默认成员
        c = 30; //正确，可访问父类保护成员
        d = 40; //正确，可访问父类公有成员
    }
}
```

【例 4-5】 不同包中，子类 Child 访问父类 Parent 的成员。

在 tom1 包的 Parent 类中，定义 4 种权限成员变量，代码如下。

```
package tom1;
public class Parent{
    private int a;
    int b;
    protected int c;
    public int d;
}
```

在 tom2 包的 Child 类中，访问不在同一包的父类的成员变量，代码如下。

```
package tom2;
import tom1.Parent;
class Child extends Parent{
    void func(){
        a = 10;        //编译错误，不可以访问父类私有成员
        b = 20;        //编译错误，不可以访问父类默认成员
        c = 30;        //正确，可访问父类保护成员
        d = 40;        //正确，可访问父类公有成员
    }
}
```

可以看出，父类和子类是否在同一个包中，默认成员的访问权限是有区别的。一般来说，如果需要子类访问父类的成员，那么这些成员在父类中最好定义成 protected 成员。

4.3.3 子类对象的构造过程

在继承过程中，即使子类没有显式调用父类的构造方法，但构造子类对象时还是会先调

用父类中无参的构造方法，以便进行初始化操作。如果父类中有多个构造方法，则在子类的构造方法中可以通过 super 关键字调用父类特定的构造方法。

子类对象的构造过程和继承紧密相关。假设 A 是父类，B 是 A 的子类，C 是 B 的子类，构造 C 对象的过程如图 4-1 所示，具体描述如下。

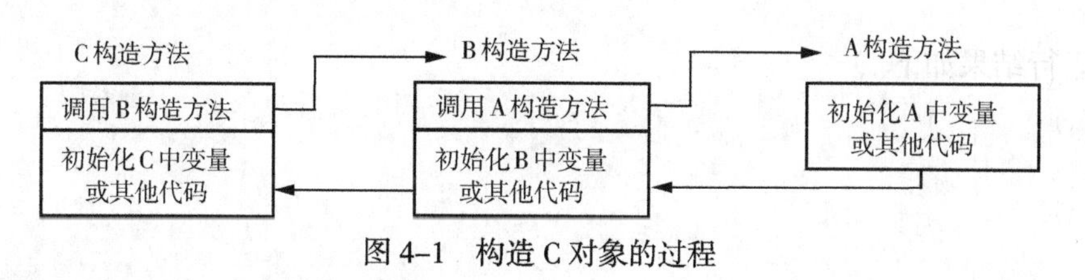

图 4-1　构造 C 对象的过程

① C 构造方法调用 B 构造方法。

② B 构造方法调用 A 构造方法。

③ A 构造方法全部执行结束，返回 B 构造方法。

④ B 构造方法代码全部执行结束，返回 C 构造方法。

⑤ C 构造方法代码全部执行结束。

【例 4-6】 TestConstructor.java，A 类定义为父类，B 类为 A 类的子类，C 类为 B 类的子类，创建子类对象，观察构造方法执行过程，代码如下。

```
public class TestConstructor {
    public static void main(String []args) {
        C c1 = new C();
        System.out.println();
        C c2 = new C(10);
    }
}
class A {
    public A() {
        System.out.println("This is A()");
    }
    public A(int m) {
        System.out.println("This is A(int m)");
    }
}

class B extends A {
    public B() {
        System.out.println("This is B()");
    }
    public B(int m) {
        System.out.println("This is B(int m)");
    }
}

class C extends B {
    public C() {
```

```
        System.out.println("This is C()");
    }
    public C(int m) {
        System.out.println("This is C(int m)");
    }
}
```

程序运行结果如下。

```
This is A()
This is B()
This is C()

This is A()
This is B()
This is C(int m)
```

B 类继承 A 类，C 类继承 B 类。测试类的 main()方法中构造了两个 C 类对象 c1 和 c2.

从运行结果可以看出，创建子类对象是从顶层父类构造方法开始的。对 C 类来说，父类 B 有两个不同的构造方法；对 B 类来说，父类 A 有两个构造方法。那么创建子类对象时，到底调用父类重载的哪个构造方法？为什么本示例中创建两个 C 类对象时，调用的都是 B 类和 A 类无参的构造方法？这和“super 关键字”有关。

4.3.4 方法重写

1. 方法重写的含义

方法重载强调的是一个类中的多个方法具有相同的名字，但这些方法的参数不同。**方法重写**在子类继承父类的过程中发生，要求子类方法的名字、类型、参数个数与类型同父类的被重写的方法完全相同。以下代码说明了方法重写的含义。

```
class Parent {
    public void f() {
    }
    public void f(int n) {
    }
}

class Child extends Parent {
    public void f(int n) {
    }
    public void f(int m, int n) {
    }
}
```

其中，父类 Parent 中的两个 f()是重载方法，子类 Child 中的两个 f()方法是重载方法；Parent 中的 void f(int)与 Child 中的 void f(int)是方法重写关系。

2. 方法重写的规则

方法重写发生在继承过程中，应遵循以下规则。

① 子类某个方法的名称、参数列表及返回值类型必须与父类中某个方法的名称、参数列表和返回类型一致。

② 子类方法的访问权限不能低于父类方法的访问权限。

例如以下代码。

```
class Parent {
     public void study(){
          …
     }
}
class Child extends Parent {
     private void study(){    //error
          …
     }
}
```

上面代码中子类的 study()方法是 private 的，而父类的 study()方法是 public 的。子类方法的访问权限小于父类方法的访问权限，无法实现重写，编译时会报告错误。

③ 子类方法不能抛出比父类方法更多的异常。也就是说，子类方法抛出的异常必须和父类方法抛出的异常相同，或者子类方法抛出的异常类是父类方法抛出的异常类的子类。

异常将在任务 8 中具体介绍。

④ 子类可以定义与父类静态方法同名的静态方法，但父类的静态方法不能被子类重写为非静态方法，同样，父类的非静态方法也不能被子类重写为静态方法。

⑤ 父类的私有方法不能被子类重写。

4.3.5　super 关键字

子类可以重写父类的方法，表明子类和父类可能有形式上完全相同的方法；同时，子类也可以定义和父类同名的成员变量，那么，如何在子类中访问父类的重写方法或同名变量呢？与关键字 this 相似，Java 使用 super 关键字来解决这个问题。super 可以理解为当前子类的父类对象，通过 super 关键字能访问父类可见的变量和方法。super 关键字的 3 种格式如下。

```
super(参数表);                    //子类调用父类构造方法
super.变量名;                     //子类调用父类成员变量
super.methodName(参数表);         //子类调用父类方法
```

【例 4-7】　TestSuper1.java，使用 super 关键字访问父类的成员变量，代码如下。

```
public class TestSuper1 {
    public static void main(String[] args) {
        AA aa = new AA();
        aa.m=100;
        BB bb= new BB();
        bb.func(1);          //输出结果：10 20  30
    }
}
class AA {
```

```
    int m;                  //父类成员变量 m
}
class BB extends AA{
    int m;                  //子类同名成员变量 m

    void func(int m) {      //局部变量 m
        super.m = 10;       //为父类的成员变量 m 赋值
        this.m = 20;        //为本类的成员变量 m 赋值
        m = 30;             //为局部变量 m 赋值
        System.out.println(super.m+"\t"+this.m+"\t"+m);
    }
}
```

【例 4-8】 TestSuper2.java，super 在构造方法中的作用。

Point1 类包含 x 和 y 两个坐标属性。设计 Circle 类继承 Point1 类，它包括圆心和半径的属性。Circle 类包括计算周长和面积，返回圆心坐标、半径的方法。在测试类完成输出功能，代码如下。

```
public class TestSuper2 {
    public static void main(String[] args) {
        Circle c = new Circle(5.0f, 5.0f, 10.0f);//建立圆心(5.0,5.0),半径为 10 圆对象
        System.out.println("圆心坐标:(" + c.getX() + "," + c.getY() + ")");
        System.out.println("圆半径: " + c.getR());
        System.out.println("圆面积: " + c.getArea());
        System.out.println("圆周长: " + c.getLength());

    }
}

class Point1 {
    private float x;            //横坐标
    private float y;            //纵坐标

    public Point1(float x, float y) {//构造方法
        this.x = x;
        this.y = y;
    }
    public float getX() {               //返回 x 坐标
        return x;
    }
    public float getY() {               //返回 y 坐标
        return y;
    }
}

class Circle extends Point1 {
    private float r;                        //半径

    public Circle(float x, float y, float r) {      //构造方法
```

```
        super(x, y);
        this.r = r;
    }
    public float getR() {                          //返回半径
        return r;
    }
    public float getArea() {                       //返回面积
        return (float) Math.PI * r * r;
    }
    public float getLength() {                     //返回周长
        return 2.0f * r * (float) Math.PI;
    }
}
```

分析例4–8的代码，主要理解以下知识点。

① 子类Circle内仅定义了一个属性半径r，但父类Point1中的属性x、y也属于Circle类，所以Circle类包括3个属性。

② 在Circle类的构造方法中可以给半径r直接赋值，但由于父类属性x、y的访问权限是private的，在Circle构造方法中不能直接赋值，这时可以使用super(x,y)，表示调用父类相同参数的构造方法Point1(float x, float y)，完成对圆心坐标的赋值。一般来说，子类构造方法一方面完成本类成员变量初始化，一方面通过super(参数表)完成对父类成员变量的初始化。

如果把父类的属性x、y的访问权限定义成public，Circle类的构造方法改成以下代码也是可行的。

```
public Circle(float x, float y, float r){
    this.x = x; this.y = y;
    this.r = r;
}
```

该构造方法直接对父类成员x、y进行了初始化，但不如使用super( )方法，原因如下。

- x、y属性在Point1、Circle构造方法中都具体被初始化一次，代码重复，而使用super则仅初始化一次。很明显，super代码效率更高。另外，从封装的角度看，把父类中的属性x、y定义为private类型更好一些。
- 可能出现编译错误："Implicit super constructor Point1( ) is undefined. Must explicitly invoke another constructor"。这是由于在子类构造方法中如果没有显式地通过super ( )方法调用父类构造方法，那么应在子类的构造方法的第1条语句中添加super( )，相当于默认调用父类无参数的构造方法。上述代码与下述代码等价。

```
public  Circle(float  ,  float  y,  float  r){
    super();    //自动添加
     this.x  =  x;  this.y  =  y;
     this.r  =  r;
}
```

由于父类没有显式定义无参构造方法Point1( )，所以会出现编译错误。

- 建议在子类中用显式的super( )方法指明调用哪个父类构造方法，而且super( )方法的位置必须是子类构造方法的第一行，若放在其他位置，会出现编译错误。

③ 由于需要返回坐标(x, y)及半径 r 值，属性在哪个类内就在哪个类内增加 getter( )方法。坐标 x、y 在父类 Point1 中，则在该类增加 getX( )及 getY( )方法；半径 r 在 Circle 类中，则在其中增加 getR( )方法。

4.4 多态

多态是面向对象编程的重要特征，是指同一个方法有不同的实现方式，表现出不同的行为。多态可以使程序更为简洁，使代码的可扩展性得到增强。Java 中的多态分为编译时多态和运行时多态两种类型。

4.4.1 编译时多态

方法重载是多态的一种表现。程序编译时根据参数的不同来区分不同的方法，这种多态被称为**编译时多态**，也被称为方法多态。

例如，编写计算两点之间距离和点到直线距离的程序，一个方法是求点到点间距离的方法 distance(Point)，一个是求点到直线间距离的方法 distance(Line)，两个求距离方法名称相同，参数不同。这就是通过方法重载实现的多态。

【例 4-9】 TestPolymorphism1.java，编译时多态的实现，代码如下。

```
public class TestPolymorphism1 {
    public static void main(String[] args) {
        Point2 p1 = new Point2(4, 5);
        Line line1 = new Line(1, 2);
        System.out.println(p1.getDistance(new Point2(0, 0)));
        System.out.println(p1.getDistance(line1));
    }
};

class Line {
    float k;    // 斜率
    float b;    // 截距

    public Line(float k, float b) {
        this.k = k;
        this.b = b;
    }
}
class Point2 {
    private float x;    // 横坐标
    private float y;    // 纵坐标

    public Point2(float x, float y) {
        this.x = x;
```

```
        this.y = y;
    }
    float getDistance(Point2 two) {      // 求两点间距离
        double distance =Math.sqrt((x - two.x) * (x - two.x) + (y - two.y)
                * (y - two.y));
        return (float) distance;
    }

    float getDistance(Line two) { // 求点到直线距离
        //设一直线方程为 y=kx+b，直线外一点 P(x0,y0),点到直线的距离:
        // d=Math.abs(kx0+b-y0)/Math.sqrt(1+k*k)
        double distance = Math.abs(two.k * x + two.b - y) / Math.sqrt((two.k
                * two.k + 1));
        return (float) distance;
    }
}
```

4.4.2　运行时多态

Java 中的多态更多指的是运行时多态。父类中的方法被子类继承或重写后，代码在运行时根据实际的类型来调用父类或子类对应的方法，这就是**运行时多态**，是通过动态绑定来实现的。

运行时多态有 3 个必要条件：继承、重写和向上转型。

继承是指在多态中必须存在有继承关系的子类和父类；重写是指子类对父类中某些方法进行重新定义；向上转型需要将子类的引用赋给父类对象，只有这样，该引用才既能调用父类的方法，又能调用子类的方法。

【例 4-10】 TestPolymorphism2.java，运行时多态的实现，代码如下。

```
public class TestPolymorphism2 {
    public static void main(String args[]) {
        Person2 s1 = new Student2("Rose", 2126, "Phisics");
        s1.show();
        Person2 p1 = new Person2("Tom", 3101);
        p1.show();
        Student2 s2 = new Student2("Wang", 2101, "PE");
        s2.study();

//        以下是向下转型的测试
//        p1=(PostGraduate)s1;
//        p1.study();
//        p1.play();
    }
}

class Person2 {
    String name;
```

```
    int age;

    public Person2(String name, int age) {
        this.name = name;
        this.age = age;
    }
    public void show() {
        System.out.println("姓名: " + name + "  年龄: " + age);
    }
}

class Student2 extends Person2 {
    String department;

    public Student2(String name, int age, String department) {
        super(name, age);
        this.department = department;
    }

    public void study() {
        System.out.println(name + "\t 在读大学");
    }
    public void show() {
        System.out.println("姓名: " + this.name + "\t 年龄: " + this.age + "\t 专业:
" + this.department);
    }
}
```

程序运行结果如下。

```
姓名: Rose     年龄: 2126     专业: Phisics
姓名: Tom      年龄: 3101
Wang     在读大学
```

例 4-10 中，声明了一个 Person2 类的变量 s1，但为其赋的值是一个 Student2 类对象，即将子类对象赋值给了父类的引用变量，这时 s1 对象会自动**向上转型**，即将子类对象转换为父类对象，这类似于基本数据类型转换中的自动类型转换。因为子类对象被转换成父类对象，所以也就只能访问父类对象中的成员，而不能访问子类对象中的成员。

4.4.3 对象的类型转换

父类与子类对象间的类型转换，是指存在继承关系的对象之间可以转换类型，主要包括两种方式——向上转型和向下转型。

1. 向上转型

父类引用指向子类对象被称为向上转型，语法格式如下。

```
父类 obj = new 子类();
```

向上转型就是把子类对象直接赋给父类引用，不用强制转换。使用向上转型可以调用父类中的所有成员，不能调用子类中的特有成员，最终运行效果是由子类的具体实现来决定的。

2. 向下转型

与向上转型相反，子类对象指向父类引用被称为向下转型，语法格式如下。

```
子类 obj = (子类)fatherClass;
```

其中，fatherClass 是父类名称，obj 是创建的对象。

向下转型可以调用子类所有的成员，需要注意的是，如果父类引用对象指向的是子类对象，那么在向下转型的过程中是安全的，也就是编译不会出现错误。但是，如果父类引用对象是父类本身，那么在向下转型的过程中是不安全的，编译不会出错，但是运行时会出现强制类型转换异常，一般使用 instanceof 运算符来避免出现此类错误。

【例 4-11】 TestDownCasting.java，向下转型实现，代码如下。

```
public class TestDownCasting {
    public static void main(String args[]) {
        Person2 s1 = new Student2("Rose", 2126, "Phisics");

        s1.show();
        s1.study();                          //编译错误，必须向下转型
        Student2 s0 = (Student2) s1;    //向下转型
        s0.show();
        s0.study();
    }
}
```

在例 4-11 中仍然使用例 4-10 中的 Person2 类和 Student2 类。

代码 Student2 s0 = (Student2) s1 实现了向下转型，把 Person2 类型的 s1 对象强制转换为 Student2 类型，这样可以访问 Student2 类的 study()方法。如果不向下转型，则 study()方法对 Person2 类的对象是不可见的。

程序运行结果如下。

```
姓名：Rose     年龄：2126     专业：Phisics
姓名：Rose     年龄：2126     专业：Phisics
Rose    在读大学
```

Java 允许在具有直接或间接继承关系的类之间进行类型转换。对于向下转型，必须进行强制类型转换；对于向上转型，不必使用强制类型转换。

4.4.4 instanceof 运算符

instanceof 运算符主要用于类继承时判断对象的类型。由于父类变量可以引用子类的对象，所以经常需要在运行时判断所引用对象的实际类型。Java 中使用 instanceof 运算符实现这一功能，基本格式如下。

```
对象名 instanceof 类名
```

该表达式的结果是布尔类型，如果“对象变量”是“类”的一个实例，则返回 true，否则返回 false。

【例 4-12】 instanceof 运算符作用示例，代码如下。

```
//Person2 类和 Student2 类见例 4-10

class Student0 {};

public class TestInstanceof{
    public static void main(String[] args) {
        Student2 s0 = new Student2("Wang", 2101, "PE");

        boolean b1 = s0 instanceof Student2;        // b1=true
        boolean b2 = s0 instanceof Person2;         // b2=true
        boolean b3 = s0 instanceof Object;          // b3=true
        boolean b4 = s0 instanceof Student0;        //编译错误
    }
}
```

例 4-12 中，Person2 是父类，Student2 类继承 Person2 类。在 main()方法中，构造了 Student2 类的对象 s0。s0 本身是一个 PostGraduate 类的对象，所以 b1=true。

Person2 是 Student2 父类，所以 s0 是一个 Student2 类的对象，b2=true。

Object 是所有类的根类，所以 s0 是一个 Object，b3=true。

对象 s0 与 Student0 类间无关系，b4 并不返回值 false，而是编译错误，根本不能运行。这说明 instanceof 运算符只能用于存在继承关系的类之间。

4.5 final 关键字

final 有"最终的""不可改变的"的意思，可以用来修饰变量、方法和类。

final 修饰变量时表示该变量的值是不可以改变的，该变量为常量；final 修饰方法时表示该方法不可以被重写；final 修饰类时表示该类不能有子类。

1. final 修饰变量

final 修饰成员变量时，只能赋值一次，可以在变量定义时直接赋初值，或者在构造方法或静态初始化代码中赋初值，赋值后变量的值不能修改。

【例 4-13】 TestFinal.java，final 修饰成员变量及赋值，代码如下。

```
public class TestFinal {
    final double R1=0.032;
    final double R2;

    public TestFinal() {
        R2=0.029;
    }
    void getResult() {
        final int num1=3;
        num1=4;            //编译错误
        final int num2;
```

```
        num2=10;
        System.out.println(num1+"\t"+num2);
    }
}
```

2. final 修饰方法

final 修饰的方法不可被重写，如果希望父类的某个方法不可以被子类重写，则可以使用 final 修饰该方法。例如以下代码。

```
class FA {
    final void show() {
        System.out.println("FA类 final 方法");
    }
}

class FB extends FA {
    void show() {            //编译错误，FA 类中 show()方法声明为 final
        System.out.println("FB类 final 方法");
    }
}
```

FA 类中的 show()被声明成 final，它不能被 FB 类方法重写，因此编译时会报告错误。

3. final 修饰类

final 修饰的类不能被继承。当子类继承父类时，可以访问父类的成员，并可通过重写父类方法来改变父类方法的实现细节。如果希望一个类不可以被继承，则可以使用 final 修饰这个类。例如以下代码。

```
final class FA {
    void show() {
        System.out.println("FA类");
    }
}

class FB extends FA {            //编译错误，FA 类声明为 final
    void show() {
        System.out.println("FB类");
    }
}
```

FA 类用 final 修饰，FA 类不能被继承，所以 FB 类继承 FA 类编译时会报告错误。

4.6 项目实践

本项目在 ScoreInfo 类的基础上，应用面向对象的继承和多态特性设计 CollegeScoreInfo 类。

1. 设计 ScoreInfo 类

ScoreInfo.java，详见任务 3 的项目实践部分。

2. 设计 CollegeScoreInfo 类

CollegeScoreInfo 类继承于 ScoreInfo 类，要点如下。

① 增加 int 类型成员变量 physics 和 chemistry。

② 在构造方法中使用 super 关键字调用父类的构造方法。

③ 重写父类的 getTotal( )方法和 getAverage( )方法，修改总成绩和平均成绩的计算规则。

④ 增加 getCredit( )方法，返回学分值。

CollegeScoreInfo.java 代码如下。

```
public class CollegeScoreInfo extends ScoreInfo {
    int physics;
    int chemistry;

    public CollegeScoreInfo(String name, int math, int Chinese, int politics, int
 physics, int chemistry) {
        super(name, math, Chinese, politics);
        this.physics = physics;
        this.chemistry = chemistry;
    }

    float getTotal() {return super.getTotal() + physics * 0.8f + chemistry * 0.7f;}

    float getAverage() {return Math.round(this.getTotal() / 5.0f); }

    float getCredit() {
        float credit = 0;
        float temp=this.getAverage();
        if (temp<60)
            credit=0;
        else {
            credit =temp/10.0f-5;  //绩点计算公式
        }
        return credit;
    }

    void show() {
        System.out.println("姓名\t\t数学\t\t语文\t\t政治\t\t物理\t\t化学\t\t总分\t\t
平均分");
        System.out.println(name + "\t" + math + "\t\t" + Chinese + "\t\t"
                + politics + "\t\t" + physics + "\t\t" + chemistry + "\t\t"
                + this.getTotal() + "\t\t" + this.getAverage());
    }

}
```

3. 完成测试类

测试类 TestStudentScore.java，验证 ScoreInfo 类、CollegeScoreInfo 类方法的多态性，代码如下。

```
public class TestStudentScore {
    public static void main(String[] args) {
        ScoreInfo scinfo1 = new ScoreInfo("Zhang", 56, 86, 64);
        scinfo1.show();
        System.out.println();

        ScoreInfo cscinfo1 = new CollegeScoreInfo("Wang", 73, 78, 94, 66, 80);
        cscinfo1.show();
        ScoreInfo cscinfo2 = new CollegeScoreInfo("Zhao", 70, 65, 94, 57, 90);
        cscinfo2.show();
        //向下转型
        CollegeScoreInfo c1 = (CollegeScoreInfo) cscinfo1;
        System.out.println();
        System.out.println(c1.name + "\t\t 学分绩点: " + c1.getCredit());

    }
}
```

程序运行结果如下。运行结果的第 1 部分调用 scinfo1.show( )方法，显示 math+Chinese+politics 的值与 3 科的平均分；运行结果的第 2 部分调用 cscinfo1.show( )和 cscinfo2.show( )方法，显示 math+Chinese+politics+physics*0.8f+chemistry*0.7f 的值与 5 科的平均分；程序的第 3 部分显示 Wang 的学分绩点。

```
姓名     数学     语文     政治     总分     平均分
Zhang    56       86       64       206.0    69.0

姓名     数学     语文     政治     物理     化学     总分     平均分
Wang     73       78       94       66       80       353.8    71.0
姓名     数学     语文     政治     物理     化学     总分     平均分
Zhao     70       65       94       57       90       337.6    68.0

Wang          学分绩点: 2.1
```

习题 4

1. 选择题

（1）下列访问权限修饰符用于父类的成员中，一定不能被子类访问的是哪一项？（　　）

A. private　　　　B. public

C. protected　　　　D. default

（2）Java 允许从已经存在的类派生出新类，是面向对象的哪一个特征？（　　）

A. 封装　　　　B. 继承

C. 抽象　　　　D. 多态

（3）关于方法重写与重载的概念，正确的说法是哪一项？（　　）

A. 重写只能发生在子类中，重载可以在同一类中

B. 重写方法可以不同名，而重载方法必须同名

C．final 修饰的方法可以被重写

D．重写与重载的功能基本相同

（4）关于 super 关键字，下面叙述**不正确**的是哪一项？（　　）

A．可以通过 super 调用父类构造方法

B．可以通过 super 调用父类成员方法

C．可以通过 super.super.f( )方式调用父类中的方法

D．不能利用 super 直接调用父类中的方法

（5）关于继承的说法中，正确的是哪一项？（　　）

A．子类继承父类所有成员

B．子类继承父类可访问的成员

C．子类只继承父类的 public 成员

D．子类只继承父类的成员方法，而不继承成员变量

（6）关于多态的说法中，正确的是哪一项？（　　）

A．类的成员变量的权限设置为 private，通过 public 方法对外公开

B．一个类可以从另一个类继承

C．指方法的重写或重载，还包括父类的引用指向子类对象

D．一个类使用另一个类的对象作为参数

（7）给出下面的代码，在 Foo 的子类中哪个方法是**不合法**的？（　　）

```
class Foo {
String doStuff(int x) { return "hello"; }
}
```

A．String doStuff(int x) { return "hello"; }

B．int doStuff(int x) { return 42; }

C．public String doStuff(int x) { return "Hello"; }

D．protected String doStuff(int x) { return "Hello"; }

（8）假设以下代码中定义的类是正确的，下列声明对象 b 的语句中，**不正确**的是哪一项？（　　）

```
class B
public class A extends B {…}
```

A．A b = new B ( )　　　　B．Object b = new B ( )

C．B b = new A ( )　　　　D．B b = new B ( )

（9）在类中存在一个方法：void getSort(int x) {…} ，以下可以作为该方法的重载方法的是哪一项？（　　）

A．public getSort (float x)　　　　B．int getSort (int y)

C．double getSort (int x, int y)　　　　D．void get (int x, int y)

（10）运行下列程序，正确的哪一项？（　　）

```
class Base {
    protected int b=10;
}
```

```
class Sub extends Base {
    int b=20;
    public void outputB(){
        System. out. println("b="+b);
    }
}
public class Test {
    public static void main(String []args){
        Sub obj=new Sub(); obj.outputB();
    }
}
```

A．输出 b = 10　　B．输出 b = 20　　C．输出 b = 30　　D．编译错误，无输出

2．简答题

（1）简述子类对象的构造过程。

（2）方法重写对访问控制的约束条件是什么？

（3）super 关键字的作用是什么？

（4）“子类的属性和方法的数量一定大于等于父类的属性和方法的数量”，这种说法是否正确？为什么？

（5）构造方法是否可以被继承？是否可以被重载？试举例。

3．上机实践

（1）定义矩形类 Rectangle，该类包含成员变量 length 和 width，以及用于计算矩形面积的成员方法 getArea( )。

再定义继承 Rectangle 类的长方体类 Cuboid，它包含一个新增的成员变量 height 和用来计算长方体体积的成员方法 getVolume( )。编写测试类，计算矩形的面积和某个长方体的体积。

（2）定义车辆类 Vehicle，包含成员变量 speed、weight。自行车类 Bicycle 继承 Vehicle 类，增加高度成员变量 hight；汽车类 Car 继承 Vehicle 类，增加座位数的成员变量 seatnum。

编写测试类，建立 Bicycle 对象和 Car 对象，并输出相关数据。

（3）定义 Subtraction 类，其中有多个重载的 sub()方法，分别实现各类整型数据的相减、字符串的相减（功能为字符串连接）。

任务5 应用抽象类与接口编程

面向对象程序设计中的继承和多态扩充了类的功能，提高了编程效率。在设计类时，父类的方法可以在子类中被重写或重载。应用抽象类与接口作为父类，定义其中的方法，可以更直观地表明父类所具有的功能，设计出更灵活的程序结构。

本任务介绍抽象类和接口的概念和应用，并介绍内部类、匿名类在编程中的应用。

✧ 学习目标

（1）掌握抽象类与接口的定义。
（2）掌握抽象类与接口的使用方法。
（3）掌握内部类与匿名类的应用方法。

✧ 项目描述

本任务应用接口完成学生信息管理系统项目中成绩的计算和显示。
（1）设计 computable 和 showable 接口。
（2）修改 ScoreInfo 类和 CollegeScoreInfo 类，并实现 computable 和 showable 接口。

✧ 知识结构

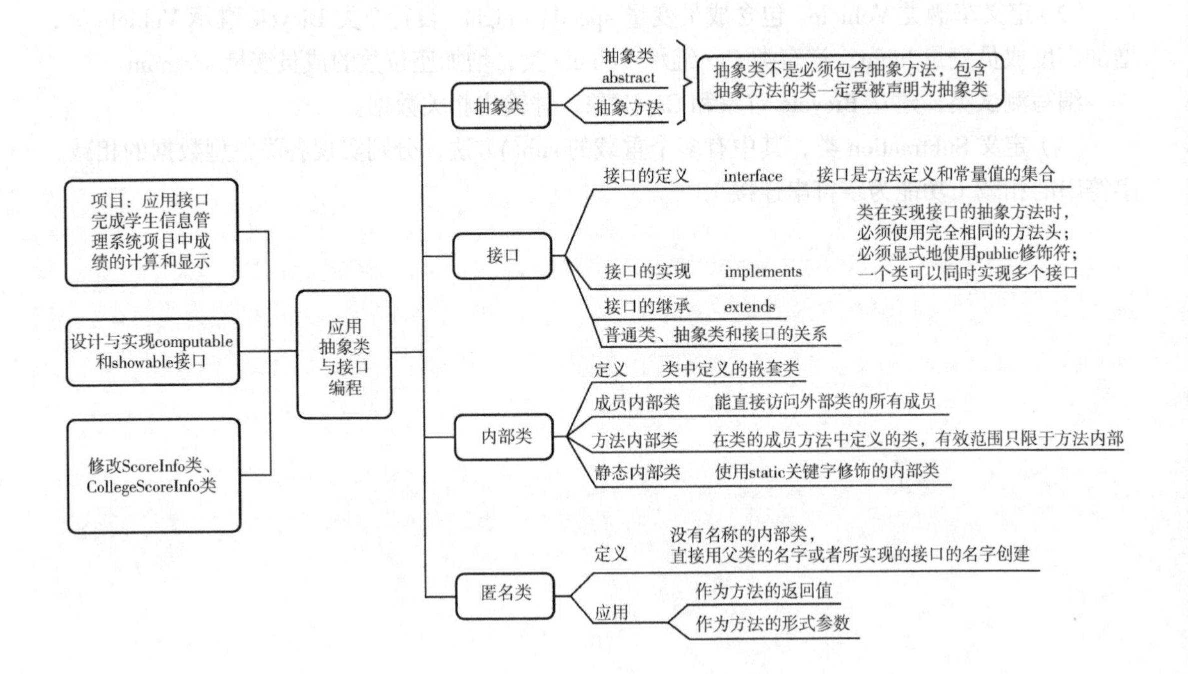

5.1 抽象类

抽象类主要应用于类的设计阶段，表明类所具有的功能，功能的实现由子类来完成。

用关键字 abstract 修饰的类被称为**抽象类**。抽象类起到类似于“模板”的作用，目的是根据抽象类的格式来创建和修改子类。抽象类本身没有实际含义，抽象类不能直接创建对象，即抽象类本身不能实例化，只可以通过抽象类派生出新的子类，再由其子类来创建对象。

抽象类中的成员方法可以包括普通方法和抽象方法。**抽象方法**是用 abstract 关键字修饰的方法，这种方法只声明返回的数据类型、方法名称和所需的参数，没有方法体，也就是说抽象方法只需要声明而不需要实现。当一个方法为抽象方法时，意味着这个方法必须被子类重写，否则子类的该方法仍然是抽象的，而这个子类也必须是抽象的型。

抽象类中不一定包含抽象方法，但是包含抽象方法的类一定要被声明为抽象类。例如下面的代码，A 类中包含抽象方法，必须被定义为抽象类；B 类被定义为抽象类，但该类不包含抽象方法。

```
abstract class A {
    public abstract void func();       //抽象方法，无方法体
}
abstract class B {
    public void func(){…}
}
```

【例 5-1】 TestAbstract1.java，编写求圆和矩形面积的抽象类及实现类，代码如下。

```
abstract class Figure {
    abstract double getArea(); //抽象方法
}

class Circle extends Figure {
    private double r;                //半径

    public Circle(double r) {
        this.r = r;
    }
    public double getArea() {     //继承的方法
        return Math.PI * r * r;
    }
}

class Rect extends Figure {
    private double length;
    private double width;

    Rect(double length, double width) {
        this.length = length;
```

```
        this.width = width;
    }
    double getArea() {                    //继承的方法
        return length * width;
    }
}
public class TestAbstract1 {
    public static void main(String[] args) {
        Figure obj = new Circle(10.0);                          //父类指向圆对象
        double area1 = Math.round(obj.getArea());
        System.out.println("半径为10的圆的面积: " + area1); //显示半径值为10的圆的面积

        Figure obj2[] = new Figure[2];                          //多态在数组中的应用
        obj2[0] = new Circle(20);
        obj2[1] = new Rect(10, 20);
        for (int i = 0; i < obj2.length; i++) {
            System.out.println("图形的面积: "+Math.round(obj2[i].getArea()));
        }
    }
}
```

程序运行结果如下。

```
半径为10的圆的面积：314.0
图形的面积：1257
图形的面积：200
```

分析上面代码，可以看出抽象类的特点。

① 在抽象类 Figure 中定义的计算面积方法 abstract double getArea( )，表明该类具有的功能。子类继承抽象类，根据实际需求，设计不同的 getArea( )方法。

② 抽象类与普通类类似，只是抽象方法只有定义，没有方法实现。抽象类的主要作用是表明类所具有的功能。

例 5-2 将抽象类应用于多态编程模型。

【例 5-2】 TestAbstract2.java，编写抽象类 Animal，定义成员变量 name，定义抽象方法 eat( )。以 Animal 为父类，编写 Horse 类与 Dog 类，实现对应的 eat( )方法，代码如下。

```
abstract class Animal {                  //定义抽象类
    private String name;

    Animal(String s) {                   //抽象类中的构造方法
        name = s;
    }
 abstract void eat();                    //定义抽象方法
}

class Horse extends Animal {             //继承 Animal 类
    public Horse(String s) {
        super(s);                        //调用父类的构造方法
```

```
    }
    void eat() {                    //重写父类的抽象方法
        System.out.println("马吃草料! ");
    }
}

class Dog extends Animal {
    public Dog(String s) {
        super(s);
    }
    void eat() {
        System.out.println("狗吃骨头! ");
    }
}

class TestAbstract2 {
    public static void main(String args[]) {
        Animal h = new Horse("马");
        Animal d = new Dog("狗");
        h.eat();
        d.eat();
    }
}
```

5.2 接口

5.2.1 接口的定义

接口（Interface）是方法定义和常量值的集合。接口规定了类中必须实现的方法，用于将应用系统的设计与实现分离，增强系统的可扩展性。

Java中的接口还用来实现多继承功能。需要指出，Java的多继承只能由接口完成，类仅支持单继承，不支持多继承。

接口是由interface关键字定义的，格式如下。

```
[public] interface 接口名[extends <父接口列表>] {
    常量定义;
    方法声明;
}
```

例如，下面是一个接口的定义。

```
interface myInterface{
    int a = 10;
    public int b = 100;
    final int c =10;
```

```
    void func();
    public void func2();
}
```

关于接口定义的说明如下。

① 定义接口的关键字是 interface，之后是接口名。

② 常量及接口方法访问权限符默认是 public，如果要加权限修饰符，只能是 public，且常量必须赋初值。

③ 接口方法仅有定义，无方法体。

可以看出，接口与抽象类相似，接口中的方法都是抽象方法，需要在子类实现。

5.2.2 接口的实现

接口是由类来实现的，需要注意以下问题。

① 在类的声明部分，用 implements 关键字声明该类将要实现的接口。

② 如果接口的实现类不是抽象类，则该类必须实现指定接口的所有抽象方法。

③ 一个类在实现接口的抽象方法时，必须使用完全相同的方法头。否则，只是在重载一个新的方法，而不是实现已有的抽象方法。

④ 接口的抽象方法的访问权限默认是 public，所以类在实现接口方法时，必须显式地使用 public 修饰，否则将被系统警告为缩小了接口中定义的方法的访问控制范围，编译无法通过。

⑤ 一个类只能有一个父类，但是它可以同时实现多个接口。一个类实现多个接口时，在 implements 子句中用逗号分隔。

⑥ 接口本身不能实例化。

【例 5-3】 TestInterface1.java，利用接口编写计算圆和矩形面积的类，代码如下。

```
package ch05;

interface Figure1 {
    double getArea();    //抽象方法
}

class Circle1 implements Figure1 {
    private double r;                //半径

    public Circle1(double r) {
        this.r = r;
    }

    public double getArea() {     //重写多态方法
        return Math.PI * r * r;
    }
}

class Rect1 implements Figure1 {
    private double length;
```

```
    private double width;

    Rect1(double length, double width) {
        this.length = length;
        this.width = width;
    }

    public double getArea() {          //重写多态方法
        return length * width;
    }
}

public class TestInterface1 {
    public static void main(String[] args) {
        Figure1 obj = new Circle1(10.0);                    //父类指向圆对象
        double area1 = Math.round(obj.getArea());
        System.out.println("半径为 10 的圆的面积:" + area1); //显示半径为 10 的圆的面积
        }
    }
}
```

注意比较例 5-3 和例 5-1 的区别，例 5-1 使用抽象类编程，子类通过 extends 关键字继承父类；例 5-3 使用接口编程，子类通过 implements 关键字实现接口，同时，子类中实现的方法的访问权限都是 public。

5.2.3　接口的继承

接口支持继承，使用关键字 extends 实现。例如以下代码，接口 child 继承接口 parent，这样，接口 child 有两个方法 methodA()及 methodB( )。

```
interface parent{
    public void methodA();
}
interface child extends parent{
    public void methodB();
}
```

接口实现仍用关键字 implements，类 BImp 实现接口 child 的代码如下。

```
class BImp implements child {
    public void methodA (){
    }
    public void methodB (){
    }
}
```

【例 5-4】　TestInterface2.java，接口继承的应用。

不同的动物具有下面一个或几个行为：玩耍(play)、吃(eat)、飞行(f ly)、游泳(swim)等。利用接口编写描述鱼或鸟的行为的类。

鱼有 3 个行为，play、eat、swim；鸟有 3 个行为，play、eat、f ly。定义以下 3 个接口，

其中，IBird 和 IFish 接口继承了 IPlay 接口。在 IPlay 接口中，定义一个默认（default）方法。**默认方法**是接口中可以有方法体的方法，可以供接口的实现类调用对象，在 JDK 8 以后支持。

```
interface IPlay {
    public void play();
    default void eat() {
        System.out.println("都在吃");
    }
}
interface IBird extends IPlay {
    public void fly();
}
interface IFish extends IPlay {
    public void swim();
}
```

例 5-4 的代码如下。

```
interface IPlay {
    public void play();
    default void eat() {
        System.out.println("都在吃");
    }
}
interface IBird extends IPlay {
    public void fly();
}
interface IFish extends IPlay {
    public void swim();
}

class Fish implements IFish{
    public void play(){
        System.out.println("鱼能玩水草");
    }
    public void swim(){
        System.out.println("鱼在水中游泳");
    }
}

class Bird implements IBird{
    public void play(){
        System.out.println("鸟能玩气球");
    }
    public void fly(){
        System.out.println("鸟在空中飞行");
    }
}

public class TestInterface2 {
    public static void main(String[] args) {
        Bird bird = new Bird();
```

```
        bird.play();
        bird.fly();
        bird.eat();
        Fish fish = new Fish();
        fish.play();
        fish.swim();
        fish.eat();
    }
}
```

程序运行结果如下。

```
鸟能玩气球
鸟在空中飞行
都在吃
鱼能玩水草
鱼在水中游泳
都在吃
```

5.2.4 普通类、抽象类与接口的关系

普通类是对一类事物状态和行为的抽象描述，所有方法均有方法体。抽象类是特殊的类，因为它可以定义抽象方法，不需要方法体。

接口是特殊的抽象类，主要用来定义常量及接口方法。JDK 8 以后，接口中可以定义默认方法和静态方法。接口中不能定义成员变量、成员方法等普通类的成员。利用关键字 implements 反映该类的父类是接口，而不是普通类或抽象类。

在开发应用程序时，通常先考虑程序的设计，然后再具体实施或编写程序。抽象类和接口主要用于设计，普通类用于具体实现（必须有方法体）。虽然普通类、抽象类、接口都可做父类，但从实际语义来看，使用抽象类和接口做父类更好。

从功能上看，抽象类可以完成接口的功能，但接口有以下特点。

① 在语义上，抽象类与接口是 Java 支持抽象类定义的两种机制，二者非常相似，但抽象类是对事物的抽象，接口是对动作和规范的抽象。换句话说，抽象类用于对事物的抽象，而接口用于对行为的抽象。

② 接口支持多继承，扩充了 Java 类单继承的功能。

③ 接口中主要包含常量及方法声明，而抽象类包含构造方法、成员变量、静态变量等更多的内容，具有普通类的大多数特点。例如以下代码。

```
abstract class A{
    //构造方法
    //常量定义
    //成员变量定义
    //静态变量定义
    //成员方法定义
    //静态方法定义
    // ……
}
```

可以看出，接口只是定义常量及相关的方法描述，用于描述不同类别的多个事物所共有的操作，强调操作属性；抽象类强调的是父类和子类之间的继承关系，加大了对象之间的耦合。

5.3 内部类

5.3.1 内部类的定义

在 Java 中，类中除了可以定义成员变量与成员方法，还可以定义类，在类里面定义的类被称为**内部类**，内部类所在的类被称为外部类。内部类分为成员内部类、方法内部类和静态内部类 3 种。

内部类是外部类的一个成员，因此能访问外部类的任何成员（包括私有成员），但外部类不能直接访问内部类的成员。内部类可以是静态的，可以有 private、default、protected、public 等访问权限，而外部类的访问权限只能是 public 或 default 的。

此外，内部类与外部类编译后生成的类是独立的。

下面代码中，Outer 是外部类，其中包括 3 个不同访问权限的内部类。

```
class Outer {                          //外部类
    private class InnerA {             //内部类
    }
    protected class InnerC {           //内部类
    }
    public class InnerD {              //内部类
    }
}
```

编译后生成 Outer.class、Outer$InnerA.class、Outer$InnerC.class、Outer$InnerD.class 等类文件。

5.3.2 成员内部类

成员内部类作为外部类的一个成员，能直接访问外部类的所有成员。如果在**外部类中**访问内部类，则需要在外部类中创建内部类的对象，使用内部类的对象来访问内部类的成员；如果在**外部类外**访问内部类，则需要通过外部类对象创建内部类对象。在外部类外创建一个内部类对象的语法格式如下。

```
外部类名.内部类名对象名=new 外部类名().new 内部类名()
```

【例 5-5】 TestInnerClass.java，成员内部类的应用，代码如下。

```
class College {
    private String cname="LNNU";
    void showSchoolType() {
```

```
        System.out.println("School Type: College");
    }

    class Department {  //内部类
        String dname="Electronic";
        void showDepartment() {
            cname="DLUT";                               //访问外部类成员变量
            System.out.println("College Name:\t"+cname);
            System.out.println("Department:\t"+dname);
            showSchoolType();                          //访问外部类方法
        }
    }
    void showInfo() {
        Department department=new Department();                  //创建内部类对象
        System.out.println(this.cname+"\t"+department.dname);   //访问内部类变量
    }

}
public class TestInnerClass {
    public static void main(String[] args) {
        College college=new College();
        college.showInfo();
        System.out.println();

        College.Department department=college.new Department();
        department.showDepartment();
    }
}
```

程序运行结果如下。可以看出，成员内部类可以访问外部类的所有成员，同时外部类也可以访问内部类的所有成员。

```
LNNU    Electronic

College Name:    DLUT
Department:    Electronic
School Type: College
```

5.3.3 方法内部类

方法内部类是在某个成员方法中定义的类，其有效范围只限于成员方法内部。方法内部类可以访问外部类的所有成员，但方法内部类中的变量和方法只能在创建该内部类的方法中访问，即只有在包含方法内部类的方法中才可以访问该方法内部类的成员。

【例 5-6】 TestMethodInnerClass.java，方法内部类的应用，代码如下。

```
class HisCollege {
    private String cname="LNNU";
    void showInfo() {
```

```
        String dname="Electronic";
        class Info {    //方法内部类
            void show() {
                System.out.println("College Name:\t"+cname);      //访问外部类成员变量
                System.out.println("Department:\t"+dname);
            }
        }
        Info info=new Info();
        info.show();
    }
}
public class TestMethodInnerClass {
    public static void main(String[] args) {
        HisCollege college=new HisCollege();
        college.showInfo();
    }
}
```

程序运行结果如下。

```
College Name:    LNNU
Department:    Electronic
```

5.3.4 静态内部类

静态内部类是使用 static 关键字修饰的成员内部类，是一种特殊的内部类。与成员内部类比较，在形式上，静态内部类只是在内部类前增加了 static 修饰符；在功能上，静态内部类只能访问外部类的静态成员。通过外部类访问静态内部类成员时，可以不用创建内部类对象，直接通过内部类名字访问静态内部类成员。

【例 5-7】 TestStaticInnerClass.java，静态内部类的应用，代码如下。

```
class MyCollege {
    private String cname = "LNNU";
    static private String region = "Dalian";

    static String getCollegeType() {
        return "Normal University";
    }

    static class MyDepartment {    //内部类
        String dname = "Electronic";
        static String campus = "Xishanhu";

        void showMyDepartment() {
            System.out.println("Department Name:\t" + dname);       //访问静态变量
            System.out.println("College Type:" + getCollegeType());//访问外部类方法
            System.out.println("Campus:\t" + campus);
            System.out.println("Region:\t" + region);
```

```
        }

        static String getInfo() {
            return "Electronic Department,Xishanhu Campus";
        }
    }

    void showInfo() {
        System.out.println("Deaprtment:\t" + MyDepartment.campus);
        System.out.println(MyDepartment.getInfo());
    }
}

public class TestStaticInnerClass {
    public static void main(String[] args) {
        MyCollege college = new MyCollege();
        college.showInfo();
        System.out.println();
        //error! MyCollege.MyDepartment department=college.new MyDepartment();
        MyCollege.MyDepartment department = new MyCollege.MyDepartment();
        department.showMyDepartment();
    }
}
```

程序运行结果如下。

```
Deaprtment:    Xishanhu
Electronic Department, Xishanhu Campus

Department Name:    Electronic
College Type: Normal University
Campus:    Xishanhu
Region:    Dalian
```

可以看出，创建静态内部类对象的格式如下。

```
外部类名.静态内部类名对象名=new 外部类名.静态内部类名()
```

成员内部类与静态内部类存在以下区别，一是成员内部类不能定义静态变量及静态方法，二是成员内部类可以访问外部类的所有成员，静态内部类只能访问外部类的静态成员。

5.4 匿名类

5.4.1 匿名类的定义

匿名类是一种没有名称的内部类，通常用作方法的返回值或方法的参数。在类及其方法中可以定义匿名类，匿名类具有以下特点。

① 匿名类没有名字，直接用父类的名字或者它所实现的接口的名字。

② 类的定义与创建该类的一个对象同时进行。创建匿名类时，不使用关键字 class，在类名前面加运算符 new，同时带上()表示创建对象，可以使用普通类、抽象类、接口创建匿名类，格式如下。

```
new 类名(参数表)|接口名{ … }
```

下面的代码给出了抽象类 MyParent 及子类 MyChild 的实现，在测试类中调用 MyChild 类的 func()方法。

```
public class Test{
    public static void main(String[] args) {
        MyParent obj = new MyChild();
        obj.func();
    }
}

abstract class MyParent {
    int m=10;
    public abstract void func();
}
class MyChild extends MyParent {
    public void func() {
        System.out.println("这是子类中 func():" + m);
    }
}
```

如果用匿名类实现，代码如下。

```
public class Test {
    public static void main(String[] args) {
        new MyParent() {  //匿名类
            @Override
            public void func() {
                System.out.println("这是子类中 func():" + m);

            }
        };                  //此处的分号是必须的
    }
}

abstract class MyParent {
    int m=10;
    public abstract void func();
}
```

可以看出，匿名类就是子类的简化写法，且匿名类一定是内部类。

上面代码中，new MyParent()调用了 MyParent 类的构造方法。也就是说，对以普通类、抽象类、接口为父类的匿名类而言，匿名类只能调用父类（接口）的构造方法。而且，匿名类定义后面一定跟一对{}，其内部是重写父类的方法或实现接口的功能。

5.4.2　匿名类的应用

匿名类适用于类体中的代码不是太长且类的代码只执行一次的情况。匿名类主要有两个作用，一是作为方法的返回值，二是作为方法的形式参数，实现方法回调。

【例 5-8】　TestAnonymous1.java，匿名类作为方法返回值的应用，代码如下。

```
interface IMessage{
    String getMessage();
}
class Message{
    public IMessage getObject(){
        return new IMessage() {              //匿名类对象做返回参数
            public String getMessage(){      //匿名类重写方法
                return "Hello Anonymous!";
            }
        };
    }
}
public class TestAnonymous1{
    public static void main(String args[]){
        Message obj=new Message();
        IMessage im=obj.getObject();                //返回匿名类对象
        System.out.println(im.getMessage());//调用匿名类实现的方法
    }
}
```

例 5-8 中，执行代码 IMessage im=obj.getObject( )时，返回一个匿名类对象，并在其中根据需求实现具体的 getMessage( )方法。

【例 5-9】　TestAnonymous2.java，匿名类在方法回调中的应用，代码如下。

```
interface IShape {
    public double getArea();
}
class OperateShape {                          //操作类
    public double getArea(IShape s) {         //方法参数是接口类型
        return s.getArea();
    }
}

public class TestAnonymous2 {
    public static void main(String []args) {
        OperateShape obj = new OperateShape();
        double r = 10;
        double area = obj.getArea(new IShape() {            //匿名类实现接口中的方法
            public double getArea(){
                double value = Math.round(Math.PI*r*r);
```

```
                return value;
            }
        });
        System.out.println("半径:"+r+"\t 圆面积:"+area);
    }
}
```

程序运行结果如下。

```
半径:10.0     圆面积:314.0
```

例 5-9 的功能是用匿名类求出半径为 10 的圆的面积。特别注意 OperateShape 类中 getArea( )方法的作用，它是实现方法回调的关键，其形参必须是多态形式。当测试类 main( )方法执行到以下代码时，先生成匿名类对象 new IShape( )，匿名类重写了 getArea( )方法；然后执行 OperateShape 类的 getArea(IShape s)方法，在方法内通过 s.getArea( )又返回来调用匿名类中的重写方法 getArea( )，最终求出圆的面积值。

```
    double area = obj.getArea(…) ;
```

例 5-9 仅是从语法角度上讲述了如何用内部类实现方法回调。在实际应用中，用匿名类求形状的面积在设计上不是很合理，这里仅介绍匿名类在方法回调中的应用。

5.5 项目实践

本项目在任务 4 的 ScoreInfo 类和 CollegeScoreInfo 类的基础上，使用接口和抽象来完成成绩的计算和显示功能。

1. 修改 ScoreInfo 类

ScoreInfo.java 定义为抽象类，程序代码在任务 4 的基础上略作修改，代码如下。

```
abstract class ScoreInfo {
    String name;
    int math;       //数学成绩
    int Chinese;    //语文成绩
    int politics;   //政治成绩

    public ScoreInfo(String name, int math, int Chinese, int politics) {
        this.name = name;
        this.math = math;
        this.Chinese = Chinese;
        this.politics = politics;
    }
}
```

2. 设计 computable 和 showable 接口

computable 接口定义了计算成绩的 getTotal( )和 getAverage( )方法，showable 接口定义了显示成绩的 show( )方法。

computable.java 和 showable.java 代码如下。

```
interface computable {
```

```
    float getTotal();
    float getAverage();
}
public interface showable {
    void show();
}
```

实际上，将两个接口合并为一个接口在本项目中也是可行的，但根据功能需求，为不同的接口设计不同的功能，有利于提高程序的可扩展性。

3. 修改 CollegeScoreInfo 类

CollegeScoreInfo 类继承抽象类 ScoreInfo，该类实现 computable 和 showable 接口，完成成绩的计算和显示功能。

CollegeScoreInfo.java 代码如下。

```
public class CollegeScoreInfo extends ScoreInfo implements computable,showable{
    int physics;
    int chemistry;

    public CollegeScoreInfo(String name, int math, int Chinese, int politics,
int physics, int chemistry) {
        super(name, math, Chinese, politics);
        this.physics = physics;
        this.chemistry = chemistry;
    }

    public float getTotal() {
        return math+Chinese+politics*0.5f+physics*0.8f+chemistry*0.7f;
    }
    public float getAverage() {
            return Math.round(this.getTotal()/5.0f);
        }

    public void show() {
        System.out.println("姓名\t\t 数学\t\t 语文\t\t 政治\t\t 物理\t\t 化学\t\t 总分
\t\t 平均分");
        System.out.println(name + "\t" + math + "\t\t" + Chinese + "\t\t"
                + politics + "\t\t"+physics +  "\t\t"+chemistry+ "\t\t"
                +this.getTotal() + "\t\t" + this.getAverage());
    }

}
```

4. 完成测试类

测试类 TestCollegeScore.java，该类创建 CollegeScoreInfo 对象，并调用其中的 show() 方法，代码如下。

```
public class TestCollegeScore {
    public static void main(String[] args) {
        CollegeScoreInfo scinfo1 = new CollegeScoreInfo("Rose",81,72,94,80,80)
;
```

```
        scinfo1.show();
    }
}
```

程序运行结果如下。按照 math+Chinese+politics*0.5f+physics*0.8f+chemistry*0.7f 计算总分，然后计算平均分。

```
姓名      数学      语文      政治      物理      化学      总分      平均分
Rose      81        72        94        80        80        320.0     64.0
```

习题 5

1. 选择题

（1）下面关于类和抽象类的定义中，正确的是哪一项？（　　）

A. class A { abstract void unfinished() { } }

B. class A { abstract void unfinished(); }

C. abstract class A { abstract void unfinished(); }

D. public class abstract A { abstract void unfinished(); }

（2）下面关于接口的定义中，正确的是哪一项？（　　）

A. interface A { void print() { }; }

B. abstract interface A { print(); }

C. abstract interface A { abstract void print() { };}

D. interface A { void print();}

（3）给出下面的代码，能在 MyOuter 类外创建一个 MyInner 内部类对象的是哪一项？（　　）

```
public class MyOuter {
    public static class MyInner {
        public static void foo() { }
    }
}
```

A. MyOuter.MyInner m = new MyOuter.MyInner();

B. MyOuter.MyInner m = new MyInner();

C. MyOuter m = new MyOuter(); MyOuter.MyInner mi = m.new MyOuter.MyInner();

D. MyInner mi = new MyOuter.MyInner();

（4）给出下面的代码，编译后生成的类是哪一项？（　　）

```
package test;
public class MyOuter {
    public static class MyInner {
        public static void foo() { }
    }
}
```

A. MyOuter$MyInner.class 和 MyOuter.class

B. test.MyOuter$MyInner.class 和 test.MyOuter.class

C．MyOuter.MyInner.class 和 MyOuter.class

D．MyOuter$MyInner.class

2．简答题

（1）什么是抽象类？抽象类有什么特点？

（2）什么是接口？接口有什么作用？

（3）定义抽象类和接口使用什么关键字？继承抽象类和实现接口使用什么关键字？

（4）内部类的主要作用是什么？

（5）匿名类的主要作用是什么？

3．上机实践

（1）定义一个接口 area，其中包含一个计算面积的抽象方法 calculateArea( )，然后设计 MyCircle 和 MyRectangle 两个类并都实现 area 接口中的方法，分别计算圆和矩形的面积。

（2）定义一个 Shape 抽象类，它包括抽象方法 getArea( )，在 Shape 类上派生出 Rectangle 和 Circle 类，两者都用 getArea( )方法计算面积。

（3）定义一个接口 ClassName，其中包含抽象方法 getClassName( )用来获取类的类名；设计两个类 Teacher 和 Student 实现 ClassName 接口，输出两个类的类名。

任务6　掌握数组与Java的常用类

数组是一种重要的数据结构。使用数组，可以实现很多复杂的算法。除了数组，Java语言还提供了大量功能完备的类库。Java程序开发的重要工作，就是利用数组和这些成熟、稳定的类库做进一步的编程和开发。本任务学习数组和Object类、字符串类、Math类、包装类等常用类。

✧ 学习目标

（1）掌握数组的概念和应用。
（2）了解Java基础类库结构，掌握Object类的主要方法。
（3）了解String、StringBuffer、StringTokenizer等类的应用。
（4）掌握Math、Random等常用类，了解Integer、Float等包装类的应用。

✧ 项目描述

本任务完成成绩数据的统计分析，计算数组中成绩数据的平均分、最高分和及格率，要点如下。

（1）创建数组作为存储数据的容器。
（2）遍历数组和访问数组元素的方法。
（3）Java常用类在编程中的应用。

✧ 知识结构

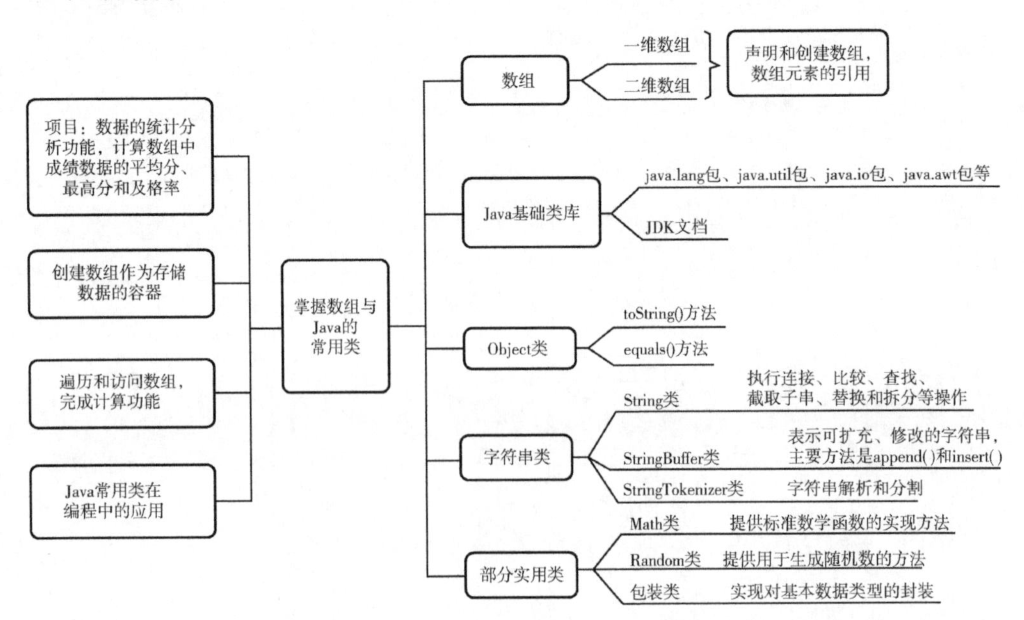

6.1 数组

数组是 Java 的一种引用数据类型，是由类型相同的元素组成的有序的数据集合。数组可以看作对象，数组中的每个元素相当于对象的成员变量，这些元素可以是基本类型也可以是引用类型。数组可以分为一维数组和多维数组。

6.1.1 一维数组

数组要经过声明、分配内存和赋值后才能使用。可以用数组名和下标确定数组中元素的位置。

1. 声明和创建数组

只有一个下标的数组被称为一维数组，声明数组的语法格式如下。

```
数组类型数　组名[];
数组类型　[]数组名;
```

数组类型可以是 Java 中任意的数据类型。需要注意的是，声明数组时，[]可以写在数组名后面，也可以写在数组名前面。但在数组声明时不能指定数组元素的个数。例如以下代码。

```
float price[];                //声明浮点型数组
Student[]ss;                  //声明对象数组，Student 是类
int score[2];                 //错误的数组声明
```

上面的代码仅声明了数组，并没有给数组分配内存空间。数组声明之后，还要为数组分配内存空间，这就是创建数组。例如以下代码。

```
price = new float[2];              //创建数组并分配内存空间
price[0] = 3.73f;                  //为数组元素赋值
price[1]=12.29f;                   //为数组元素赋值
```

也可以直接赋值创建数组，即声明数组时就为数组元素赋值，数组的大小由赋值的元素个数决定。例如以下代码。

```
int  []  rates  =  {12,34,5,1,0};
```

2. 一维数组元素的引用

数组元素的引用方式如下。

```
数组名[下标]
```

下标是整型的常数或表达式，从 0 开始。每个数组都有一个属性 length 指明它的长度。

【例 6-1】　TestArray1.java，一维数组的定义、创建和引用，代码如下。

```
public class TestArray1 {
    public static void main(String[] args) {

        float price[];                  //声明浮点型数组
        String[] ss;                    //声明字符串数组
```

```
        price = new float[2];        //创建数组并分配内存空间
        price[0] = 3.73f;             //为数组元素赋值
        price[1]=12.29f;              //为数组元素赋值

        ss = new String[2];           //创建数组 ss 并分配内存空间
        ss[0] = "development";

        System.out.println(price[0]+"\t"+price[1]); //3.73    12.29
        System.out.println(ss[0]+"\t"+ss[1]);       //development  null
        System.out.println(ss.length);              //2
    }
}
```

数组变量中保存的是数组的引用（内存地址），程序运行过程中内存分配情况如图 6-1 所示。

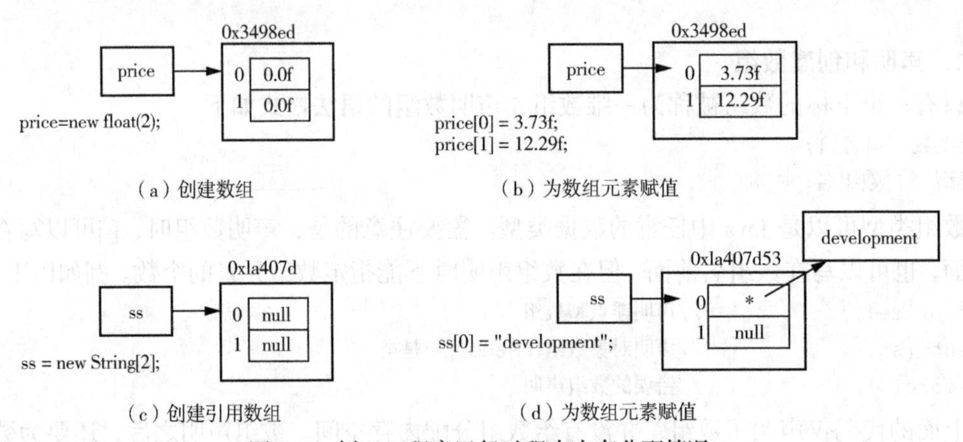

图 6-1　例 6-1 程序运行过程中内存分配情况

【例 6-2】　TestArray2.java，深入理解数组的概念，代码如下。

```
public class TestArray2 {
    public static void main(String[] args) {
        int a[] = {3, -4, 6, 7};                   //声明并创建整型数组
        System.out.println("数组 a 的地址：" + a);
        System.out.println("数组 a 的长度：" + a.length);
        print(a);

        int b[];
        b = a;                                      //将数组 a 的引用赋值给数组变量 b
        System.out.println("数组 b 的地址：" + b);
        print(b);
        b[2] = 100;                                 //数组 a 也发生改变
        print(a);
        print(b);
    }
    static void print(int[] array) {
        for (int i = 0; i < array.length; i++) {
            System.out.print(array[i] + "  ");
```

```
        }
        System.out.println();
    }
}
```

程序的运行结果如下。

```
数组 a 的地址：[I@1a407d53
数组 a 的长度：4
3  -4  6  7
数组 b 的地址：[I@1a407d53
3  -4  6  7
3  -4  100  7
3  -4  100  7
```

在例 6-2 的执行过程中，内存分配过程如下。

① 执行语句 int a[ ] = {3,-4,6,7};后，a 是引用类型，指向内存中数组的地址，数组 a 的内存情况如图 6-2（a）所示。

② 执行语句 b = a;后，变量 b 指向 a 数组，数组指向 a 的内存情况如图 6-2（b）所示。

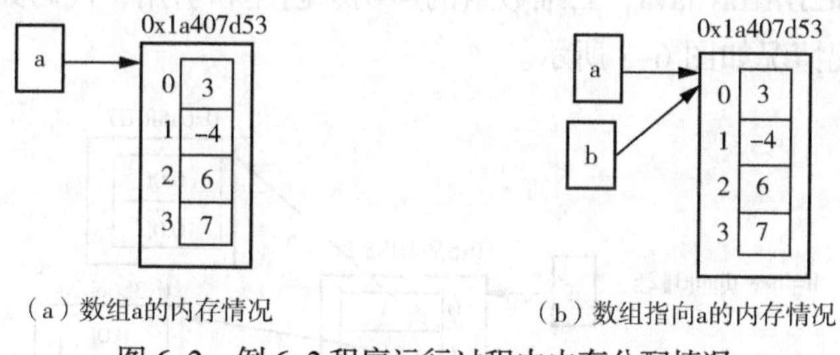

（a）数组a的内存情况　　（b）数组指向a的内存情况

图 6-2　例 6-2 程序运行过程中内存分配情况

从图 6-2 可以看出，数组 b 和数组 a 实际上是一个地址，当修改数组元素 b[2]的值为 100 之后，数组 a 实际上也发生了变化。

6.1.2　二维数组

二维数组包括两个维度，每个维度实际上是一维数组。两个以上维度的数组称为多维数组，多维数组和二维数组的创建过程类似。

1. 创建二维数组

二维数组的创建过程和一维数组类似，下面的代码直接声明并创建了二维数组。

```
int  a[][]  =  new  int[2][3];
```

该语句创建了 2 行 3 列的数组。Java 不要求数组每个维度的大小相同。也可以先创建二维数组（一维为空），再分别创建一维数组，代码如下。

```
String  ss  =  new  String[2][];
ss[0]  =  new  String[4];
ss[1]  =  new  String[3];
```

上面的二维数组包括 2 行，第 1 行包含 4 个元素，第 2 行包含 3 个元素，是一个不规则的数组。声明数组后，可以为每个数组元素赋值。

当然，也可以直接赋值创建数组。例如以下代码。

```
int  array1[][]={{1,2},{2,13},{3,4,5}};
int  array2[][]  =  {{1,2,3},{10,20,30}};
```

上面代码中，array1 数组共 3 行，第 1 行包含 2 个元素，第 2 行包含 2 个元素，第 3 行包含 3 个元素。数组 array2 是 2 行 3 列规则的二维数组。

2. 二维数组元素的引用

二维数组元素的引用方式如下。

```
数组名[下标 1][ 下标 2]
```

下标 1 和下标 2 是整型的常数或表达式，从 0 开始。二维数组既然可以看作由一维数组组成的，那么它的每个维度都有属性 length 指明它的长度。例如以下代码。

```
float f[][] = new float[3][2];
System.out.println(f.length)     ;            //3，返回的是第 1 维的 length
System.out.println(f[2].length);              //2，返回的是第 2 维的 length
System.out.println(f[1].length);              //2，返回的是第 2 维的 length
```

【例 6-3】 Test2DArray.java，二维数组的声明、创建和引用，代码如下。程序运行过程中二维数组内存分配情况如图 6-3 所示。

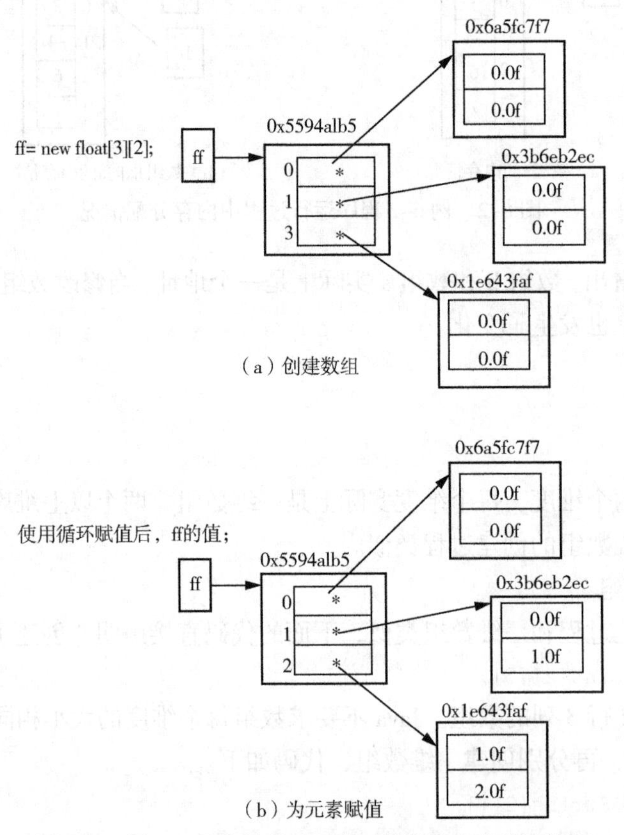

（a）创建数组

（b）为元素赋值

图 6-3 例 6-3 程序运行过程中二维数组内存分配情况

```
public class Test2DArray {
    public static void main(String[] args) {
```

```
        float ff[][]= new float[3][2];              //创建二维数组
        System.out.println(ff.length);              //一维长度 3
        System.out.println(ff[2].length);           //二维长度  2
        System.out.println(ff[1].length);
        for (int i = 0; i < ff.length; i++) {           //二重循环为数组赋值
            for (int j = 0; j < ff[1].length; j++) {
                ff[i][j] = (i+1) * (j+1);
                System.out.print(ff[i][j] + "\t");
            }
            System.out.println();
        }
    }
}
```

3. 数组的应用

【例 6-4】　Sort.java，对数组中的元素进行排序并输出，代码如下。

```
public class Sort {
    public static void main(String[] args) {
        int[] a = {32,-9,1,89,32,9,0};
        print(a);
        selectionSort(a);
        print(a);
    }
    private static void selectionSort(int[] a) {
        for(int i=0; i<a.length; i++) {
            for(int j=i+1; j<a.length; j++) {
                if(a[j] < a[i]) {
                    int temp = a[i];
                    a[i] = a[j];
                    a[j] = temp;
                }
            }
        }
    }
    private static void print(int[] a) {
        for (int i:a)
            System.out.print(i+"\t");
        System.out.println();
    }
}
```

例 6-4 中，main()方法中定义了一个整型数组 a[ ]，静态方法 selectionSort( )中应用了选择排序的算法。基本思想是在第 i 趟排序时，选择最小的数据与第 i 个数据做交换。选择排序是一种基本和稳定的排序方法，总的比较次数为 $n（n-1）/2$。print()方法用于输出数组元素，使用 foreach 结构循环遍历数组，也可以用下面的代码遍历数组。

```
for(int i=0; i<a.length; i++) {
    System.out.print(a[i] + "\t");
}
```

6.2 Java 基础类库

Java 基础类库提供了一系列供用户调用的标准类，是 Java 的 API。类库中的类根据用途分别属于 java.lang 包、java.util 包、java.io 包、java.net 包等。

1. java.lang 包

java.lang 包是 Java 核心类库，Java 最常用的类都属于该包，程序不需要显式导入 java.lang 包，就可以使用其中的类。java.lang 包主要包括对象类（Object）、数据类型包装类（The Data Type Wrapper）、字符串类（String 和 StringBuffer）、数学类（Math）等。

Object 类是所有 Java 类的最终父类，任何 Java 类都直接或间接地继承该类。Object 类为所有 Java 类提供了调用 Java 垃圾回收对象的方法、对象相等判断方法和基于对象线程安全的等待、唤醒方法等。

String 类提供了字符串连接、比较、字符定位、字符串打印等方法。

StringBuffer 类提供了字符追加、插入、字符替换方法。

Math 类提供了大量的数学计算方法。

Throwable 类是 Java 错误、异常类的父类，为 Java 处理错误、异常提供了方法。

2. java.util 包

java.util 包包括一些实用工具，该包提供时间、随机数及列表、集、映射等创建复杂数据结构的类，比较常见的类有 Calendar、Random、LinkedList、HashSet、HashMap、Scanner 等。

3. java.io 包

java.io 包是 Java 的标准输入/输出类库，该包的类提供以数据流方式完成输入/输出控制的方法、读/写文件和对象的方法，还可以实现文件和目录管理。

4. java.awt 包

java.awt 包是用于构建图形用户界面的类库，该包中的类提供了图形界面的创建方法，包括按钮、文本框、列表框、容器、字体、颜色和图形等元素的建立和设置。

5. javax.swing 包

javax.swing 包和 java.awt 包类似，都提供图形界面创建功能，但利用该包的类建立的界面支持多种操作平台的界面开发。此外，javax.swing 包还提供了树形控件、标签页控件、表格控件的类。javax.swing 包中的很多类都是从 java.awt 包的类继承而来的，Java 保留使用 java.awt 包是为了保持技术的兼容性，用户应尽量使用 javax.swing 包来开发应用程序界面。

6. java.net 包

java.net 包是用于实现网络功能的类库，该包提供网络开发的支持，其中包括实现套接字通信的 Socket 类和 ServerSocket 类、用于访问互联网资源的统一资源定位符（URL）类、用于实现远程通信的 DatagramPacket 类等。

上面不同包中的所有类都是 java.lang.Object 类的子类。从 Object 类往下，形成类的完整的树状层次结构。

在 Java 类库中，位于下一层的类或接口将继承或实现位于上一层的类或接口，从而从上一层的类或接口中扩展属性和方法。Java 面向对象程序设计，通过类的扩展和重用，扩充语言的功能，并为用户提供多个可重用的类，方便程序的编写。

本任务介绍一些常用类的使用方法，如果想深入学习，需要查看 JDK 的 API 文档。该文档可以从 Oracle 官网下载。JDK API 文档如图 6-4 所示，其中的“java.base”模块包含了常用的 java.lang、java.util、java.io 等工具包的介绍。

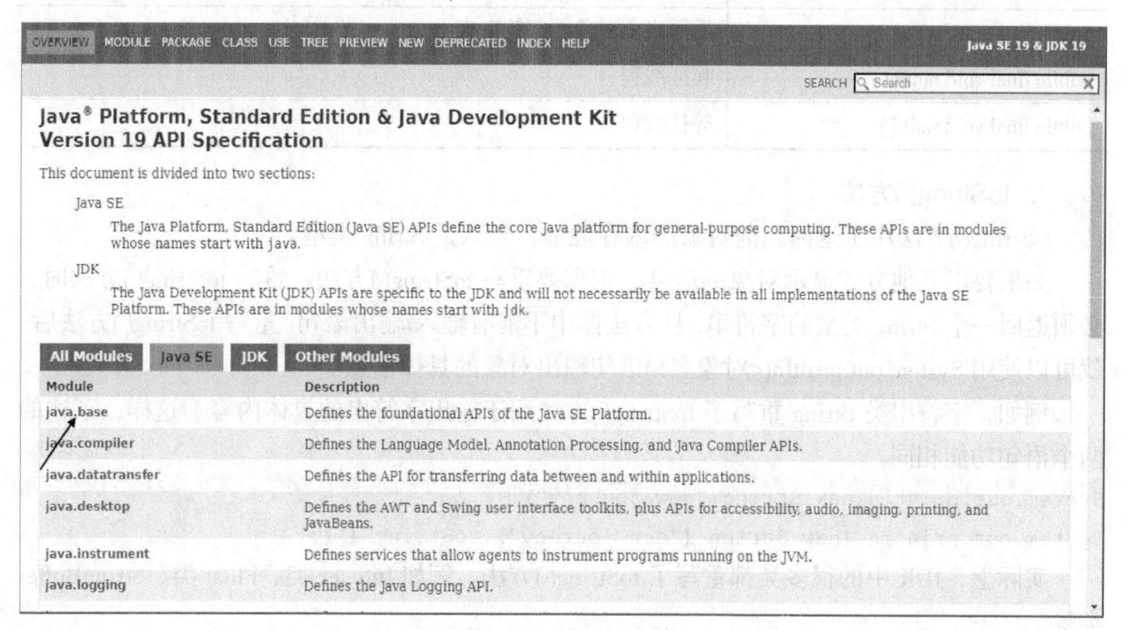

图 6-4　JDK API 文档

6.3 Object 类

Object 类是所有 Java 类的最终父类。如果一个类在声明时没有用 extends 关键字继承父类，则该类直接继承 Object 类。Object 类可以和任意类型的对象匹配，在多数情况下，适合将 Object 对象作为形式参数的类型。例如，equals( )方法，其形式参数就是一个 Object 类的对象，这样能保证任何 Java 类都可以定义比较操作。任何类型的实际参数，都可以与这个形式参数的类型匹配。使用 Object 类作为参数，本质上体现了父类的引用可以指向子类的对象，从而提高程序的可扩展性。

所有类都继承了 Object 类的方法。Object 类提供了一个默认的构造方法，该方法的方法体为空。由于 Object 类处于 Java 类层次的顶层，任何 Java 类在构造其实例时，都会先调用这个构造方法。这就是构造一个对象时，如果没有定义构造方法，则自动调用无参数的默认构造方法的原因。

Object 类的主要成员方法见表 6-1。下面详细介绍 toString( )方法和 equals( )方法。

表 6-1 Object 类的主要成员方法

成员方法	功能描述
protected Object clone()	生成当前对象的一个副本
public boolean equals(Object obj)	比较两个对象是否相等，当两个被比较的引用变量指向同一个对象时，返回 true
public final ClassgetClass()	获取当前对象所属类的信息，返回 Class 对象
protected void finalize()	定义回收当前对象时需完成的清理工作
public String toString()	返回当前对象的字符串表示
public final void notify()	唤醒线程
public final void wait ()	等待线程

1. toString()方法

toString()方法用于返回当前对象的内存地址，默认是 String 类型。

如果要以其他方式显示对象的信息，则需要重写 toString()方法。重写 toString()方法时，必须返回一个 String 类型的字符串，且方法体中不能有输入/输出语句。重写 toString()方法后，就可以使用 System.out.println(<对象名>)语句输出对象的具体信息。

例如，字符串类 String 重写了 toString()方法用于输出字符串的具体内容。这样，下述的两个语句功能相同。

```
System.out.println(new String("new journey");
System.out.println (new String ("new journey").toString ());
```

实际上，JDK 中的很多类都重写了 toString()方法，例如 Integer 类、Float 类、StringBuffer 类等。

【例 6-5】 TestToString.java，toString()方法的应用，代码如下。

```
class Student {
   int id;
   String name;
   String sex;

   public Student(int id, String name, String sex) {
       this.id = id;
       this.name = name;
       this.sex = sex;
   }
}

class CollegeStudent extends Student {
   public CollegeStudent(int id, String name, String sex) {
       super(id, name, sex);
   }

   public String toString() {
       return "id:" + id + "  name: " + name + " " + sex;
```

```
    }
}

public class TestToString {
    public static void main(String args[]) {
        Student student = new Student(11, "Rose", "female");
        Student cstudent = new CollegeStudent(21, "Tom", "male");
        System.out.println(student);                   //Student@3b6eb2ec
        System.out.println(cstudent);                  //id:21  name: Tom  male
    }
}
```

例 6-5 中，Student 类没有重写 toString( )方法，所以打印输出 student 对象显示的结果是“类名@内存地址”。而 CollegeStudent 类重写了 toString( )方法，打印输出 cstudent 对象显示的信息更有实际意义。

2. equals( )方法

equals( )方法用于比较两个对象是否相同，如果相同，返回 true，否则返回 false。

如果一个类没有重写 equals( )方法，相同的含义是指两个对象的引用相等，即两个引用变量指向的是同一个对象。这时，equals( )方法的结果与相等运算符“==”的比较结果相同。

如果一个类重写了 equals( )方法，对象相同的含义由该方法来定义。这时，两个对象的相同通常用两个对象具有相同的状态来表示，即对应的成员变量类型相同且有相同的值。

例如，在判断两个字符串值是否相等时，是不能用“==”运算符的，“==”用于判断两个对象的引用（地址）是否相同，代码如下。

```
String str1=new String("Belt and Road Initiative");
String str2=new String("Belt and Road Initiative");
boolean flag1=(str1==str2);          //flag1 值为 false，因为比较的是两个对象的引用
boolean flag2=str1.equals(str2);     //flag2 值为 true，因为 String 类重写了 equals()方法
```

经过重写，就可以用 equals( )方法判断两个字符串内容是否相等。但是，“==”运算符仍然用于判断两个字符串引用是否相同。

【例 6-6】 TestEquals.java，equals( )方法的应用，代码如下。

```
class Student1 {
    int id;
    String name;
    String sex;
    public Student1(int id, String name, String sex) {
        this.id = id;
        this.name = name;
        this.sex = sex;
    }

    public boolean equals(Object obj) {
        Student1 s = (Student1) obj;
        boolean result = id == s.id && name.equals(s.name) && sex.equals(s.sex);
        return result;
    }
```

```
}
public class TestEquals {
    public static void main(String[] args) {
        Student1 s1 = new Student1(11, "Rose", "female");
        Student1 s2 = new Student1(11, "Rose", "female");
        System.out.println(s1.equals(s2) );                //true
    }
}
```

例 6-6 中，Student1 类重写了 equals()方法，所以程序的显示结果为 true。

6.4 字符串类

字符串是字符的序列，它是组织字符的基本数据结构。字符串数据用双引号括起来的一串字符序列来表示。Java 把字符串作为对象来处理，提供了操作字符串的一系列方法，使字符串的处理更加容易和规范。字符串类位于 java.lang 包中，String 类和 StringBuffer 类都可以表示字符串。

6.4.1 String 类

1. String 类的构造方法

String 类的主要构造方法见表 6-2。

表 6-2 String 类的主要构造方法

构造方法	功能描述
public String( );	创建空字符串
public String(String value)	利用一个存在的字符串创建一个 String 对象
public String(char[ ] value)	利用字符数组创建字符串
public String(StringBuffer sb)	利用已经存在的 StringBuffer 类的对象来创建一个 String 对象

【例 6-7】 CreateString.java，字符串构造方法的应用，代码如下。

```
public class CreateString {
    public static void main(String[] args) {
        String s1 = new String();              //创建空字符串

        String s3 = "strive in unity";    //直接创建字符串变量
        String s4 = new String(s3);       //创建字符串对象

        char ch[] = {'w', 'e', 'l', 'c', 'o', 'm', 'e'};
        String s5 = new String(ch);           //使用字符数组创建字符串
        String s6 = new String(ch, 3, 4); //使用字符数组创建字符串

        StringBuffer sb = new StringBuffer("strive in unity");
```

```
        String s7 = new String(sb);           //用 StringBuffer 创建字符串
        System.out.println(s4);
        System.out.println(s5);
        System.out.println(s6);
        System.out.println(s7);
    }
}
```

2. String 类的成员方法

String 类的常用方法包括字符串连接、字符串比较、查找和截取子串、替换和拆分等，String 类的主要成员方法见表 6–3。

表 6–3　String 类的主要成员方法

类别	成员方法	功能描述
字符串长度	int length( )	返回字符串的长度
字符串连接	public String concat(String　str)	连接两个字符串
字符串比较	boolean equals(String s)	判断是否与字符串 s 相等
	boolean equalsIgnoreCase(String s)	判断是否与字符串 s 相等，忽略大小写
	boolean endsWith(String s)	判断字符串后缀是不是字符串 s
	boolean startsWith(String s)	判断字符串前缀是不是字符串 s
	int compareTo(String anotherString)	比较两个字符串，返回 0、1 或 –1
	int compareToIgnoreCase(String str)	比较两个字符串，忽略大小写
查找和截取子串	int indexOf(String str)	查找 str 在字符串中出现的位置
	int lastIndexOf(String str)	查找 str 在字符串中最后一次出现的位置
	String substring(int begin)	从指定位置截取字符串
	String substring(int begin,int end)	从开始位置到结束位置截取字符串
	char charAt(int i)	取出第 *i* 个位置的字符
替换和拆分	String replace(char old,char news)	字符串中所有的 old 字符替换为 news 字符
	String replaceAll(String regex，String str)	字符串中所有匹配给定的正则表达式 regex 的子字符串替换成字符串 str，关于正则表达式请查阅相关文档
	String[ ] split(String regex)	根据给定正则表达式的匹配拆分此字符串
大小写转换	String toUpperCase( )	将字符串中的所有英文字符转换为大写
	String toLowerCase( )	将字符串中的所有英文字符转换为小写

字符串操作需要注意以下问题。

① 在 Java 中，除了使用 contact( )方法连接两个字符串，也可以通过“+”或“+=”号连接字符串。

“+”连接方式下，如果字符串与基本数据类型相连，则基本数据类型也转化成字符串类型；如果字符串与一个对象相连，Java 还会自动将对象转成字符串[调用对象的 toString( )方法]。例如以下代码。

```
String  s1 = "Beautiful China ";
String  s2 = "Initiative";
String  s3 = s1.concat(s2);
```

```
String  s4 = s1+s2;
```

s3 和 s4 的值均为 Beautiful China Initiative。

② 在字符串操作中，如果用==比较字符串，比较的是引用（地址）。要比较两个字符串的值是否相等，应该使用字符串比较的操作方法。

【例 6-8】 TestStringMethod1.java，String 类查找与截取操作，代码如下。

```
class TestStringMethod1 {
    public static void main(String[] args) {
        String 初心= new String("Original aspiration" );

        System.out.println( 初心.length() );         //19
        System.out.println( 初心.indexOf('i') );     //2
        System.out.println( 初心.indexOf("Or") );    //0
        System.out.println( 初心.charAt(1) );        //r
        System.out.println( 初心.substring(9,19) );           //aspiratio
        System.out.println( 初心.substring(9) );              //aspiratio
        System.out.println( 初心 );              //字符串本身没有改变
    }
}
```

【例 6-9】 TestStringMethod2.java，String 类比较与转换等操作，代码如下。

```
class TestStringMethod2 {
    public static void main(String[] args) {
        String 使命 = new String("Founding Mission" );

        System.out.println( 使命.endsWith("Mission") );                //true
        System.out.println( 使命.equals("Founding mission") );         //false
        System.out.println( 使命.equalsIgnoreCase("Founding mission") );    //true
        System.out.println( 使命.compareTo("Founding mission") );           //-32
        System.out.println( 使命.concat("!!!") );           //Founding Mission!!!
        System.out.println( 使命.toUpperCase() );           //FOUNDING MISSION
        System.out.println( 使命.toLowerCase() );           //founding mission
        System.out.println( 使命.replace('i', 'I' ));       //FoundIng MIssIon
        System.out.println( 使命 );                         //字符串本身没有改变
    }
}
```

【例 6-10】 TestString.java，字符串的相等判断操作，代码如下。

```
class TestString {
    public static void main(String[] args) {
        String s1 = "Hello";
        String s2 = "Hello";
        String s3 = new String("Hello");
        String s4 = new String("Hello");
        String s5 = s1;

        System.out.println(s1 == s2);        //true
        System.out.println(s2 == s5);        //true
```

```
        System.out.println(s3 == s4);        //false
        System.out.println(s1 == s3);        //false
    }
}
```

例 6–10 有助于深入理解 String 类，程序执行过程中的内存情况如图 6–5 所示。

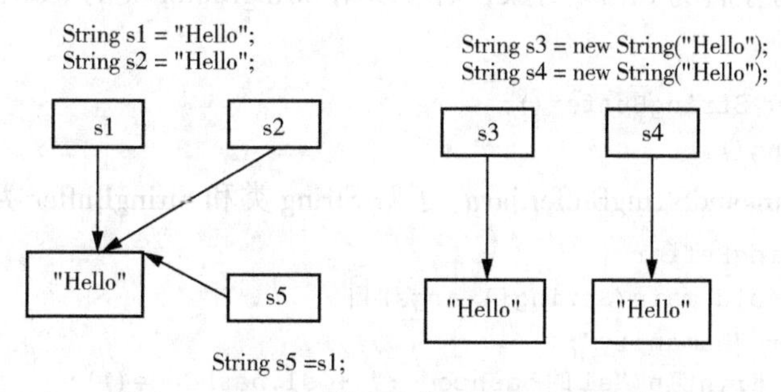

图 6–5　例 6–10 程序执行过程中的内存情况

s1 是 String 类型的引用变量，指向字符串"Hello"；执行 String s2="Hello"时，Java 编译器有字符串优化的功能，同样指向已存在的字符串"Hello"。因为，判断 s1==s2 时，返回 true。s3 和 s4 是两个不同的字符串对象，比较 s3==s4，是比较 s3 和 s4 在内存中的地址，返回 false 值。变量 s5 与 s1 指向同一内存地址。

6.4.2　StringBuffer 类

String 对象一旦创建就不能再修改。通过赋值看似可以修改 String 对象，但实际上是生成一个新的 String 对象。如果这种赋值操作非常多，那么对内存的消耗是非常大的。解决的办法是使用 StringBuffer 类。

StringBuffer 表示的是可扩充、修改的字符串，是一个类似于 String 的字符串缓冲区，是线程安全的可变字符序列。StringBuffer 类的主要方法见表 6–4。

表 6–4　StringBuffer 类的主要方法

方法	功能描述
public StringBuffer( )	构造方法，创建空的 StringBuffer 对象
public StringBuffer(int length)	创建指定长度的 StringBuffer 对象
public StringBuffer(String str)	构造方法，用存在的字符串 str 对象来初始化 StringBuffer 对象
public StringBuffer append(String str)	在尾部追加内容
public StringBuffer insert(int offset,String str)	在指定位置插入内容
public StringBuffer delete(int start,int end)	删除指定位置（start 到 end–1）上的字符
public StringBuffer reverse( )	翻转字符串

StringBuffer 类的主要方法是 append( )和 insert( )，这两个方法会自动将给出的参数对象转化为字符串。

StringBuffer 对象与 String 对象可以相互转换。由 String 对象转成 StringBuffer 对象，实际上是创建一个新的 StringBuffer 对象，例如以下代码。

```
String s=" Marxism";
StringBuffer sb=new StringBuffer(s0);
```

由 StringBuffer 对象转为 String 对象，则可以用 StringBuffer 类的 toString( )方法，例如以下代码。

```
StringBuffer sb=new StringBuffer();
String s=sb.toString();
```

【例 6-11】 StringandStringBuffer.java，了解 String 类和 StringBuffer 类的区别，代码如下。

```
class StringandStringBuffer {
    public static void main(String[] args) {
        String s1 = "humanity";
        System.out.println("s1 的 hashcode:" + s1.hashCode());
        String s2 = "nature";
        s1 = s1 + s2;
        System.out.println("s1 连接 s2 后的 hashcode:" + s1.hashCode());

        StringBuffer sb1 = new StringBuffer("Hello");
        System.out.println("sb1 的 hashcode:" + sb1.hashCode());
        sb1.append(s2);
        System.out.println("sb1 连接 s2 后的 hashcode:" + sb1.hashCode());
    }
}
```

程序的运行结果如下。

```
s1 的 hashcode:540937313
s1 连接 s2 后的 hashcode:285473864
sb1 的 hashcode:1644443712
sb1 连接 s2 后的 hashcode:1644443712
```

作为 String 类的对象，s1 在连接 s2 后，对象的地址被重新分配。sb1 作为 StringBuffer 类的对象，追加 s2 后，sb1 对象的引用（地址）是不变的，程序执行过程中的内存变化如图 6-6 所示。从字符串连接、插入、删除的角度来看，StringBuffer 类的效率要高于 String 类。

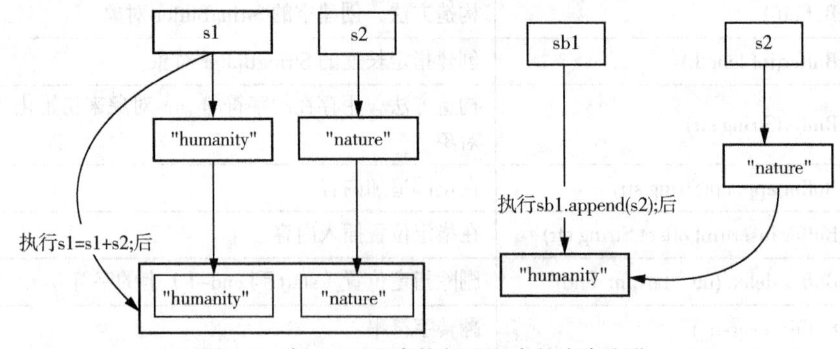

图 6-6 例 6-11 程序执行过程中的内存变化

【例 6-12】 TestStringBuffer.java，StringBuffer 类方法的使用，代码如下。

```
public class TestStringBuffer {
    public static void main(String[] args) {
        String str = "Innovation";
        char[] a = {'a', 'b', 'c'};
        StringBuffer sb1 = new StringBuffer(str);
        sb1.append('/').append("coordination").append('/').append("green")
                .append('/').append("openness").append('/').append("sharing");
        System.out.println(sb1);
        StringBuffer sb2 = new StringBuffer("数字");
        for (int i = 0; i < 9; i++) {
            sb2.append(i);
        }

        System.out.println(sb2);
        sb2.delete(8, sb2.length()).insert(0, a);
        System.out.println(sb2);
        System.out.println(sb2.reverse());
    }
}
```

程序运行结果如下。

```
Innovation/coordination/green/openness/sharing
数字012345678
abc数字012345
543210字数cba
```

6.4.3 StringTokenizer类

StringTokenizer 类实现对字符串进行解析和分割的功能，该类位于 java.util 包中。StringTokenizer类的方法见表6-5。

表6-5　StringTokenizer类的方法

方法	功能描述
public StringTokenizer(String str)	构造方法，使用默认的分隔符创建StringTokenizer对象
public StringTokenizer(String str, String delim)	构造方法，使用分隔符delim创建StringTokenizer对象
public StringTokenizer(String str, String delim, Boolean returnDelims)	构造方法，创建StringTokenizer对象，returnDelims表示是否将分隔符也作为一个分割串返回
public int countTokens()	返回分割字符串的数量
public boolean hasMoreElements()	返回是否还存在分割字符串
public String nextToken()	得到下一个分割字符串

【例6-13】　TestStringTokenizer.java，StringTokenizer类的应用，代码如下。

```
import java.util.*;
```

```
class TestStringTokenizer {
    public static void main(String[] args) {
        StringTokenizer st = new StringTokenizer("We must put the people first.");
        System.out.println("分割串数目: " + st.countTokens());  //6
        while (st.hasMoreTokens()) {
            System.out.println(st.nextToken());
        }
    }
}
```

程序运行结果如下。

```
分割串数目：6
We
must
put
the
people
first.
```

StringTokenizer 类具有对字符串进行解析和分割的功能，实际上，String 类的 split()方法也有分割字符串的功能。split()方法定义如下。

```
public  String[]  split(String  regex)
public  String[]  split(String  regex,  int  limit)
```

该方法将一个字符串分割为子字符串，然后将结果作为字符串数组返回。limit 限制数组中返回元素的个数。与 StringTokenizer 类相比，split()的参数可以使用正则表达式，丰富了拆分的功能。

【例 6-14】 SplitString.java，String 类中 split()方法的应用，代码如下。

```
public class SplitString {
    public void spliter() {
        String str = "aa-bb-cc-dd";
        String[] ss = str.split("-");
        for (String s : ss) {                    //foreach 循环
            System.out.print(s + "\t");
        }
        System.out.println();
        String[] tt = str.split("-", 2);  //限制返回数组中包括 2 个元素
        for (int i = 0; i < tt.length; i++) {          //for 循环遍历方式
            System.out.print(tt[i].trim() + "\t");
        }
    }

    public static void main(String[] args) {
        SplitString st = new SplitString();
        st.spliter();
    }
}
```

程序运行结果如下。

```
aa    bb    cc    dd
aa    bb-cc-dd
```

6.5 Math类

Math类位于java.lang包中，提供了一些标准数学函数的实现方法，用来完成一些常用的数学运算。Math类的方法都是用static关键字修饰的静态方法，所以在使用时不需要创建Math类的对象，直接使用类名就可以方便地调用这些方法。Math类是一个用final关键字修饰的最终类，所以不能从Math类派生出其他的子类。

例如，下面的代码返回两个整数的最大值。

```
int gdp1 = 54, gdp2 = 114;
int m=Math.max(gdp1,gdp2);
```

下面的代码将返回1～100的一个随机数。

```
int  i=(int)(Math.random()*100)+1;
```

在这里，函数random()返回一个0.0～1.0的double类型的随机数。

Math类常用的成员变量和方法见表6-6。

表6-6　Math类常用的成员变量和方法

成员变量或方法	功能描述
public static final double E	数学常数e
public static final double PI	圆周率常数
public static double abs(double a)	返回*a*的绝对值
public static double exp(double a)	返回e的*a*次幂
public static double floor(double a)	返回不大于*a*的最大整数
public static double log(double a)	返回*a*的自然对数
public static double max(double a,double b)	求最大值
public static double min(double a,double b)	求最小值
public static double pow(double a, double b)	求*a*的*b*次方
public static double random( )	返回0.0～1.0的伪随机数
public static double rint(double a)	返回*a*四舍五入的近似值
public static double sqrt(double a)	返回*a*的平方根

【例6-15】　TestMath.java，Math类的常用方法，代码如下。

```
public class TestMath {
    public static void main(String args[]) {
        System.out.println("Math.PI=" + Math.PI);
        System.out.println("Math.E=" + Math.E);
        System.out.println("Math.ceil(-73.36)=" + Math.ceil(-73.36));
        System.out.println("Math.floor(-73.36)=" + Math.floor(-73.36));
```

```
        System.out.println("Math.round(-73.36)=" + Math.round(-73.36));
        System.out.println("Math.rint(-73.36)=" + Math.rint(-73.36));
        System.out.println("Math.sqrt(Math.abs(-73.36))=" +
        Math.sqrt(Math.abs(-73.36)));
        System.out.println("Math.pow(2,-4)=" + Math.pow(2, -4));
    }
}
```

程序运行结果如下。

```
Math.PI=3.141592653589793
Math.E=2.718281828459045
Math.ceil(-73.36)=-73.0
Math.floor(-73.36)=-74.0
Math.round(-73.36)=-73
Math.rint(-73.36)=-73.0
Math.sqrt(Math.abs(-73.36))=8.565045242145542
Math.pow(2,-4)=0.0625
```

6.6 Random 类

java.util.Random 类提供了一系列用于生成随机数的方法。Random 类的主要方法见表 6-7。

表 6-7　Random 类的主要方法

方法	功能描述
public Random( )	构造方法，生成一个 Random 类对象，用于生成随机数
protected int next(int bits)	生成一个随机数
public int nextInt( )	返回一个 int 类型的随机数，随机数的值大于等于 0
public int nextInt(int n)	返回一个 int 类型的随机数，随机数的值大于等于 0，并且小于参数 *n*
public long nextLong( )	返回一个 long 类型的随机数，随机数的值在 long 类型值的取值范围内
public float nextFloat( )	返回一个 float 类型的随机数，随机数的值大于等于 0，并且小于 1.0。该方法与 java.Math.random()方法的功能类似
public double nextDouble( )	返回一个 double 类型的随机数，随机数的值大于等于 0，且小于 1.0。该方法与 java.Math.random()方法的功能类似
public nextBoolean( )	返回一个 boolean 类型的随机数，随机数的值为 true 或 false
public void nextBytes(byte[ ]bytes)	生成若干字节的随机数，并将它们保存在 byte 类型的数组 bytes 中

【例 6-16】　TestRandom.java，Random 类的应用，生成多种基本数据类型的随机数，代码如下。

```
import java.util.*;
public class TestRandom {
    public static void main(String[] args) {
        Random r = new Random();                    //构造 Random 类的对象
        //生成 5 个上限为 50 的 int 型随机数
```

```
        System.out.println("Integers generated: ");
        for (int i = 0; i < 5; i++) {
            System.out.print(r.nextInt(50) + "\t");
        }
        System.out.println("\nLong integers generated: ");
        //生成 3 个 long 型随机数
        for (int i = 0; i < 3; i++) {
            System.out.print(r.nextLong() + "\t");
        }
        //生成 3 个 double 型随机数
        System.out.println("\nDouble numbers generated: ");
        for (int i = 0; i < 3; i++) {
            System.out.print(r.nextDouble() * 100 + "\t");
        }
    }
}
```

6.7 包装类

在 Java 中，每种基本数据类型都有一个相应的包装类，这些类封装在 java.lang 包中。基本数据类型所对应的包装类见表 6-8。

表 6-8　基本数据类型所对应的包装类

基本数据类型	包装类	基本数据类型	包装类
byte	Byte	char	Character
short	Short	int	Integer
long	Long	float	Float
double	Double	boolean	Boolean

按照类命名的规则，所有包装类类名的第一个字符都要大写，基本数据类型关键字的字符都要小写。另外，整型与字符型的基本类型名采用的是缩写形式（分别为 int 与 char），而其他包装类的类名则采用完整的英文单词。

一个包装类的对象总是包装着一个对应的基本类型的值。需要说明的是，包装类的对象一旦生成，其所包装的基本类型的值是不可改变的。

引入包装类的目的包括：一是每个包装类都包含一组方法，这些方法为处理基本类型数据提供了丰富的手段；二是在一些情况下，能够被处理的数据类型只能是引用类型，此时可以通过包装类将基本类型数据包装起来，从而间接处理基本数据类型。

包装类的主要特点如下。

① 包装类提供了一些常数，方便用户使用。例如，Integer.MAX_VALUE（整数最大值），Double.NaN（非数字）等。

② 包装类提供了 valueOf(String)、toString( )等方法，用于获取字符串的值或转换为字符串。

③ 包装类提供了 xxxValue( )方法，用于得到包装类对象的值，例如，Integer.intValue( )可以得到封装数据的 int 型值。

④ 包装类提供了 equals(Object o)方法，用于对包装类对象的值进行比较。

下面，以包装类 Integer 为例，介绍包装类的常见方法，java.lang.Integer 类常用的成员变量和方法见表 6-9。其他包装类的类似方法可以查看 JDK 文档。

表 6-9 java.lang.Integer 类常用的成员变量和方法

成员变量或方法	功能描述
public static final int MAX_VALUE	最大的 int 型数 $2^{31}-1$
public static final int MIN_VALUE	最小的 int 型数 -2^{31}
public double doubleValue( )	返回封装数据的 double 型值
public long longValue( )	返回封装数据的 long 型值
public int intValue( )	返回封装数据的 int 型值
public static int parseInt(String s) throws NumberFormatException	将字符串 s 解析成 int 型数据
public static Integer valueOf(String s) throws NumberFormatException	将字符串 s 解析成 Integer 实例

【例 6-17】 TestWrapperClass.java，包装类的应用，代码如下。

```
class TestWrapperClass {
    public static void main(String[] args) {
        Integer countries = 832;
        Double population = 10000000.2;
        int number1 = countries + population.intValue();
        float number2 = countries.floatValue() + population.floatValue();
        System.out.println("number1=" + number1);
        System.out.println("number2=" + number2);

        System.out.println("12D=" + Integer.toBinaryString(12) + "B");
        System.out.println("1024D=" + Long.toHexString(1024) + "H");
    }
}
```

运行结果如下。

```
number1=10000832
number2=1.0000832E7
12D=1100B
1024D=400H
```

6.8 项目实践

本项目完成成绩数据的统计分析功能，计算存储在数组中成绩的平均分、最高分和及格率。思路如下。

① ScoreStatistical 类实现项目的业务逻辑。该类的 control()方法调用 mainMenu()方法显示功能菜单，并根据用户输入，调用不同统计结果的显示方法 getXXX()。

项目中的成绩数据存储在 ScoreStatistical 类中。

② Calculation 类实现计算功能，封装的 avg()、max()、passingRate()等静态方法用于计算平均值、最大值和及格率，这些方法在 ScoreStatistical 类中被调用。

③ 测试类 TestScoreStatistical 的 main()方法调用 ScoreStatistical 类的业务逻辑实现方法 control()。

1. ScoreStatistical 类的实现

ScoreStatistical 类的实现涉及的知识点包括创建数组存储成绩数据、数组作为方法的参数、java.util.Scanner 类的应用，还应用了 str.repeat()方法创建字符串。

ScoreStatistical.java 类的代码如下。

```
public class ScoreStatistical {
    float[] java = {92, 55, 98, 67, 67, 78, 90, 56.5f};
    float[] python = {63, 87, 95, 89.5f, 73, 83, 99, 57};
    float[] c = {47.5f, 80, 78, 62, 75, 65, 58, 57};

    //功能菜单
    public static void mainMenu() {
        String line = "-".repeat(6);
        System.out.println(line + "成绩统计与分析" + line);
        System.out.println("1:" + line + "平均分统计");
        System.out.println("2:" + line + "最高分统计");
        System.out.println("3:" + line + "及格率统计");
        System.out.println("0:" + line + "返回");
        System.out.println("-".repeat(24));
    }

    //业务逻辑实现
    public void control() {
        mainMenu();
        while (true) {
            java.util.Scanner sc = new java.util.Scanner(System.in);
            System.out.print("请选择>");
            String choice = sc.next();
            switch (choice) {
                case "1":
                    getAvg(java, python, c);
                    break;
                case "2":
                    getMax(java, python, c);
                    break;
                case "3":
                    getPassRate(java, python, c);
                    break;
```

```
            case "0":
                return;
            default:
                System.out.println("输入错误，请输入 0 ~ 3 选择功能");
        }
    }
}
//统计平均分
public static void getAvg(float[] java, float[] python, float[] c) {
    System.out.println("Java 平均分：" + Calculation.avg(java));
    System.out.println("Python 平均分：" + Calculation.avg(python));
    System.out.println("C 平均分：" + Calculation.avg(c));
}
//统计最高分
public static void getMax(float[] java, float[] python, float[] c) {
    System.out.println("Java 最高分：" + Calculation.max(java));
    System.out.println("Python 最高分：" + Calculation.max(python));
    System.out.println("C 最高分：" + Calculation.max(c));
}
//统计及格率
public static void getPassRate(float[] java, float[] python, float[] c) {
    System.out.println("Java 及格率：" + Calculation.passingRate(java) * 100 + "%");
    System.out.println("Python 及格率：" + Calculation.passingRate(python) * 100 + "%");
    System.out.println("C 及格率：" + Calculation.passingRate(c) * 100 + "%");
}
}
```

2. Calculation 类的实现

Calculation 类遍历成绩数组。该类定义 avg()、max()、passingRate()等方法计算平均分、最高分和及格率，实现要点是遍历数组和访问数组元素。

Calculation 类参考代码如下。

```
public class Calculation{
    public static float avg(float[] scores){
        float total = 0.0f;
        for (float score :scores) {
            total+=score;
        }
        return total/scores.length;
    }
    //计算数组中的最大值
    public static float max(float[] scores){
        int k = 0;
        for(int i = 1;i < scores.length;i++){
            if (scores[i] > scores[k]) {
                k = i;
```

```
            }
        }
        return scores[k];
    }

    public static float passingRate(float[] scores){
        float count = 0.0f;
        for(int i = 0;i < scores.length;i++){
            if (scores[i] >= 60){
                count ++;
            }
        }
        return count/scores.length;
    }
}
```

3. 测试类 TestScoreStatistical 的实现

测试类 TestScoreStatistical.java 调用 ScoreStatistical 类的业务逻辑实现方法 control()。代码如下。

```
public class TestScoreStatistical {
    public static void main(String[] args) {
        new ScoreStatistical().control();
    }
}
```

程序运行结果如下。

```
------成绩统计与分析------
1:------平均分统计
2:------最高分统计
3:------及格率统计
0:------返回
-------------------------
请选择>1
Java 平均分：75.4375
Python 平均分：80.8125
C 平均分：65.3125
请选择>2
Java 最高分：98.0
Python 最高分：99.0
C 最高分：80.0
请选择>3
Java 及格率：75.0%
Python 及格率：87.5%
C 及格率：62.5%
请选择>0
Process  finished  with  exit  code  0
```

习题 6

1. 选择题

（1）下列初始化字符数组的代码中，正确的是哪一项？（　　）

A. char str[5]=" green";　　B. char str[ ]={'g','r','e','e','n','\0'};

C. char str[5]={"e"};　　D. char str[100]="";

（2）创建数组的代码如下，下面说法中，正确的是哪一项？（　　）

```
double [] d = new double [11];
```

A. d[10]的值是 0　　B. d[11]的值是 null

C. d[10]的值是 null　　D. d[10]的值 0.0

（3）编译和运行下面代码后，下面说法中，正确的是哪一项？（　　）

```
Public class Test{
    Public static void main(String[] args){
        float[] arr=new float[6];
        System.out.println(arr);
        System.out.println(arr[0]);
    }
}
```

A. 输出 6 和 0.0　　B. 编译出错，数组元素 arr[0]没有被初始化

C. 输出 6 和 null　　D. 输出一个表示数组对象的字符串和 0.0

（4）下面选项中，打印输出 false 值的是哪一项？（　　）

```
Class Test {
    Public static void main(String[] args) {
        String s = "peace";
        String t = "peace";
        char c[] = {'p', 'e', 'a', 'c', 'e'};
    }
}
```

A. System.out.println(s.equals(t));　　B. System.out.println(t.equals(s));

C. System.out.println(s==t);　　D. System.out.println(t==(new String(C)));

（5）定义了 int 类型一维数组 a[10]后，下面**不正确**的赋值是哪一项？（　　）

A. a[0]=1;　　B. a[10]=2;　　C. a[0]=5*2;　　D. a[1]=a[2]*a[0];

（6）下面代码的运行结果中，哪一项是正确的？（　　）

```
String s = "Belt";
s.concat("Road");
s.replace("b","B");
System.out.println(s);
```

A. Belt　　B. BeltRoad　　C. belt　　D. beltRoad

（7）执行下面代码段时，输出结果是哪一项？（　　）

```
String s1 = "central task";
String s2 = "central" + "task";
```

```
if (s1 == s2)
    System.out.println("Yes");
else
    System.out.println("No");
```

A. Yes　　B. No　　C. true　　D. false

（8）下面选项中，**不属于** java.util.Random 类的方法的是哪一项？（　　）

A. nextInt( )　　B. nextFloat( )　　C. nextByte( )　　D. nextBoolean( )

2. 简答题

（1）Java 的数组有哪些特点？如何访问一维数组的元素？

（2）Object 类有什么特点？列举 5 个以上该类常用的方法。

（3）数据类型包装类与基本数据类型有什么关系？引入数据类型包装类的优点是什么？

（4）String 类的 concat()方法与 StringBuffer 类的 append()方法都可以连接两个字符串，它们有何不同？

3. 上机实践

（1）定义 x、y 是 int 类型变量，d 是 double 类型变量，使用 Math 类完成下面的计算。

① 求 x 的 y 次方。

② 求 x 和 y 的最小值。

③ 求 d 取整后的结果。

④ 求 d 的四舍五入后的结果。

⑤ 求 atan(d)的数值。

（2）编程并测试方法 int processing(String str)，实现英文字符串解析功能。其中，参数 str 是一个英文句子，例如“The 21st Century Maritime Silk Road”。返回参数中单词的个数，并分行输出参数中首个单词的所有字符且各字符以大写形式输出。例如字符串“The”的输出格式如下。

```
T
H
E
```

（3）编写并测试方法 String update(String str, String str1, String str2)，该方法将出现在第一个参数 str 中的所有 str1 字符串用 str2 字符串替换，返回替换后的新字符串。

（4）应用 Scanner 类从键盘读取一行输入文本，逐个输出单词及单词数量。单词之间用空格分隔。

（5）给出一个整型数组，计算数组中所有元素的最大值、最小值及平均值。

（6）编写并测试方法 boolean isEqual(type [ ]x, tpye [ ] y)，该方法判断数组 x 和数组 y 是否相等，若两个数组对应元素都相等，则返回 true，否则返回 false。数组的类型分别是 int、float 和 String 类型。

任务7　学习与应用集合框架

Java集合框架是一组类库，由Collection接口和Map接口派生出的类和接口组成，也称为集合类。集合框架包括列表、集和映射等数据结构，可以存放任意类型的对象，弥补了数组在数据存储方面的不足，扩展了数组的功能。

Java集合框架中使用泛型，集合的稳定性和可靠性进一步提高。本任务内容包括集合框架介绍，集、列表、映射等集合类的使用，还包括泛型在集合框架中的应用。

✧ 学习目标

（1）理解集合框架的体系结构。

（2）掌握List、Set、Map等接口及子类的方法。

（3）理解泛型的概念及其在集合框架中的应用。

（4）能熟练使用集合框架解决实际问题。

✧ 项目描述

本任务完善学生信息管理系统项目，利用集合框架实现信息的增加、删除、修改、排序功能，体会集合框架的应用场景，具体要点如下。

（1）使用Vector类保存数据，应用Vector类的方法实现增加、删除、修改等功能。

（2）使用Collections类的方法实现对象排序，并在集合框架中应用泛型。

✧ 知识结构

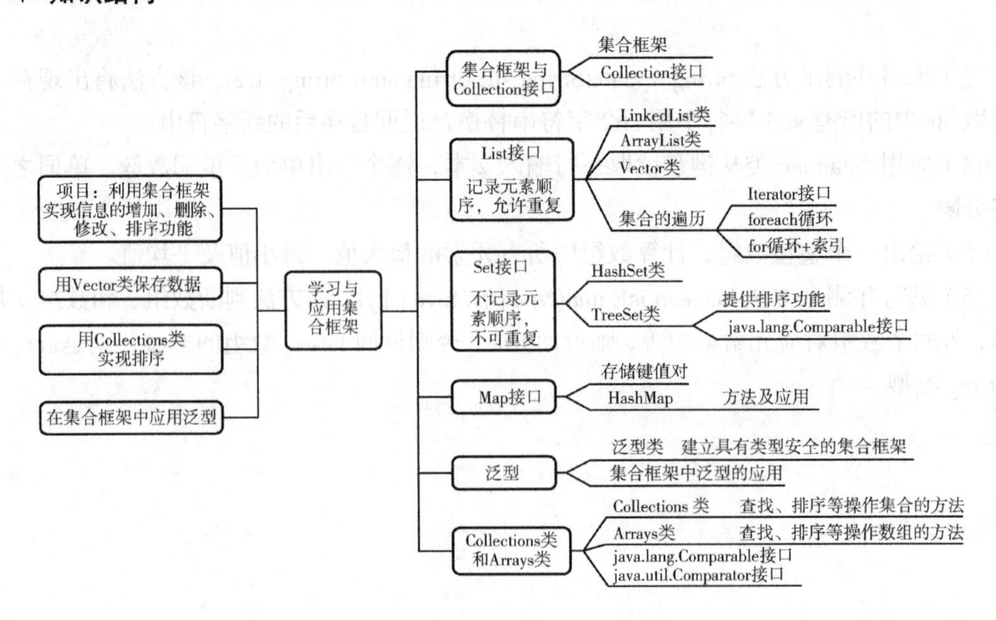

7.1 集合框架与 Collection 接口

7.1.1 集合框架

Java 集合框架包括列表、集和映射等数据结构，存在于 java.util 包中。

Java 集合框架主要支持 Set（集）、List（列表）和 Map（映射）3 种类型的集合。其中，List、Set 是 Collection 的子接口；Map 是另一种集合，用于存储有 key–value（键值）关系的元素，具有键不可以重复、值可以重复的特点。集合框架的基本体系结构如图 7–1 所示。

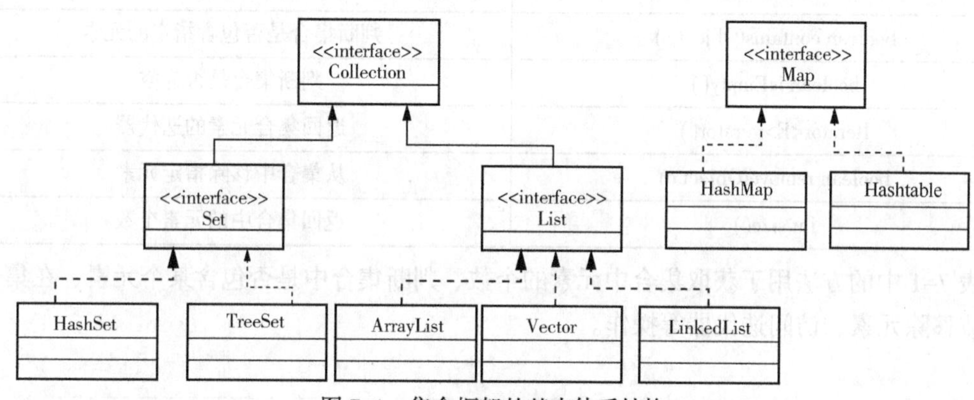

图 7–1　集合框架的基本体系结构

集合可以看作存储数据（对象）的容器，与数组类似。数组是 Java 的一个语言元素，是一个简单的线性序列，提供了随机访问对象序列的有效方法。数组访问元素的速度较快，但数组的长度是固定的，数组的大小在其整个生存期内不可以改变。

集合可以存储和操作长度不固定的一组数据。集合中的元素都是对象，如果想在集合中保存基本数据类型，Java 会将基本数据类型转换成对应的对象类型。集合中元素的类型可以不同，但由于 Java 的所有类都是 Object 的子类，可以视为其基本类型一致。

有了集合框架，在 Java 开发过程中，不需要考虑集合框架元素的算法实现细节，可以直接创建并管理集合框架的对象，降低编程的复杂程度，提高编程效率。

7.1.2 Collection 接口

Collection 是集合框架的重要接口，它将一组对象以集合元素的形式组织到一起，在其子接口中采用不同的数据组织方式。

1. Collection 的子接口

常用的 Collection 的子接口有以下两种。

① Set 接口：不记录元素的保存顺序，且不允许有重复元素。

② List 接口：记录元素的保存顺序，且允许有重复元素。

List 接口的重要实现类有 ArrayList、LinkedList、Vector 等。Set 接口的重要实现类有 HashSet 和 TreeSet。

2. Collection 接口的常用方法

Collection 接口定义了集合框架中一些最基本的方法。Java 不提供 Collection 接口的任何直接实现，而是由其子接口 List 和 Set 来实现。实现 Collection 接口的子集合中，一些集合允许有重复的元素，而另一些不允许；一些集合是有序的，而另一些是无序的。Collection 接口常用的方法见表 7–1。

表 7–1 Collection 接口常用的方法

方法	功能描述
boolean add(E e)	将指定元素添加到集合
boolean contains(Object o)	判断集合是否包含指定的元素
boolean isEmpty( )	判断集合是否为空
Iterator<E>iterator( )	返回集合元素的迭代器
boolean remove(Object o)	从集合中移除指定元素
int size( )	返回集合中的元素个数

表 7–1 中的方法用于获取集合中元素的个数、判断集合中是否包含某个元素、在集合中增加或移除元素、访问迭代器等操作。

7.2 List 接口及子类实现

7.2.1 List 接口

List（列表）是有序的集合，该接口保存每个元素插入的位置。用户能够使用索引（元素在 List 中的位置，类似于数组下标）来访问 List 中的元素。List 接口继承了 Collection 接口，但又添加了许多按索引操作元素的方法，而且，调用 List 接口中的 listIterator( )方法可以返回 ListIterator 对象，使用 ListIterator 对象可以从两个方向遍历 List，可以方便地向 List 中插入和删除元素。

List 接口拥有 Collection 接口提供的所有方法，还提供了一些自身特有的方法。List 接口中的主要方法见表 7–2。

表 7–2 List 接口中的主要方法

方法	功能描述
void add(int index, E element)	在列表的指定位置插入指定元素
boolean addAll(intindex, Collection<?extends E> c)	将指定集合中的所有元素都插入列表的指定位置

续表

方法	功能描述
E get(int index)	返回列表中指定位置的元素
int indexOf(Object o)	返回列表中首次出现的指定元素的索引。如果列表不包含该元素，则返回-1
int lastIndexOf(Object o)	返回列表中最后出现的指定元素的索引。如果列表不包含该元素，则返回-1
ListIterator<E> listIterator( )	返回此列表中元素的迭代器
ListIterator<E> listIterator(int indcx)	返回列表中元素的迭代器，从列表的指定位置开始
E remove(int index)	移除列表中指定位置的元素
E set(int index, E element)	用指定元素替换列表中指定位置的元素
List<E>subList(int fromIndex,int toIndex)	返回列表中指定的 fromIndex（包括）和 toIndex（不包括）之间的部分元素的视图

7.2.2　List 接口的子类实现

ArrayList、Vector 和 LinkedList 是 List 接口的实现类。ArrayList 和 Vector 可以理解为动态数组，提供了动态增加和减少元素的方法。这两个类查询集合中的元素快，增加和删除元素慢。两者不同的地方：采用 Vector，线程是安全的；采用 ArrayList，线程是不安全的；Vector 性能上比 ArrayList 要差。LinkedList 增加和移除元素快，查询元素慢。

【例 7-1】　TestLinkedList.java，LinkedList 类的应用，代码如下。

```
import java.util.*;
public class TestLinkedList {
    public static void main(String[] args) {
        LinkedList lst0 = new LinkedList();
        lst0.add("the Changjiang River");
        lst0.add("the Huanghe River");
        lst0.add(2);
        lst0.add(4.0);
        lst0.add("the Huanghe River");  // 重复元素，加入
        lst0.add(2);                    // 重复元素，加入
        System.out.println("第 1 次显示 LinkedList 中的元素:");
        System.out.println(lst0);
        System.out.println("打印输出索引为 3 的元素: " + lst0.get(3));

        List<Integer> lst1 = new LinkedList<Integer>(); // 使用泛型
        lst1.add(3);
        lst1.add(5);
        lst1.add(100);      // 错误 list.add(new Double(4.0));
        lst1.add(3);        // 重复元素，加入
        System.out.println("第 2 次显示 LinkedList 中的元素:");
        System.out.println(lst1);
    }
}
```

程序运行结果如下。

```
第 1 次显示 LinkedList 中的元素：
[the Changjiang River, the Huanghe River, 2, 4.0, the Huanghe River, 2]
打印索引为 3 的元素：4.0
第 2 次显示 LinkedList 中的元素：
[3, 5, 100, 3]
```

从例 7-1 可以看出，LinkedList 可以添加重复元素；由于 List 中的元素是有序的，所以 lst0.get(3)方法能得到索引值为 3 的元素。构造 lst1 对象时，由于采用了泛型，所以只能向集合中添加指定类型（Integer）的元素。

例 7-1 可以使用 ArrayList 类实现，具体代码请读者自行完成。

Vector 类的功能与 ArrayList 类的功能基本相同，多数方法相同。Vector 类类似一个动态数组，可以根据需要改变容器的大小。Vector 类接口中的部分方法见表 7-3。

表 7-3　Vector 类接口中的部分方法

方法	功能描述
public boolean add(E e)	将元素添加到 Vector 的尾部
public void add(int index, E element)	将元素添加到 Vector 的指定位置
public void addElement(E obj)	将元素添加到 Vector 的尾部，容量加 1
public void insertElementAt(E obj, int index)	将元素添加到 Vector 的指定位置
public void setElementAt(E obj, int index)	将 Vector 的第 index 个元素设置为 obj
public boolean removeElement(Object obj)	删除 Vector 中第一个与指定 obj 相同的元素
public void removeElementAt(int index)	删除 Vector 中 index 位置的元素，同时后面的元素依次向前移动
public E elementAt(int index)	返回指定位置的元素
public int indexOf(Object obj, int index)	从 index 处向后搜索，返回第一个与 obj 相同元素的下标

【例 7-2】 TestVector.java，在向量 v 中添加 5 个计算机科学家的姓名，测试 Vector 类的相关方法，代码如下。

```java
import java.util.*;
class Name {
    String firstName;
    String lastName;
    Name(String firstName, String lastName) {
        this.firstName = firstName;
        this.lastName = lastName;
    }
    public String toString() {
        return firstName + ". " + lastName;
    }
}

class TestVector {
    public static void main(String[] args) {
```

```
        Vector v = new Vector();
        v.add(new Name("冯", "诺依曼"));
        v.add(new Name("阿兰", "图灵"));
        v.add(new Name("", "恩格尔巴特"));
        v.add(new Name("文登", "瑟夫"));
        System.out.println(v);
        System.out.println("第3个元素: " + v.elementAt(2));
        Name name = new Name("乔治", "吉尔");
        System.out.println("包含乔治吗? " + v.contains(name));
    }
}
```

程序运行结果如下。

```
[冯. 诺依曼, 阿兰. 图灵, . 恩格尔巴特, 文登. 瑟夫]
第3个元素: . 恩格尔巴特
包含乔治吗? false
```

7.2.3 集合的遍历

Iterator 接口为不同类型的集合提供了统一的遍历方法。所有实现了 Collection 接口的集合类都有一个 iterator()方法，该方法返回一个实现 Iterator 接口的对象，这个对象被称为迭代器。迭代器可以用来遍历集合并对集合中的元素进行操作。Iterator 接口中的方法见表 7-4。

表 7-4　Iterator 接口中的方法

方法	功能描述
boolean hasNext()	判断集合中是否有继续迭代的元素
E next()	返回集合中的下一个元素
void remove()	删除 next()方法最后一次从集合中访问的元素

需要注意的是，remove()方法是在迭代过程中修改 Collection 的唯一安全的方法，在迭代期间，不允许使用其他方法对 Collection 进行操作。

除了使用 Iterator 接口，foreach 循环也能以一种非常简洁的方式遍历 Collection 中的元素。foreach 结构不需要获取容器长度，不需要索引去访问集合的元素，所以适用于 Set 和 List。

而对于 List 接口的实现类，例如 ArrayList 类和 Vector 类，可以使用 for 循环并结合索引来获取集合中的元素。

【例 7-3】 TraverseList.java，使用不同的方法遍历 ArrayList 对象，代码如下。

```
import java.util.*;
public class TraverseList {
    public static void main(String[] args) {
        Collection<String> c = new ArrayList<String>();
        c.add("1st");
        c.add("2nd");
```

```
        c.add("3rd");
        c.add("4th");
        c.add("5th");
        // 下面的方法打印输出 ArrayList 对象
        printCollection(c);
        printByIterator(c);
        printByForEach(c);
        printAllGetByIndex((List) c);
    }

    static void printCollection(Collection c) {
        System.out.println("------直接打印输出集合对象-----");
        System.out.println(c);
    }

    static void printByIterator(Collection c) {
        System.out.println("---应用 iterator()方法遍历---");
        Iterator<String> it = c.iterator();
        while (it.hasNext()) {
            System.out.print(it.next() + "\t");
        }
        System.out.println();
    }

    static void printByForEach(Collection<String> c) {
        System.out.println("------应用 foreach 遍历------");
        for (String s : c) {
            System.out.print(s + "\t");
        }
        System.out.println();
    }

    static void printAllGetByIndex(List c) {
        System.out.println("--------应用索引遍历--------");
        int size = c.size();
        for (int i = 0; i < size; i++) {
            System.out.print(c.get(i) + "\t");
        }
    }
}
```

程序运行结果如下。需要注意的是，例 7-3 不同的遍历方法传入的集合参数类型是有区别的。

```
-------直接打印输出集合对象------
[1st, 2nd, 3rd, 4th, 5th]
---应用 iterator()方法遍历---
1st   2nd   3rd   4th   5th
------应用 foreach 遍历------
```

```
1st  2nd  3rd  4th  5th
--------应用索引遍历---------
1st  2nd  3rd  4th  5th
```

7.3 Set 接口及子类实现

7.3.1 Set 接口

Set（集）是一个不包含重复元素的集合，Set 接口中的方法都是从 Collection 接口继承而来的。使用 add()方法向 Set 接口的实现类添加一个新元素时，首先会调用 equals(Object o)方法来比较新元素是否与已有的元素相等，而不是用==来判断。对于 Integer、String、Date 等已重写 equals()方法的类，是按值来进行相等判断的。Set 接口的实现类包括 HashSet、TreeSet 等。

7.3.2 Set 接口的子类实现

HashSet 按照哈希算法来存取集合中的对象，存取速度比较快；TreeSet 实现了 SortedSet 接口，能够对集合中的对象进行排序；LinkedHashSet 通过链表存储集合元素。在实现 Set 接口的类中，比较常用的是 HashSet 和 TreeSet。两者相比，HashSet 要快，但不提供排序功能，而 TreeSet 提供排序功能。

【例 7-4】 TestHashSet.java，HashSet 类的应用，代码如下。

```
import java.util.*;

public class TestHashSet {
   public static void main(String[] args) {
      HashSet hashset = new HashSet();
      hashset.add("Mount Tai");
      hashset.add("Mount Hua");
      hashset.add("Mount Song");
      hashset.add("4th");
      hashset.add(6);
      hashset.add(4.2);

      hashset.add("Mount Hua");      // 重复元素，未加入
      hashset.add(6);                // 重复元素，未加入
      System.out.println("第 1 次显示 HashSet 中的元素:");
      show(hashset);
      Set<String> hashset2 = new HashSet<String>();
      hashset2.add("Beijing");
      hashset2.add("Shanghai");
```

```
        hashset2.add("Tianjin");
        // hashset2.add(new Integer(6)); //类型错误
        System.out.println("第 2 次显示 HashSet 中的元素:");
        show(hashset2);
    }
    public static void show(Set s) {
        System.out.println(s); // 调用 toString()方法，注意其中的元素是无序的
    }
}
```

程序运行结果如下。

```
第 1 次显示 HashSet 中的元素:
[Mount Hua, 6, 4th, Mount Song, Mount Tai, 4.2]
第 2 次显示 HashSet 中的元素:
[Beijing, Shanghai, Tianjin]
```

可以看出，HashSet 不能添加重复元素，但运行程序时，调用添加重复元素的方法，程序并不报告异常；构造 hashset2 对象时，由于采用了泛型，只能向集合中添加指定的 String 类型的元素。

【例 7-5】 TestTreeSet1.java，应用 TreeSet 对集合中的元素有序输出，代码如下。

```
import java.util.*;
public class TestTreeSet1 {
    public static void main(String[] args) {
        Set tree = new TreeSet();
        int[] data = { 3, -34, 5, 0, 28 };
        for (int i = 0; i < data.length; i++) {
            tree.add(data[i]);
        }
        System.out.println(tree); // 输出结果: [-34, 0, 3, 5, 28]
    }
}
```

TreeSet 是一个继承 AbstractSet 抽象类、实现 SortedSet 接口的类，加入其中的元素必须是可比较的，所以如果向 TreeSet 中添加不同类型的对象，运行时会报告 ClassCastException 异常。

例 7-5 向 TreeSet 集合中添加的是 Integer 类型对象，Integer 类提供了 equals()方法，实现了比较功能，所以是可排序的。如果向 TreeSet 集合添加用户定义的类，则需要提供比较功能，用户定义的类可以通过实现 java.lang.Comparable 接口提供比较功能。

【例 7-6】 TestTreeSet2.java，向 TreeSet 中添加 Emp 类对象，实现元素的有序输出，代码如下。

```
import java.util.TreeSet;
public class TestTreeSet2 {
    public static void main(String[] args) {
        Emp s1=new Emp(1,"Rose",18);
        Emp s2=new Emp(12,"Mike",20);
        Emp s3=new Emp(9,"Kate",19);
        Emp s4=new Emp(1,"Tom",22);
```

```
        TreeSet set=new TreeSet();
        set.add(s1);set.add(s2);set.add(s3);set.add(s4);
        System.out.println(set);
    }
}
class Emp implements Comparable {
    private int id;
    private String name;
    private int age;
    public Emp(int id, String name, int age) {
        this.id = id;
        this.name = name;
        this.age = age;
    }
    @Override
public int compareTo(Object o) {
        Emp s1=(Emp)o;
        if (this.age>s1.age)
            return 1;
        else if (this.age<s1.age)
            return -1;
        else
            return 0;
    }
    @Override
    public String toString() {
        return "[id=" + id + ", name=" + name + ", age=" + age + "]";
    }
}
```

输出结果如下。

```
[[id=1, name=Rose, age=18], [id=9, name=Kate, age=19], [id=12, name=Mike, age=20],
[id=1, name=Tom, age=22]]
```

例7-6中，Emp类重写了Comparable接口中的compareTo()方法，保证了Emp类的对象按age属性是可比较的；Emp类重写了toString()方法，打印输出了Emp对象信息，可以看出，添加到TreeSet中的对象实现了按age属性值排序。

7.4 Map接口及子类实现

Map（映射）中的数据是成对存放的，即Map由键值（Key-Value）对组成。Map中的Key用Set来存放，不可以重复，Value是一个Collection对象，是可以重复的。每个Key只能映射一个Value。

例如，每个Student对象有唯一的id（Key），id和Student对象之间就是一对一的映射关系。给定一个id，可以在Map中找到对应的Student对象。

Map 接口是一个独立的接口，不继承 Collection 接口，它的实现类主要有 Hashtable 和 HashMap。两者很相似，Hashtable 是同步的，它不允许存储 null 值（Key 和 Value 都不可以）；HashMap 是非同步的，它允许存储 null 值（Key 和 Value 都可以）。

Map 接口提供 3 种集合的视图，即 Key 的 Set、Value 的 Collection 和 Entry 的 Set。Map 接口中的部分方法见表 7-5。

表 7-5 Map 接口中的部分方法

方法	功能描述
void clear()	从映射中移除所有映射关系
boolean containsKey(Object key)	判断映射是否包含指定键
boolean containsValue(Object value)	判断映射是否包含指定值
Set <Map.Entry<K,V>> entrySet()	返回映射中包含的映射关系的 Set 视图
V get(Object key)	返回指定键所对应的值；如果不包含该键，则返回 null
boolean isEmpty()	如果映射不包含任何键值对，则返回 true
Set<K>keySet()	返回映射中包含的键的 Set 视图
V put(K key,V value)	将指定的值与映射中的指定键关联
V remove(Object key)	如果存在 key 的键值对，则将其从映射中移除
int size()	返回映射中的键值对数目
Collection<V>values()	返回映射中包含的值的 Collection 视图

【例 7-7】 TestHashMap.java，HashMap 类的应用，代码如下。

```
import java.util.*;
public class TestHashMap {
    public static void main(String[] args) {
        Map map1 = new HashMap();
        map1.put("BJing","010");
        map1.put("GZhou","020");
        map1.put("SHai","021");
        System.out.println(map1);              //{GZhou=020, SHai=021, BJing=010}
        System.out.println(map1.size());       //3
        System.out.println(map1.containsKey("BJing"));  //true
        System.out.println(map1.containsValue(6));      //false
        Map map2 = new HashMap();
        //JDK 5后的打包功能将基本数据类型转换为相应的包装类型
        map2.put("A",65);
        map2.put("B",65);
        map1.putAll(map2);
        System.out.println(map1);  //{A=65, B=65, GZhou=020, SHai=021, BJing=010}
        if (map1.containsKey("A")) {
            Object i = map1.get("GZhou");
            System.out.println(i);          //020
```

```
        }
        Set aset = map1.keySet();                       //返回 key 的集合
        System.out.println(aset);                       //[A, B, GZhou, SHai, BJing]
        Collection acollection = map1.values();         //返回 value 的集合
        System.out.print(acollection);                  //[65, 65, 020, 021, 010]
    }
}
```

【例 7-8】 TestNumberOfWords.java，Map 接口的应用，功能是统计字符串数组中单词出现的次数，代码如下。

```
import java.util.*;
public class TestNumberOfWords {
    static final int ONE = 1;
    static String[] s = { "Mon", "Thu", "Wed", "Mon", "Mon", "Wed", "Thu", "Wedn" };

public static void main(String args[]) {
        Map m = new HashMap();
        int freq = 0;               // 单词计数
        for (int i = 0; i < s.length; i++) {
            if (!m.containsKey(s[i])) {
                m.put(s[i], ONE);
            } else {
                freq = (Integer) (m.get(s[i]));
                m.put(s[i], freq + 1);
            }
        }
        System.out.println(m.size() + " distinct words detected:");
        System.out.println(m);              //{Thu=2, Wedn=1, Wed=2, Mon=3}
    }
}
```

例 7-8 的思路如下。

逐个读取字符串数组 s 中的单词，重复下面的两步操作。

① 如果 HashMap 的对象 m 的 key 值中没有这个单词，计数变量 freq=0；如果集合的 key 值中有这个单词，freq++。

② 当 freq=0 时，向集合 m 中添加一个元素，这个元素的 key 值是第一次出现的单词，value 值是 1。

当数组中的单词全部读取结束后，每个单词出现的次数被放在了对象 m 中，m 的 key 是单词，m 的 value 是单词出现的次数。

7.5 泛型

提出泛型的目的是可以建立具有类型安全的集合框架。泛型本质上是指参数化类型，即类、接口、方法中所使用的变量类型由参数指定，Java 的集合框架广泛应用泛型。

7.5.1 泛型类

1. 泛型类声明

可以使用“class 名称<类型参数>”声明一个泛型类，为了与普通类区别，后面接一个“<>”，尖括号内部是类型参数，也称泛型参数，多个参数之间用逗号分隔。下面是泛型类声明的例子。

```
class ACard<T>;          //ACard 是泛型类，T 是类型参数。
class BCard<T1, T2>;     //BCard 是泛型类，T1、T2 是类型参数。
```

泛型类的类体和普通类的类体基本相同，由成员变量和方法组成。下面是一个完整的泛型类定义。

```
class ACard<T> {
    private T value;            // 定义 T 类型的成员 value
    public ACard(T value) {   // 构造方法
        this.value = value;
    }

    public boolean func(T two) { // 成员方法
        // …
        return true;
    }
}
```

可以看出，类型参数 T 指明成员变量类型，在应用泛型类时，需要为类型参数指定一个具体的类型，编程方法与常规编程方法是一样的。

2. 泛型类示例

使用泛型类声明对象时，需要指明类中使用类型参数的实际类型，例如以下代码。

```
        Integer objI =10 ;      //创建整型对象，相当于 new Integer(10)
        Float  objF= 10.0f;     //创建浮点型对象
        ACard<Integer> obj1 = new ACard(objI);  //创建整型泛型对象
        ACard<Float>  obj2 = new ACard(objF);  //创建浮点型泛型对象
```

通过 ACard<Integer> obj1，表明泛型类 ACard 要对整型对象进行操作，相当于 ACard 中所有位置的 T 都用 Integer 来替换；通过 ACard<Float> obj2，表明泛型 ACard 类要对浮点型对象进行操作，相当于 ACard 中所有位置的 T 都用 Float 来替换。也就是说，ACard 类用固定的代码，却能随着参数 T 的变化而表示不同的含义，因此具有“广泛”的功能。可以看出，如果不使用泛型编程，则需要编写两个单独的整型操作类和浮点型操作类。

需要注意的是，Java 的泛型类的参数只能是类类型，不能是基本数据类型，下面是错误的定义。

```
A<int> obj3 = new A(10);             //错误
A<float> obj4 = new A(10.0f);        //错误
```

【例 7-9】 TestGeneric.java，编制泛型类 ACard，显示数组中不同的包装类对象，代码如下。

```
class ACard<T> {                                //泛型类
    public void display(T value[]){     //泛型数组显示函数
        for(int i=0; i<value.length; i++)
            System.out.print(value[i]+"\t");
            System.out.println();
    }
}

class TestGeneric {
    public static void main(String []args){
        Integer objI[] = {1,2,3,4,5};
        Float objF[] = {1.5f,2.5f,3.5f};

        ACard<Integer> obj = new ACard<Integer>();      //显示整型数组
        obj.display(objI);
        ACard<Float> obj2 = new ACard<Float>();         //显示浮点型数组
        obj2.display(objF);
    }
}
```

可以看出，采用泛型技术后，测试类中的调用形式是统一的，共享泛型方法 display()代码，程序更为简洁。

7.5.2　集合框架中泛型的应用

Java 泛型的主要目的是建立类型安全的数据结构，泛型在 ArrayList、HashSet 等集合类中广泛应用。应用泛型的一个优点是在使用泛型类建立数据结构时，不必强制进行类型转换，即不要求进行运行时类型检查。JDK 5 以后的编译器广泛支持泛型，将运行时的类型检查提前到编译时执行，使代码更为安全。

【例 7-10】 BasicGeneric.java，泛型在集合框架中的应用，代码如下。

```
import java.util.*;
public class BasicGeneric {
    public static void main(String[] args) {
        Set<String> set = new HashSet<String>();      //泛型，set 中只能保存 String 类型
        set.add("Java");
        set.add("Python");
        set.add("C");
        Iterator<String> it = set.iterator();          //泛型，强制返回 String 类型
        while(it.hasNext()) {
            String s = it.next();
            System.out.print(s+"\t");     // Java C    Python
        }
        System.out.println();
        Map<Integer,String> m1 = new HashMap<Integer,String>(); //泛型
        m1.put(1,"Dongting Lake");
        m1.put(2,"Poyang Lake");
```

```
        m1.put(3,"Tai Lake");
        if(m1.containsKey(2)) {
            //使用泛型后，不再需要类型转换
            // String s=m1.get(2).toString()
             String s = m1.get(2);
             System.out.println(s);          // Poyang Lake
        }
    }
}
```

7.6 Collections 类和 Arrays 类

Java 提供了两个常用的工具类 Collections 和 Arrays，用于处理列表和数组等数据结构。

7.6.1 Collections 类

Collections 类提供了排序、查找、混排等方法用于操作集合，这些方法都是静态方法。Collections 类的主要方法见表 7-6。

表 7-6 Collections 类的主要方法

方法	功能描述
void sort(List<T> list)	排序。根据元素的自然顺序对列表按升序排序
void sort(List<T>list,Comparator<?super T> c)	排序。根据指定比较器定义的顺序对列表排序
static void shuffle(List<?> list)	混排。使用默认随机源对列表进行置换
static void shuffle(List<?> list,Random rnd)	混排。使用指定的随机源对指定列表进行置换
void reverse(List<?> list)	反转。反转列表中元素的顺序
boolean replaceAll(List<T>list,T oldVal,T newVal)	替换。使用另一个值替换列表中出现的所有某一指定值
static <T> int binarySearch(List<? extends Comparable<? super T>> list,T key)	查找。二分法查找
Collection<T> synchronizedCollection(Collection<T> c)	同步。返回指定集合支持的同步（线程安全的）集合
List<T> synchronizedList(List<T> list)	同步。返回指定列表支持的同步（线程安全的）列表
Map<K,V> synchronizedMap(Map<K,V> m)	同步。返回由指定映射支持的同步（线程安全的）映射

【例 7-11】 TestCollections.java，Collections 类的使用，代码如下。

```
import java.util.*;
public class TestCollections {
    public static void main(String[] args) {
```

```
        Vector<Integer> vector = new Vector<Integer>(); // 构造Vector对象
        vector.add(91);                                  // 向vector中添加元素
        vector.add(6);
        vector.add(-12);
        vector.add(0);
        vector.add(0x11);                               // 添加十六进制数
        System.out.println("原始的vector:" + vector); // 打印输出vector
        Collections.reverse(vector);                    // reverse()方法
        System.out.println("翻转的vector:" + vector);
        Collections.sort(vector);                       // sort()方法
        System.out.println("排序的vector:" + vector);
        Collections.shuffle(vector);                        // shuffle()方法
        System.out.println("混排的vector:" + vector);
        Collections.replaceAll(vector, 6,100);              // replaceAll()方法
        System.out.println("替换的vector:" + vector);
    }
}
```

程序运行结果如下。

```
原始的vector:[91, 6, -12, 0, 17]
翻转的vector:[17, 0, -12, 6, 91]
排序的vector:[-12, 0, 6, 17, 91]
混排的vector:[17, 6, -12, 91, 0]
替换的vector:[17, 100, -12, 91, 0]
```

【例 7-12】　TestCollectionsSort.java，使用 Collections.binarySearch( )方法查找数据。

在使用 Collections 类的 sort( )方法或 binarySearch( )方法排序或查找对象时，需要注意，对象应当是可以比较的，即需要提供比较对象大小的规则。实现对象的大小比较有以下两种方法。

（1）List 对象需要实现 java.lang.Comparable 接口。Comparable 接口中有以下方法。

```
int compartTo(Object obj);
```

它根据大小关系返回正数、0、负数。需要在实现重写 Comparable 接口的类中重写这个方法，例 7-12 使用的就是这种方法。

（2）提供 java.util.Comparator 接口的实现。例 7-14 通过实现 java.util.Comparator 接口来比较对象大小。Comparator 接口中有以下两个方法。

- int compare(To1,To2);
- Boolean equals(Object obj);

程序代码如下。

```
import java.util.*;
class TestCollectionsSort {
    public static void main(String[] args) {
        List<Worker> workers = new ArrayList<>();
        workers.add(new Worker("Li", 23));
        workers.add(new Worker("Wang", 28));
        workers.add(new Worker("Zhang", 21));
        workers.add(new Worker("Tang", 19));
```

```
        workers.add(new Worker("Chen", 22));
        System.out.println("原始数据:" + workers);
        Collections.sort(workers);
        System.out.println("排序数据:" + workers);

        int index = Collections.binarySearch(workers, new Worker("Li", 23));
        if (index >= 0)
            System.out.println("找到数据:" + workers.get(index));
        else
            System.out.println("无此数据");
    }
}

class Worker implements Comparable<Worker> { // 实现 Comparable 接口
    String name;
    int age;
    public Worker(String name, int age) {
        this.name = name;
        this.age = age;
    }
    public String toString() {
        return name + ":" + age;
    }
    @Override
    public int compareTo(Worker stu) { //接口中的方法，提供比较器
        if (this.age > stu.age)
            return 1;
        else if (this.age < stu.age)
            return -1;
        else
            return 0;
    }
}
```

程序运行结果如下。

```
原始数据:[Li:23, Wang:28, Zhang:21, Tang:19, Chen:22]
排序数据:[Tang:19, Zhang:21, Chen:22, Li:23, Wang:28]
找到数据:Li:23
```

7.6.2 Arrays 类

Java.util 包中提供了专门用于操作数组的 Arrays 类，该类提供的静态方法实现对数组的填充、二分查找、排序等操作。Arrays 类中的方法对不同的数据类型进行了重载，因此可以处理 Object 类及其子类对象。Arrays 类将与数组相关的通用算法封装为成熟、稳定的类库，方便用户复用和调用。

此外，Arrays 类中还包括可以将数组视为列表（ArrayList）的方法，从而可以用列表的

方式操作数组，方便了数组与其他集合类（例如 Vector 等）的交互。

Arrays 类定义的方法均为静态方法，可以直接通过 Arrays 前缀引用这些方法。这些方法大多接受数组类型的引用作为参数，从而实现对数组的操作。Arrays 类的部分方法见表 7-7。

表 7-7　Arrays 类的部分方法

方法	功能描述
boolean equals(double[ ] a, double[ ] a2) boolean equals(Object[ ] a, Object[ ] a2)	系列重载的方法，实现数组的比较，相等时返回 true
void fill(int [ ] a, int val) void fill(Object [ ] a, Object val)	系列重载的方法，数组填充，就是把一个数组的全部或者部分元素填充为一个给定的值
int binarySearch(Object[ ] a, Object key) int binarySearch(T[ ] a, T key, Comparator c)	系列重载的方法，对数组元素二分法查找，支持各种类型的数组元素类型
void sort(long[ ] a) void sort(T[ ] a, Comparator c)	系列重载的方法，对数组元素排序。Java 类库采用的是一种被称为快速排序的排序方法

【例 7-13】　TestArraySort1.java，利用 Arrays 类的 sort()方法对数组排序并输出，代码如下。

```
import java.util.*;
public class TestArraySort1 {
    public static void main(String[] args) {
        int array[] = {123, 22, 6, 0, -9};
        System.out.println("before sorting:");
        for (int i : array)
            System.out.print("\t" + i);
        Arrays.sort(array);
        System.out.println("\nafter sorting:");
        for (int i : array)
            System.out.print("\t" + i);
    }
}
```

程序运行结果如下。

```
before sorting:
    123 22    6  0  -9
after sorting:
    -9  0    6  22 123
```

Arrays 类有一个 sort(T[ ]a, Comparator c)方法，可以实现对象数组的排序，但需要定义好被排序对象的比较规则，即提供 java.util.Comparator 接口的实现或对象本身实现 java.lang.comparable 接口。

【例 7-14】　TestArraysSort2.java，使用 Arrays.sort( )方法实现对象排序。

例 7-14 使用 java.util.Comparator 接口来规定对象比较的规则。在使用 sort( )方法排序时，将实现 Comparator 接口的对象作为参数传递给 sort( )方法。程序代码如下。

```
import java.util.*;
public class TestArraysSort2 {
    public static void main(String[] args)    {
        Person[] persons = new Person[5];
```

```
        persons[0] = new Person("Li",23);
        persons[1] = new Person("Wang",28);
        persons[2] = new Person("Zhang",21);
        persons[3] =new Person("Tang",19);
        persons[4] =new Person("Chen",22);
        System.out.println("before sorting:" );
        for (int i = 0 ;i <persons.length; i++) {
            System.out.print("\t"+ persons[i] );
        }
        Arrays.sort( persons, new PersonComparator() );
        System.out.println("\nafter sorting" );
        for (int i = 0 ;i <persons.length; i++) {
            System.out.print("\t"+ persons[i] );
        }
    }
}
class Person{
    String name;
    int age;
    public Person( String name, int age){
        this.name=name;
        this.age=age;
    }
    public String toString(){
        return name+":"+age;
    }
}
class PersonComparator implements Comparator {
    public int compare( Object obj1, Object obj2 ){
        Person p1 = (Person)obj1;
        Person p2 = (Person)obj2;
        if( p1.age > p2.age ) return 1;
        else if(p1.age<p2.age) return -1;
        return 0;
    }
}
```

程序运行结果如下。

```
before sorting:
    Li:23    Wang:28    Zhang:21    Tang:19    Chen:22
after sorting
    Tang:19  Zhang:21   Chen:22     Li:23      Wang:28
```

排序后，Person 类对象按 age 值从小到大重新排列。在例 7-14 中，定义比较器类重写 Comparator 接口中的 compare( )方法，并将其对象作为参数传递给 Arrays.sort( )方法。根据实际需要对数据排序（也可以按 name 或其他属性排序），极大地方便了应用程序的编写。

例 7-14 中的 PersonComparator 类没有使用泛型。如果使用泛型，程序将不再需要强制类型转换，更为简洁。使用泛型的 PersonComparator 类代码如下。

```
class PersonComparator implements Comparator<Person> {
    public int compare( Person obj1, Person obj2 ){
        if( obj1.age > obj2.age ) return 1;
        else if(obj1.age<obj2.age) return -1;
        return 0;
    }
}
```

7.7 项目实践

本项目完善学生信息管理系统，利用集合类实现信息的增加、删除、修改、排序等功能，设计思路如下。

① 学生信息保存在 StudentInfo 类中。

② StudentManage 类实现项目的业务逻辑，定义增加、删除、修改、排序等方法的实现。成员变量 Vector 类对象 studentList 用于保存数据。

③ 使用 Collections.sort( )方法排序。为 StudentInfo 对象排序，需要使用比较器。比较器由 StudentComparator 类实现，该类实现了 Comparator 接口。

④ 测试类 TestStudentManage 调用 StudentManage 类的业务逻辑实现方法 control( )。

1. StudentInfo 类的实现

StudentInfo 类包括 sid、sname、sex、age 等属性，为 StudentInfo 类提供了构造方法。StudentInfo.java 代码如下。

```
public class StudentInfo {
    int sid;
    String sname;
    String sex;
    int age;

    public StudentInfo(int sid, String sname, String sex, int age) {
        this.sid = sid;
        this.sname = sname;
        this.sex = sex;
        this.age = age;
    }
}
```

2. StudentManage 类的实现

StudentManage 类实现项目的业务逻辑。

① control()方法调用 mainMenu( )方法显示功能菜单。

② 根据用户选择，调用 add( )、delete( )、modify( )等方法，这些方法访问 Vector 类对象 studentList。

③ studentList 存储 StudentInfo 类对象。

StudentManage 类中的成员变量和方法见表 7-8。

表 7-8 StudentManage 类中的成员变量和方法

方法或成员变量	功能描述
private Vector<StudentInfo> studentList	存储程序中的数据
public void control( )	显示功能菜单，根据用户选择，调用增、删、改等方法
public void mainMenu( )	系统菜单
public void add( )	增加信息
public void remove( )	删除信息
public void modify( )	修改信息
public void show( )	显示信息
public void sortByAge( )	按年龄排序
public int find(int id)	返回查找对象的索引，如果索引不存在，返回-1

StudentManage.java 代码如下。

```
import java.util.*;

public class StudentManage {
   private Vector<StudentInfo> studentList = new Vector<StudentInfo>();

   public void mainMenu() {
       String line = "-".repeat(6);
       System.out.println(line+"学生信息管理"+line);
       System.out.println("1:"+line+"增加信息");
       System.out.println("2:"+line+"删除信息");
       System.out.println("3:"+line+"修改信息");
       System.out.println("4:"+line+"年龄排序");
       System.out.println("5:"+line+"显示信息");
       System.out.println("0:------返回");
       System.out.println("-".repeat(22));
   }

   public void control() {
      mainMenu();
       while (true) {
           Scanner sc = new Scanner(System.in);
           System.out.print("请选择>");
           String choice = sc.next();
           switch (choice) {
               case "1":
                   add();
                   break;
               case "2":
                   remove();
                   break;
```

```
            case "3":
                modify();
                break;
            case "4":
                sortByAge();
                break;
            case "5":
                show();
                break;
            case "0":
                return;
            default:
                System.out.println("输入错误,请输入 0~5 选择功能");
        }
    }
}

public void add() {
    Scanner sc = new Scanner(System.in);
    System.out.print("学号: ");
    int id = sc.nextInt();
    int index = find(id);
    if (index != -1) {
        System.out.println("-----学生信息已存在-----");
    } else {
        System.out.print("姓名: ");
        String name = sc.next();
        System.out.print("性别: ");
        String sex = sc.next();
        System.out.print("年龄: ");
        int age = sc.nextInt();

        StudentInfo stu = new StudentInfo(id, name, sex, age);
        studentList.add(stu);
    }
}

public void remove() {
    System.out.print("请输入要删除的学号:");
    Scanner sc = new Scanner(System.in);
    int id = sc.nextInt();
    int index = find(id);
    if (index == -1) {
        System.out.println("-----无此学生信息-----");
        return;
    }
    studentList.remove(index);
```

```
    }

    public void modify() {
        System.out.print("请输入要修改的学号: ");
        Scanner sc = new Scanner(System.in);
        int id = sc.nextInt();
        int index = find(id);
        if (index == -1) {
            System.out.println("-----无此学生信息-----");
            return;
        }
        System.out.print("姓名: ");
        String name = sc.next();
        System.out.print("性别: ");
        String sex = sc.next();
        System.out.print("年龄: ");
        int age = sc.nextInt();

        StudentInfo stu = new StudentInfo(id, name, sex, age);
        studentList.setElementAt(stu, index);
    }

    public void soryByAge() {
        Collections.sort(studentList, new StudentComparator());
        show();
    }

    public void show() {
        System.out.println("-".repeat(12)+"学生信息显示"+"-".repeat(12));
        if (studentList.size() == 0) {
            System.out.println("学生记录为空···");
        } else {
            System.out.println("学号\t\t姓名\t\t性别\t\t年龄");
            for (int i = 0; i < studentList.size(); i++) {
                System.out.println(studentList.get(i).sid + "\t\t"
                        + studentList.get(i).sname + "\t\t"
                        + studentList.get(i).sex + "\t\t"
                        + studentList.get(i).age + "\t\t");
            }
        }
        System.out.println("-".repeat(34));
    }

    public int find(int id) {
        int k = -1;
        for (int i = 0; i < studentList.size(); i++) {
            if (id == studentList.get(i).sid) {
```

```
            k = i;
            break;
        }
      }
    return k;
  }
}
```

3. StudentComparator 类的实现

StudentComparator 类实现了 Comparator 接口并应用了泛型，用于为 Collections.sort( )方法提供比较器。StudentComparator.java 代码如下。

```
import java.util.Comparator;
public class StudentComparator implements Comparator<StudentInfo> {
    @Override
    public int compare(StudentInfo s1, StudentInfo s2) {
        if (s1.age>s2.age) return 1;
        else if (s1.age<s2.age) return -1;
        return 0;
    }
}
```

4. TestStudentManage 类的实现

测试类 TestStudentManage 调用 StudentManage 类的业务逻辑实现方法 control( )。

TestStudentManage.java 代码如下。

```
public class TestStudentManage {
    public static void main(String[] args) {
        StudentManage sv = new StudentManage();
        sv.control();
    }
}
```

程序运行结果如下。

```
------学生信息管理------
1:------增加信息
2:------删除信息
3:------修改信息
4:------年龄排序
5:------显示信息
0:------返回
----------------------
请选择>1
学号：101
姓名：Tom
性别：male
年龄：22
请选择>3
请输入要修改的学号：101
姓名：Tom
性别：male
```

```
年龄：19
请选择>5
------------学生信息显示------------
学号    姓名      性别      年龄
101     Tom       male      19
-----------------------------------
请选择>0
Process finished with exit code 0
```

习题7

1. 选择题

（1）Java 集合框架类定义在哪个包中？（　　）

A．java.util　　B．java.lang

C．java.array　　D．java.collections

（2）下面**不属于** java.util.List 接口实现类的是哪一项？（　　）

A. java.util.ArrayList　　B. java.util.Vector

C. java.util.HashList　　D. java.util.Stack

（3）下面**不属于** Iterator 接口定义的方法的是哪一项？（　　）

A．hasNext()　　B．next()

C．remove()　　D．nextElement()

（4）编译、运行下面应用程序的结果是哪一项？（　　）

```
import java.util.*;
class Car{}
class TestCat{
    public static void main(String[]args){
        Set<Car>set=new TreeSet<Car>();
        set.add(new Car());
        set.add(new Car());
        System.out.println(set.size());
    }
}
```

A．编译出错　　B．运行时报告异常

C．运行时输出：1　　D．运行时输出：2

（5）下面哪个集合类的数据结构是线程安全的？（　　）

A．ArrayList　　B．Vector　　C．LinkedList　　D．HashSet

（6）下列说法**不正确**的是哪一项？（　　）

A．Collection 是集合类的上层接口，继承于它的接口主要有 Set、List、Map

B．Collections 类提供一些通用的方法实现对 List 的操作

C．Hashtable 实现了 Collection 接口

D．HashMap 的 Key 和 Value 都允许存储 null 值

（7）运行下面程序，输出结果是哪一项？（　　）

```
import java.util.*;
public class ListRemove {
    public static void main(String[] args) {
        List<String> list = new ArrayList<String>();
        list.add("A");
        list.add("B");
        list.add("C");
        list.add("D");
        for (int i = 0; i < list.size(); i++)
            System.out.print(list.remove(i));
    }
}
```

A．ABCD　　B．AB　　C．AC　　D．AD

（8）可以保存没有重复的元素，并且可以实现排序功能的是哪一项？（　　）

A．HashSet　　B．TreeSet　　C．HashSet　　D．Collections

2．简答题

（1）Collection 有哪两个重要的子接口？其各有什么特点？

（2）HashSet 类与 TreeSet 类有什么不同？

（3）遍历 Map 类型对象可以使用 Iterator 接口吗？

（4）什么是泛型？使用泛型的优点是什么？

（5）Collections 类和 Arrays 类进行对象的排序或查找时，提供比较对象大小的规则使用哪两个接口？

3．上机实践

（1）创建雇员类 Employee，成员变量包括 eid（雇员号，int）、ename（姓名，String）、eage（年龄，int）。编程完成下面任务。

① 创建一个 List 类对象 list，向 list 中增加 3 名雇员，分别是（1001，zhang，20）、（1002，li，21）、（1003，wang，19）。

② 完成下面操作。

- 在雇员号“1003”之前插入一名新雇员（1004，zhao，20）。
- 删除雇员号为“1003”的雇员信息。
- 使用 foreach 循环遍历所有雇员信息。
- 使用 Iterator 遍历所有雇员信息。

（2）创建教师类 Teacher，成员变量有 tid（教师号，int）、tname（姓名，String）、course（课程，String）。每位教师只教授一门课。完成下面任务。

① 创建一个 Map 类对象 map，以 tname（无重名）作为键，以 Teacher 对象作为值。

② 增加教师（202，Tim，JSP 课程）；增加教师（204，Jack，Python 课程）；增加教师（206，Bill，MySQL 课程）。

③ 删除姓名为 Bill 的教师（tid 为 206）。

④ 遍历 map，输出所有的教师及讲授的课程信息。

（3）编写程序，利用 TreeSet 类创建一个存储 Java 关键字的对象，检测给定的单词是否为 Java 关键字。

（4）已知雇员类 Employee，成员变量有 eid（雇员号，int）、ename（姓名，String）、eage（年龄，nt）。编程完成下面任务。

① 使用集合类 Vector 存储雇员信息，输入雇员姓名，查找并输出雇员信息。

② 使用集合类 LinkedList 类存储雇员信息，对雇员信息按年龄降序排序并输出。

任务 8　Java 的异常处理

程序在运行过程中发生错误是难以避免的，这种错误就是异常。一个完整的项目应提供异常处理策略。Java 将程序运行时出现的异常以统一的方式进行处理，提供了丰富的异常处理措施，不仅提高了程序的稳定性，还规范了程序的设计风格，提高了程序质量。

Java 的异常包括系统异常和用户自定义异常两类，本任务介绍 Java 的异常处理技术。

✧ 学习目标

（1）了解异常的概念和异常类的层次结构。
（2）掌握异常的体系结构和异常处理机制。
（3）了解自定义异常的创建过程。
（4）熟练应用异常处理结构编写程序。

✧ 项目描述

本任务完成学生信息管理系统项目中学号和年龄输入的异常处理，要点如下。
（1）在 UserException 类中的 enterId()和 enterAge()方法完成异常处理。
（2）在 StudentManage 类的 add()和 modify()方法中调用 enterId()和 enterAge()方法。

✧ 知识结构

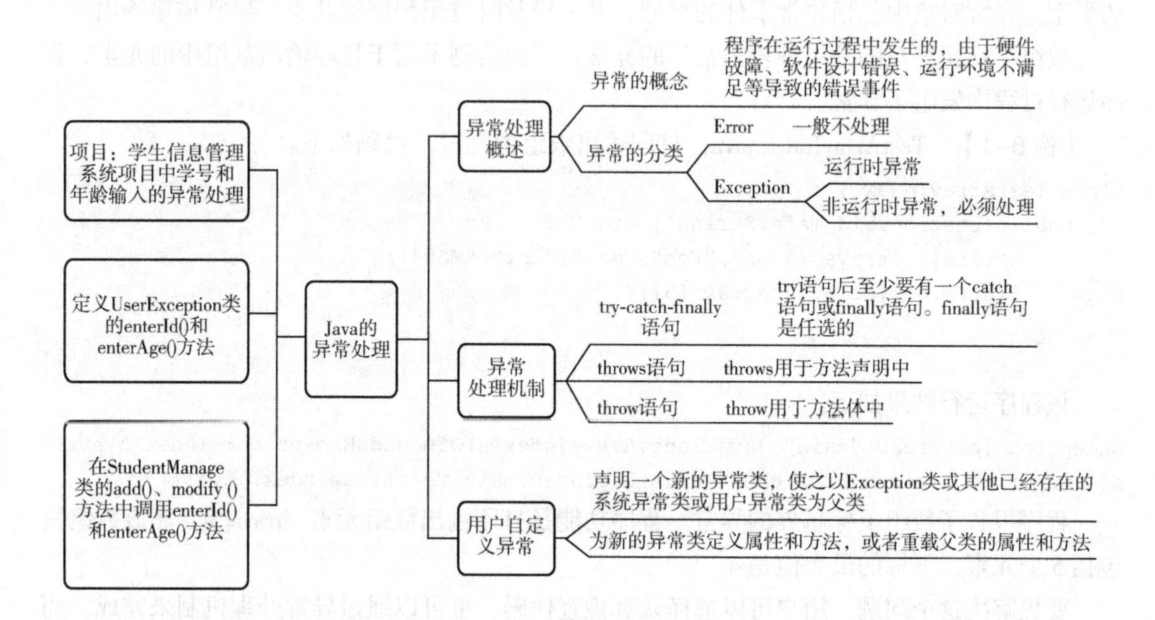

8.1 异常处理概述

8.1.1 异常的概念

异常是程序在运行过程中发生的，由于硬件故障、软件设计错误、运行环境不满足等导致的错误事件，例如数组下标超出范围、网络中断、找不到文件等，这些事件的发生将阻止程序的正常运行。程序设计时，应当考虑到可能发生的异常事件并进行相应的处理。

Java 通过面向对象的方法来处理异常。如果一个方法运行时发生了异常，则这个方法生成表示该异常的一个对象，并把它交给运行时系统，运行时系统寻找相应的代码来处理这一异常。生成异常对象并把它提交给运行时系统的过程被称为**抛出异常**。运行时系统在方法的调用栈中查找，从生成异常的方法开始进行回溯，直到找到包含相应异常处理的方法为止，这一过程被称为**捕获异常**。

Java 异常处理机制具有以下特点。

首先，Java 异常处理机制使异常处理代码和正常执行的程序代码分隔开，增加了程序的清晰性、可读性，明晰了程序的流程。

其次，Java 异常处理机制可以分类处理不同的异常，既可以将不同的异常分别处理，也可以对具有相同父类的多个异常统一处理，具有较强的灵活性。

最后，Java 异常处理机制使用 try-catch 结构处理异常，可以快速定位异常出现的位置，提高异常处理的效率。

Java 中的异常可能由应用程序本身产生，也可能由 Java 虚拟机产生，这取决于产生异常的类型。异常对象中包括异常事件的类型、发生异常时应用程序的状态、异常描述等内容。

数组下标超出范围是一种较为常见的异常，下面的例子用于打印输出数组中的元素，程序运行过程中发生了异常。

【例 8-1】 TestArrayIndex.java，打印输出数组中元素，代码如下。

```
class TestArrayIndex {
    public static void main(String[] args) {
        String[] arrays={"Jan","Feb","Mar","Apr","May"};
        System.out.println(arrays[5]);
    }
}
```

该程序运行结果如下。

```
Exception in thread "main" java.lang.ArrayIndexOutOfBoundsException: Index 5 out
of bounds for length 5 at ch08.TestArrayIndex.main(TestArrayIndex.java:5)
```

程序报告了数组下标越界的异常。程序功能是打印输出数组元素 arrays[5]，而该数组只包括 5 个元素，下标的最大值是 4。

要想解决这个问题，用户可以选择认真检查代码，也可以通过异常处理机制来完成。而对于一些较为复杂的异常，更适合利用异常处理机制来完成。

修改后可以处理异常的程序代码如下。

```
class TestArrayIndex {
    public static void main(String[] args) {
        String[] array = {"Jan", "Feb", "Mar", "Apr", "May"};
        try {
            System.out.println(array[5]);
        } catch (ArrayIndexOutOfBoundsException e) {
            System.out.println("数组下标越界");
            System.out.println(e);
        }
    }
}
```

代码中的 ArrayIndexOutOfBoundsException 是数组越界的异常类。当数组下标超出范围时，会报告异常信息。

8.1.2　异常的分类

一个异常事件是由一个异常对象来代表的。例 8-1 生成了 ArrayIndexOutOfBoundsException 类的异常对象 e。异常对象对应于 Throwable 类及其子类。JDK 文档给出了异常类的层次结构。

Throwable 类在 java.lang 包中位于异常类层次的最顶层，每个异常类都是 Throwable 的子类。异常类的继承关系如图 8-1 所示。

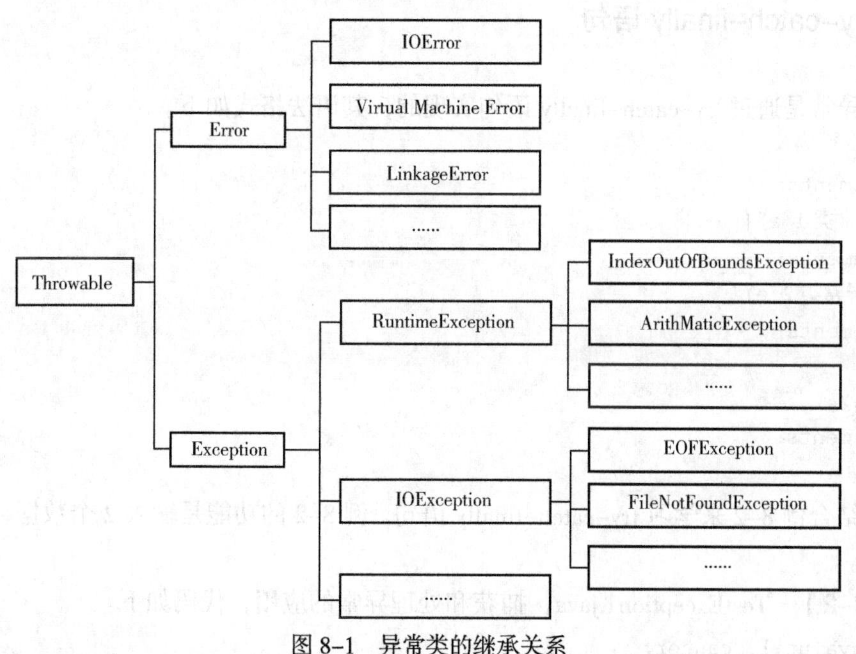

图 8-1　异常类的继承关系

Java 中的异常分为两大类。一类继承于 Error 类，包括输入/输出（I/O）错误、虚拟机错误等，通常 Java 程序无法捕获这类异常，也不会抛出这类异常。另一类异常则继承于 Exception 类，

Exception 类的对象是 Java 程序处理或抛出的异常对象，它的不同子类分别对应于不同类型的异常。

Exception 类的子类 RuntimeException 报告的异常被称为**运行时异常**。这类异常事件的发生是很普遍的，如果用户仔细检查是可以避免的，因此 Java 编译器允许不处理这类异常。例如，例 8-1 中对程序运行时产生的 ArrayIndexOutOfBoundsException 异常在编译时并没有做出任何处理，而是直接交给运行时系统。当然，程序也可以处理运行时异常。

在 Exception 的子类中，RuntimeException 之外的类报告的异常被称为**非运行时异常**，也被称为**检查异常**。例如 FileNotFonndException、IOException。对于这类异常，Java 编译器要求程序必须进行检查，捕获或声明抛出这类异常，否则编译是通不过的。

8.2 异常处理机制

Java 处理异常的过程包括抛出异常和捕获异常。

Java 程序执行过程中如果出现异常，会生成一个异常对象，该异常对象被提交给 Java 运行时系统，这个过程称为**抛出异常**。抛出异常也可以由用户程序自定义。当 Java 运行时系统接收到异常对象后，会寻找处理这一异常的代码并把当前异常对象交给其处理，这一过程叫**捕获异常**。

如果 Java 运行时系统找不到可以处理异常的方法，则运行时系统终止，相应的 Java 应用程序退出。

8.2.1 try-catch-finally 语句

捕获异常是通过 try-catch-finally 语句实现的，其语法格式如下。

```
try{
    statements;
}catch(异常类 1 e){
    statements;
} catch(异常类 2 e){
    statements;
…
} finally{
    statements;
}
```

下面结合例 8-2 来学习 try-catch-finally 语句。例 8-2 的功能是输入 2 个数据，计算 2 个数据的商。

【例 8-2】 TestException1.java，捕获和处理异常的应用，代码如下。

```
import java.util.Scanner;
public class TestException1 {
    public static void main(String[] args) {
        Scanner sc = new Scanner(System.in);
```

```
        try {
            System.out.println("输入x:");
            int x =Integer.parseInt(sc.next());
            System.out.println("输入y:");
            int y =Integer.parseInt(sc.next());
            int result=x/y;
            System.out.println("x/y="+result);
        }catch(NumberFormatException e1) {
            System.out.println("数字格式错误，请输入整数！");
        }catch (ArithmeticException e) {
            System.out.println("除数不能为0！");
        }catch (Exception e) {
            System.out.println("未知错误！");
        }finally {
            System.out.println("程序结束");
        }
    }
}
```

1. try语句

捕获异常时，使用try{…}选定捕获异常的范围，try代码块中的语句在执行过程中可能会生成异常对象并抛出。

2. catch语句

每个try代码块可以需要一个或多个catch语句，用于处理try代码块中生成的异常。catch语句只需要一个形式参数，参数类型指明它能够捕获的异常类型，这个类必须是Throwable的子类，运行时系统通过参数值把被抛出的异常对象传递给catch代码块。

catch块中包含的是处理异常的代码，与访问其他对象一样，可以访问异常对象的变量或调用它的方法。

异常对象经常调用的方法包括getMessage()方法和printStackTrace()方法。getMessage()方法用来得到异常事件的信息，printStackTrace()方法用来跟踪异常事件发生时执行堆栈的内容。这两个方法都是Throwable类的方法。

例8-2使用了3个catch语句进行异常捕获。

① NumberFormatException异常，表示输入的数据如果不是整数（数值）形式，则在类型转换时会产生数据格式化异常。

② ArithmeticException，表示数学计算时除数为0引发的异常。

③ Exception，表示捕获所有未知的异常。

例8-2程序正常执行时，运行结果如下。

```
输入x:12
输入y:5
x/y=2
程序结束
```

如果输入的除数为0，运行结果如下。

```
输入x:7
```

```
输入 y:0
除数不能为 0!
程序结束
```

如果输入非整数数据，运行结果如下。

```
输入 x:12.a
数字格式错误，请输入整数!
程序结束
```

需要说明的是，捕获异常的顺序是和 catch 语句的顺序相关的。如果前面的 catch 语句首先得到匹配，后面的 catch 语句将不会被执行。因此，在安排 catch 语句的顺序时，首先应该捕获特殊的异常，然后再捕获一般的异常。同时，如果 catch 语句捕获的异常类有子类，则一个 catch 语句可以同时捕获该异常类及其子类的异常。下面的代码可以捕获所有的异常。

```
catch(Exception e){…}
```

但在指明捕获异常的类型时，应该避免选择一般的类型（例如 Exception）；否则，当异常事件发生时，程序将不能确切地判断异常的具体类型并做出处理。

3. finally 语句

捕获异常时，可以通过 finally 语句为异常处理提供统一的出口。不管 try 代码块中是否发生了异常事件，finally 代码块中的语句都会被执行。

finally 语句是任选的，但 try 语句后至少要有一个 catch 语句或 finally 语句。finally 语句块中的内容经常用于对一些资源的清理工作，例如关闭打开的文件、断开数据库连接等。

8.2.2 throws 语句

如果在方法中生成了一个异常，但该方法不处理（或不知道该如何处理）这一异常事件，这种情况下，可以使用 throws 语句抛出异常，并由调用它的方法来处理异常。

当方法本身不处理异常时，该方法抛出异常，使异常对象可以从调用栈向后传播，直到有合适的方法捕获它为止。抛出异常由方法声明中的 throws 子句指明，语法格式如下。

```
类型方法名([参数表])[throws 异常类列表]{…}
```

例如，下面的 read()方法抛出异常 IOException。该异常由调用了 read()方法的程序来处理。

```
public int read() throws IOException{
}
```

throws 子句可以同时抛出多个异常，说明该方法将不对这些异常进行处理，而是抛出异常。

【例 8-3】 ThrowsExceptionDemo.java，抛出异常的应用，代码如下。

```
import java.io.*;
public class ThrowsExceptionDemo {
    public static void main(String[] args) {
        try {
            System.out.println("====Before====");
            readFile();
            System.out.println("====After====");
        } catch (FileNotFoundException e) {
```

```
            System.out.println("找不到指定的文件 test.txt");
        }catch (IOException e) {
            System.out.println(e);
        }
    }
    public static void readFile() throws IOException {
        FileReader in = new FileReader("test.txt");
        int b;
        b = in.read();
        while (b != -1) {
            System.out.print((char) b);
            b = in.read();
        }
        in.close();
    }
}
```

例 8-3 读取文件 test.txt 的内容“hello，java”，文件操作将在任务 9 详细介绍。如果成功读取文件，运行结果如下。

```
====Before====
hello,java
hi
====After====
```

如果找不到文件 test.txt，程序运行结果如下。

```
====Before====
找不到指定的文件 test.txt
```

例 8-3 中，readFile()方法将未处理的异常通过 throws 语句抛出，将异常的处理交给调用者进行捕获和处理。实际上，调用者（main()方法）也可以继续声明抛出，交给 Java 虚拟机来处理，代码如下。

```
public static void main(String args[])throws FileNotFoundException,IOException
```

这时，程序产生的异常将提交给运行时系统。异常发生时，程序将退出并报告异常。

特别需要强调的是，对于非运行时异常，如例 8-3 中的 FileNotFoundException、IOException，程序必须进行处理，或者捕获，或者抛出异常。而对于运行时异常，如例 8-2 中的 ArithmeticException、IndexOutOfBoundsException，则需要用户在编写程序时多加注意，避免这类异常，编译器并不处理这类异常。

8.2.3　throw 语句

throw 语句用于强制抛出异常。throw 语句和 throws 语句不同，throw 用于方法体中，throws 用于方法声明中。通过 throw 语句抛出异常后，还需要使用 throws 语句或 try…catch 语句对抛出的异常进行处理。

通过 throw 语句抛出异常的语法格式如下。

```
throw<异常对象>
```

下面的代码抛出了 IOException 的一个异常。

```
IOException e=new IOException();
throw e;
```

需要注意的是，可以抛出的异常必须是 Throwable 或其子类的对象。

【例 8-4】 ThrowExceptionDemo.java，使用 throw 语句抛出异常，代码如下。

```
public class ThrowExceptionDemo {
    static double payOut(int a) throws Exception {
        if (a > 5000)
            throw new Exception("支出超出限额");
        else
            return a - a*0.1;
    }
    public static void main(String[] args) throws Exception{
        double pay = payOut(4000);
        System.out.println("支出金额:"+pay);
        pay = payOut(5200);    //支出超过 5000 抛出异常，低于 5000 扣 10%款
        System.out.println("支出金额:"+pay);
    }
}
```

程序运行结果如下。

```
支出金额:3600.0
Exception in thread "main" java.lang.Exception: 支出超出限额
    at ch08.ThrowExceptionDemo.payOut(ThrowExceptionDemo.java:6)
    at ch08.ThrowExceptionDemo.main(ThrowExceptionDemo.java:13)
```

8.3 用户自定义异常

JDK 定义的异常主要用来处理可以预见的较常见的运行错误。用户自定义异常主要用来处理程序中可能产生的逻辑错误，使这种错误能够被系统及时识别并处理，而不致扩散产生更大的影响，从而使用户程序更为强健，有更好的容错性能。

创建用户自定义异常时，一般需要完成以下工作。

① 声明一个新的异常类，使之以 Exception 类或其他某个已经存在的系统异常类或用户异常类为父类。

② 为新的异常类定义属性和方法，或者重载父类的属性和方法，使这些属性和方法能够体现该类产生的异常信息。

只有定义了异常类，系统才能识别特定的运行错误，才能及时地控制和处理运行错误，自定义异常类是构建一个稳定完善的应用系统的重要基础之一。

【例 8-5】 TestUserDefinedException.java，用户自定义异常的示例，代码如下。

```
class UserDefinedException extends Exception {
    private int id;             // 异常描述
    private String detail;
```

```
    UserDefinedException(int id,String detail) {
        this.id=id;
        this.detail=detail;
    }
    public String toString() {
        return "UserExceptionn["+id+"  "+detail+"]";
    }
}
class TestUserDefinedException{
    static void judgeAge(int age) throws UserDefinedException {
        System.out.println("called judgeAge("+age+")");
        if (age>=30 ||age<=18 ) throw new UserDefinedException(101,"年龄数据在 18~30");
        System.out.println("年龄："+age);
    }

    public static void main(String args[])  {
        try {
            judgeAge(22);
            judgeAge(32);
        } catch(UserDefinedException e) {
            System.out.println("年龄异常："+e);
        }
    }
}
```

程序运行结果如下。

```
called judgeAge(22)
年龄：22
called judgeAge(32)
年龄异常：UserExceptionn[101  年龄数据在 18~30]
```

例 8-5 定义了一个异常类 UserDefinedException，该类继承了 Exception 类，用于描述异常信息。在 TestUserDefinedException 类中，依据变量 age 的取值来决定是否抛出异常并提交给 UserDefinedException 类来处理。

8.4 项目实践

本项目以任务 7 为基础，对输入的 int 类型数据学号（id）和年龄（age）进行异常处理。在输入非 int 类型数据或年龄数据不符合约束时，程序能正常运行并给出提示信息。设计思路如下。

① 在 UserException 类中的 enterId()和 enterAge()方法中完成异常处理。

② 修改 StudentManage 类的 add()方法和 modify()方法。

1. UserException 类的实现

在 UserException 类中，enterAge(String msg)方法用于处理年龄输入的异常，参数 msg 是提示信息。要求变量 age 为 int 类型，并且介于 18 ~ 30。为保证程序的容错能力，使用了 while (true)循环，当满足条件时使用 break 语句退出循环并返回。

enterId(String msg)方法与 enterAge(String msg)方法类似。UserException.java 程序代码如下。

```
public class UserException {
    static int enterAge(String msg) {
        int age;
        while (true) {
            try {
                System.out.print(msg);
                java.util.Scanner sc = new java.util.Scanner(System.in);
                age = sc.nextInt();
                if (age >= 18 && age <= 30) {
                    break;
                } else {
                    System.out.println("年龄介于 18 ~ 30");
                }
            } catch (Exception e) {
                System.out.println("请输入 18~30 的整数值");
            }
        }
        return age;
    }

    static int enterId(String msg) {
        int id;
        while (true) {
            try {
                System.out.print(msg);
                java.util.Scanner sc = new java.util.Scanner(System.in);
                id = sc.nextInt();
                if (Math.round(id) == id) {
                    break;
                } else {
                    System.out.println("请输入正整数数字");
                }
            } catch (Exception e) {
                System.out.println("请输入整数数字");
            }
        }
        return id;
    }
    /*以下代码仅用于测试自定义异常，在项目中可删除*/
    public static void main(String[] args) {
        try {
            int age = enterAge("年龄");
            System.out.println(age);
        } catch (Exception e) {
            System.out.println(e.getMessage());
```

```
        }
        try {
            int id = enterId("学号: ");
            System.out.println(id);
        } catch (Exception e) {
            System.out.println(e.getMessage());
        }
    }
}
```

2. 修改 StudentManage 类的 add( )方法

StudentManage.java 文件中 add()方法的代码修改如下。modify()方法的修改过程和 add()方法类似。

```
public void add() {
    Scanner sc = new Scanner(System.in);
    //调用自定义异常类中的方法 enterId()
    int id = UserException.enterId("学号:");//应用自定义异常类的方法输入学号
    int index = find(id);
    if (index != -1) {
        System.out.println("---该学生已存在---");
    } else {
        System.out.print("姓名: ");
        String name = sc.next();
        System.out.print("性别: ");
        String sex = sc.next();
        //应用自定义异常类中的方法 enterAge()
        int age = UserException.enterAge("年龄:");
        StudentInfo stu = new StudentInfo(id, name, sex, age);
        studentList.add(stu);
    }
}
```

3. 完整的程序框架结构

下面是完整的 StudentManage.java 文件的框架结构。

```
import java.util.*;
public class StudentManage {
    private Vector<StudentInfo> studentList = new Vector<StudentInfo>();

    public static void main(String[] args) {
        StudentManage sv = new StudentManage();
        sv.control();
    }

    public void mainMenu() {
     …/*详见任务 7*/
    }

    public void control() {
```

```
    …/*详见任务 7*/
  }

  public void add() {
    …
  }

  public void modify() {
    …
  }

  public void delete() {
    …/*详见任务 7*/
  }
  public void show() {
    …/*详见任务 7*/
  }
  public int find(int id) {
    …/*详见任务 7*/
  }
}
```

4. 测试类 TestStudentManage 的实现

测试类调用 StudentManage 类的 control()方法，TestStudentManage.java 代码如下。

```
public class TestStudentManage {
    public static void main(String[] args) {
        StudentManage sv = new StudentManage();
        sv.control();
    }
}
```

习题 8

1. 选择题

（1）以下关于异常的叙述中，**不正确**的是哪一项？（　　）

A．运行时异常必须进行处理，否则程序无法通过编译

B．非运行时异常，必须进行处理，否则程序无法通过编译

C．所有异常类均继承于 Throwable 类

D．运行时异常和非运行时异常都是 Exception 类的子类

（2）下列关于异常处理的叙述中，**不正确**的是哪一项？（　　）

A．运行时异常由用户或 Java 虚拟机处理

B．try-catch-finally 语句用于捕获异常

C．throws 语句用于抛出异常

D．捕获到的异常需要在当前方法中处理，不可以在其他方法中处理

（3）下列关于try-catch-finally语句的描述中，正确的是哪一项？（ ）

A．try语句后的代码块将给出处理异常的语句

B．catch()方法在try语句后面，该方法可以没有参数

C．catch()方法有一个参数，该参数是某种异常类的对象

D．finally语句后面的代码块不一定被执行，如果抛出异常，则该语句不执行

（4）下列关于创建用户自定义异常的描述中，**不正确**的是哪一项？（ ）

A．用户自定义异常类应继承已经存在的系统异常类或用户异常类为父类

B．在方法中声明抛出异常使用throw语句

C．捕获异常使用try-catch-finally语句格式

D．使用异常处理会使程序安全和稳健

（5）下面代码段中，method()方法执行时，如果problem()方法抛出异常，输出结果是哪一项？（ ）

```
public void method() {
    try {
        System.out.println("a");
        problem();
    } catch (RuntimeException x) {
        System.out.println("b");
        return;
    } catch (Exception x) {
        System.out.println("c");
        return;
    } finally {
        System.out.println("d");
    }
    System.out.println("e");
}
```

A．acd　　B．abd　　C．acde　　D．a

（6）下面代码块运行时，最可能的输出结果是哪一项？（ ）

```
try {
    System.out.println(100/23.2);
}catch (Exception e) {
    System.out.println("error");
}
```

A．error　　B．4　　C．4.31　　D．4.0

2．简答题

（1）什么叫异常？简述Java的异常处理机制。

（2）Error类异常和Exception类异常有什么区别。列举出5个Exception类型的异常。

（3）运行时异常和非运行时异常有什么区别？

（4）throw关键字和throws关键字有什么区别？

（5）如何创建用户自定义异常？

3．上机实践

（1）学生类 Student 及异常类 AgeException 类代码如下，分析程序的执行结果。

```
class AgeException extends Exception {
    public AgeException(String s) {
        super(s);
    }
}
class Student {
    String name;
    int age;
    public Student(String name, int age) throws AgeException {
        this.name = name;
        this.age = age;

        if (age < 10 || age > 30)
            throw new AgeException(name+"\t 年龄应在 10~30");
        else
            System.out.println(this);
    }
    public String toString() {
        return name + "\t" + age;
    }
}

public class Testx {
    public static void main(String args[]) {
        try {
            Student s2 = new Student("Rose", 19);
            Student s1 = new Student("Tom", 32);
        } catch (AgeException e) {
            System.out.println(e.getMessage());
        }
    }
}
```

（2）编程实现下述异常处理，并输出异常信息。

① 抛出数组下标超出范围异常（ArrayIndexOutOfBoundsException）。请参考下面的代码。

```
float nums[] = new float[6];
nums[7] = 3.73f;            //抛出异常
```

② 抛出空指针异常（NullPointerException）。引用空对象的变量和方法时产生空异常，请参考下面的代码。

```
int arr[] = null;
System.out.println(arr.length);    //抛出异常
```

（3）编写程序，应用 Scanner 类交互输入一个整数，计算 10 除以这个整数的商，并打印输出。要求对输入的数据进行异常处理。

（4）编写程序，定义一个 Circle 类，其中有计算面积的方法，当半径小于 0 时，抛出一个用户自定义异常。

任务 9　输入/输出及文件操作

输入/输出即 I/O 操作。程序通常要通过输入/输出来完成交互功能，从键盘、鼠标读取数据，向显示器、打印机输出数据。输入/输出对象也可以是文件或网络。Java 的 I/O 操作使用“流”的概念，程序从“流”读取数据或者向“流”写入数据，由 java.io 包中封装的类来实现。

本任务学习基本的 I/O 流，包括 InputStream、OutputStream、Reader、Writer 及它们的子类，还包括 File 类的应用。

✧ 学习目标

（1）了解 I/O 流类的层次结构。

（2）掌握字节流和字符流的基本操作。

（3）掌握 File 类的基本操作。

（4）能够熟练使用字节流和字符流读/写文件。

✧ 项目描述

本任务实现学生信息管理系统项目中数据的导入、导出功能，并完成日志文件的创建，具体要点如下。

（1）使用 Scanner 类或 BufferedReader 类导入数据。

（2）使用 BufferedWriter 类导出数据。

（3）使用 BufferedWriter 类或 PrintWriter 类创建日志文件。

✧ 知识结构

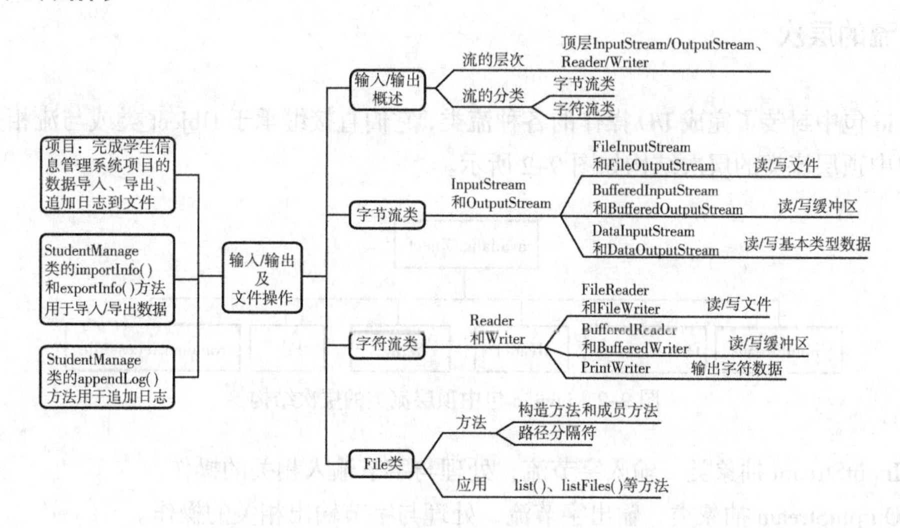

9.1 输入/输出概述

Java 程序通过流来实现 I/O 操作。流是一个抽象的概念，是一个流动的数据序列，它可以按输入和输出两个方向传递数据。程序通过流连接到计算机设备。站在程序的角度，按数据传输的方向，流可以分为输入流和输出流。流的数据传输方式如图 9–1 所示。

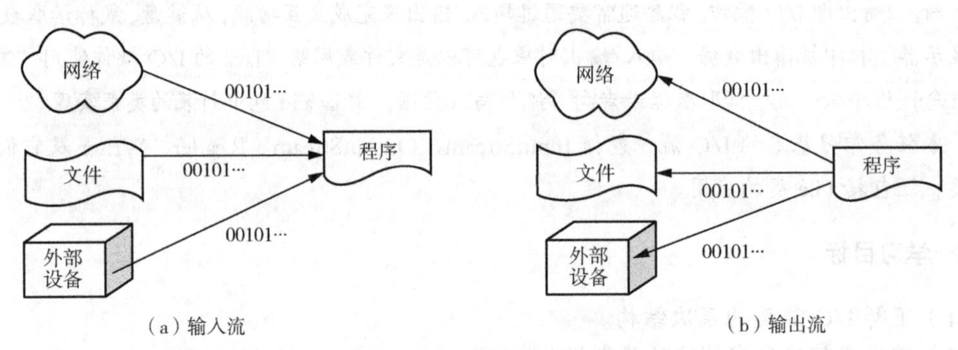

图 9–1　流的数据传输方式

从图 9–1 可以看出，输入流与数据源（网络、文件、外部设备）相连，程序可以通过输入流从数据源中读取数据；输出流与目标（网络、文件、外部设备）相连，程序可以向输出流写入数据，将数据送到外部设备。

流式输入/输出的一个显著特点是数据的获取和发送均按照数据序列顺序进行。每一个数据都必须等待排在它前面的数据读入或者送出之后才能被读/写，并且不能随意地选择输入/输出位置。可以将流看作数据从一种设备流向另一种设备的过程。从程序运行的角度看，流的一端可以和数据源相连，另一端和 java.io 包中的流类相连。由于流中的数据内容和格式不同、数据流动方向不同，流的属性和处理方法也就不同。java.io 包中提供了多个不同的流类。

9.1.1 流的层次

java.io 包中封装了完成 I/O 操作的各种流类，它们直接继承于 Object 类或与流相关的类。java.io 包中顶层流类的层次结构如图 9–2 所示。

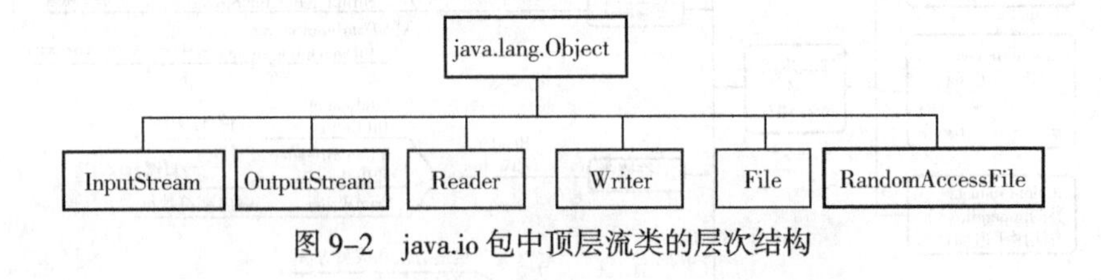

图 9–2　java.io 包中顶层流类的层次结构

① InputStream 抽象类，输入字节流，处理与字节输入相关的操作。

② OutputStream 抽象类，输出字节流，处理与字节输出相关的操作。

③ Reader 抽象类，输入字符流，处理所有字符流的输入操作。

④ Writer 抽象类，输出字符流，处理所有字符流的输出操作。

⑤ File 类，用于处理文件操作。

⑥ RandomAccessFile 类，用于处理文件的随机访问操作。

除了 File 类和 RandomAccessFile 类，图 9–2 中的其他类都是抽象的，它们主要用来提供子类接口的规范。程序通常使用顶层流类的具体子类，例如 FileInputStream、FileOutputStream、FileReader、FileWriter 等，这些子类都是功能比较完备的流处理类。RandomAccessFile 类是支持文件随机读/写的类。

不同的流类可以针对性地处理不同格式的数据，完成数据加工、处理或转换操作。需要说明的是，多数 I/O 方法在遇到错误时会抛出异常，这些异常都是 IOException 类的子类，程序在调用这些方法时必须捕获或抛出 IOException 异常。

9.1.2　流的分类

根据处理数据的类型，可以将流分为字节流和字符流。

字节流以字节为单位处理数据，它提供了处理字节型数据的基本方法。字节流用于读/写二进制数据，尤其适用于不同格式的文件。**字符流**以字符为单位，用于处理字符型数据。实际上，在系统的底层，I/O 操作仍然是字节型的，因此字节流是更基本的流类型。字符流只是为处理字符型数据提供方便和快捷的方法。

1. 字节流类

字节流的顶层是抽象类 InputStream 和 OutputStream，分别定义了字节型数据输入和输出的公共方法。从 InputStream 类和 OutputStream 类可以派生出若干子类，这些子类提供读取和写入数据的具体方法。各种字节流类见表 9–1。

表 9–1　各种字节流类

分类	类名	功能
输入流	InputStream	输入字节流的抽象类
	FileInputStream	文件输入流，从文件中读取数据
	DataInputStream	数据输入流，以与机器无关的方式读取 Java 基本类型数据
	BufferedInputStream	输入缓冲流
输出流	OutputStream	输出字节流的抽象类
	FileOutputStream	文件输出流，向文件中写入数据
	DataOutputStream	数据输出流，将 Java 基本类型数据写入底层输入流
	BufferedOutputStream	输出缓冲流

2. 字符流类

字符流的顶层是 Reader 和 Writer 两个抽象类。各种字符流类见表 9–2。

表 9-2　各种字符流类

分类	类名	功能
输入流	Reader	读字符流的抽象类
	FileReader	文件输入流，从文件中读取字符数据
	BufferedReader	输入缓冲流
	InputStreamReader	字节流到字符流转换类，能将输入的字节流转换成字符流
输出流	Writer	写字符流的抽象类
	FileWriter	文件输出流，向文件中写入数据
	BufferedWriter	输出缓冲流
	OutputStreamWriter	字节流到字符流转换类，能将输出的字节流转换成字符流

9.2 字节流类

字节流类提供了流对象的建立和基本读/写方法，本节介绍如何利用字节流类实现基本的输入/输出功能。

9.2.1 InputStream 和 OutputStream

InputStream 类和 OutputStream 类是抽象类。InputStream 类的方法见表 9-3，OutputStream 类的方法见表 9-4。这些方法被子类继承，当运行遇到错误时会抛出 IOException 异常。

表 9-3　InputStream 类的方法

方法	功能描述
int available( )	返回输入流中可以读取的字节数
void close( )	关闭输入流
void mark(int readlimit)	在输入流的当前位置设置一个标记，后续的 reset( )方法可以将读操作重新定位于该位置
int read( )	从输入流中读取下一字节数据，到达文件尾返回-1
int read(byte[ ] b)	读取多个字节保存在参数指定的字节数组 b 中
int read(byte[ ] b,int off,int len)	读取多个字节保存在参数指定的字节数组 b 中，off 指定在数组中的存放位置，len 指定读取字节数
long skip(long n)	位置指针从当前位置向后跳过 *n* 字节
void reset( )	将位置指针返回到标记的位置

表 9-4　OutputStream 类的方法

方法	功能描述
void close( )	关闭输出流
int flush( )	清空输出缓冲区

续表

方法	功能描述
int write(int b)	向输出流中写入1字节数据，即将参数b的低8位写入输出流
int write(byte[ ] b)	将整个字节数组的数据写入输出流中
int write(byte[ ] b,int offset,int n)	将数组b从offset开始，长度为*n*字节的子数组写入输出流

9.2.2　FileInputStream 和 FileOutputStream

FileInputStream类和FileOutputStream类用于创建一个连接到文件的流，用于实现文件的读/写功能。

1. 从文件读取数据

创建FileInputStream类的一个对象，用于从文件读取数据。常用的构造方法如下。

```
FileInputStream  fis  =  new  FileInputStream(String  fileName);
```

其中，fileName是要打开的文件名，如果文件不存在，则抛出FileNotFoundException异常。

建立对象后，应用read( )方法读数据，具体如下。

```
int  data=fis.read();
```

每次执行read()方法，就从文件中读取1字节整型数据并返回，到达文件尾时返回整数-1。如果在读取过程中发生错误，则抛出IOException异常。

2. 向文件写入数据

创建FileOutputStream类的一个对象，用于向文件写入数据。常用的构造方法如下。

```
FileOutputStream  fos  =  new  FileOutputStream(String  fileName);
```

如果打开文件失败，则抛出FileNotFoundException异常。

如果打开文件成功，可以应用fos.write(int b)方法将整数b的低8位作为一个字节数据写入文件。

当程序向文件写入数据时，写入操作并不会立刻得到执行。实际上，要写入的数据被缓冲到一个序列缓冲区中，直到缓冲区中的数据能够一次性被写入文件为止。可以使用flush( )方法清空缓冲区（数据写入文件），代码如下。

```
fos.flush();
```

此外，读/写文件时，需要显式地关闭文件输入流和输出流，代码如下。

```
fis.close();
fos.close();
```

【例9-1】　TestInputStreamAndOutputStream.java，字节流输入/输出的示例，代码如下。

```
import java.io.*;
class TestInputStreamAndOutputStream {
    public static void main(String[] args) throws IOException {
        byte[] arr1=new byte[20];
        OutputStream fos=new FileOutputStream("testb.txt");
        fos.write(97);                          //向testb.txt中写入'a'
        for (int i=0;i<arr1.length ;i++ )      //向数组arr中写入20个字符
```

```
            arr1[i]=(byte)(97+i);
        fos.write(arr1);                        //将数组的内容写入文件 testb.txt 中
        fos.close();

        InputStream fis=new FileInputStream("testb.txt");
        int ch=fis.read();
        while (ch!= -1) {
            System.out.print((char)ch);
            ch=fis.read();
        }
        fis.close();
    }
}
```

例 9-1 向数组中写入数据，再将数组中的数据写入文件 testb.txt，最后输出文件内容，运行结果如下。

```
aabcdefghijklmnopqrst
```

【例 9-2】 CopyFile1.java，文件复制操作，代码如下。

```
import java.io.*;

public class CopyFile1 {
    public static void main(String[] args) {
        try {
            int i = 0;
            InputStream fis = new FileInputStream("d:/java2023/lego.mp4");    //输入流
            OutputStream fos = new FileOutputStream("d:/java2023/back.dat");  //输出流
            long start = System.currentTimeMillis();                     //获得复制前时间
            while ((i = fis.read()) != -1) {
                fos.write(i);
            }
            fos.close();
            fis.close();
            System.out.println("复制完成");
            long end = System.currentTimeMillis();                       //获得复制后时间
            System.out.println("复制时间:" + (end - start) + "ms");    //显示复制时间
        } catch (FileNotFoundException e) {
            System.out.println("无法打开文件");
        } catch (IOException e) {
            e.printStackTrace();
        }
    }
}
```

程序的运行结果下。

```
复制完成
复制时间:4524ms
```

例 9-2 完成类似于操作系统的复制操作。本例的复制操作是基于字节流的。程序需要注意下面 3 个问题。

① 程序执行时需要将文件“lego.mp4”放置在 d:/java2023/文件夹中，否则运行时系统将报告找不到文件的异常。

② 程序的功能是复制并计算复制操作所用的时间。对比在 Windows 10 操作系统下复制文件的时间，会发现复制一个 375 kB（lego.mp4 的文件大小）的文件耗时 4.5 s，效率太低。这是因为程序没有使用缓冲流对输入/输出流进行优化。

③ 程序中显式地使用了 try/catch 异常处理，同时将异常进行了细化。可能存在找不到想要复制的文件的情况，捕获了 FileNotFoundException 异常，最后，由于是 I/O 操作，捕获了 IOException 异常。实际上，也可以不细化这些异常或直接抛出异常。

Java 的字节流类应用广泛，Java 定义的标准输入对象和标准输出对象与输入/输出流密切相关。

标准输入 System.in 是 InputStream 类的一个对象，可以直接用 System.in 操作 InputStream 类的方法。InputStream 类中的 read()方法可以读取字节型数据，语句 System.in.read()的功能就是从系统标准输入（默认是键盘）读取字节型数据。

标准输出 System.out 是字节流 PrintStream 的一个对象，而 PrintStream 类是 OutputStream 类的子类，该类实现了 OutputStream 中的 write()方法，可以向标准输出（默认是显示器）写入数据。

这就是 Java 标准输入和标准输出的实现机制。

9.2.3　BufferedInputStream 和 BufferedOutputStream

BufferedInputStream 类和 BufferedOutputStream 类是缓冲流类。

使用缓冲流时，当一个写入请求产生后，数据并不立即被写入所连接的输出流和文件中，而是写入系统缓存。当缓存写满、执行清空流操作或关闭流时，再一次性地从缓存中将数据写入输出流或文件中。

类似地，从一个带有缓冲流的输入流读取数据，也可以先把缓存读满，随后的读取请求直接从缓存中读取，而不是从文件中读取。使用缓冲流，可以减少实际的读/写次数，特别是外存操作次数，提高读/写文件的效率。

BufferedInputStream 和 BufferedOutputStream 的构造方法需要接收 InputStream 和 OutputStream 类型的参数，在读写数据时提供缓冲功能。典型的连接缓冲流的代码如下。

```
BufferedInputStreambis=new BufferedInputStream(new FileInputStream(fileName));
BufferedOutputStream bos=new BufferedOutputStream(new FileOutputStream(fileName));
```

【例 9-3】 CopyFile2.java，使用 BufferedInputStream 和 BufferedOutputStream 复制文件，代码如下。

```
import java.io.*;
public class CopyFile2 {
    public static void main(String[] args) {
        try {
            int i = 0;
            byte[] buff = new byte[4096];                          //缓冲区大小为 4kB
            InputStream fis = new FileInputStream("d:\\java2023\\lego.mp4");
            OutputStream fos = new FileOutputStream("d:/java2023/bak.dat");
            BufferedInputStream bis = new BufferedInputStream(fis);   //缓冲流
```

```
        BufferedOutputStream bos = new BufferedOutputStream(fos);
        long start = System.currentTimeMillis();
        while ((i = bis.read(buff)) != -1) {          //从流中读出缓冲区数据
            bos.write(buff);                          //向流中写入缓冲区数据
        }
        bis.close();
        bos.close();
        fis.close();
        fos.close();
        System.out.println("复制完成");
        long end = System.currentTimeMillis();
        System.out.println("复制时间:" + (end - start) + "ms");
    } catch (FileNotFoundException e) {
        System.out.println("无法打开文件");
    } catch (IOException e) {
        e.printStackTrace();
    }
  }
}
```

例 9-3 的程序结构和例 9-2 基本相同，只是增加了缓冲流的处理，程序运行结果如下。

```
复制完成
复制时间:16ms
```

在例 9-2 与例 9-3 中复制同一个文件，分别用了 4524 ms 和 16 ms，例 9-3 中文件的读/写效率明显提高。

9.2.4 DataInputStream 和 DataOutputStream

DataInputStream 类和 DataOutputStream 类用于读/写 Java 的基本类型数据，如 int、float、double、short、byte 等类型数据。这两个类的方法可以查看 JDK 文档，这里不再详细叙述。

DataInputStream 类和 DataOutputStream 类的构造方法需要接收 InputStream 和 OutputStream 类型的参数。DataInputStream 类和 DataOutputStream 类使用 FileInputStream 和 FileOutputStream 对象作为参数的代码如下。

```
DataInputStream dis=new DataInputStream(new FileInputStream(fileName));
DataOutputStream dos=new DataOutputStream(new FileOutputStream(fileName));
```

【例 9-4】 TestDataInputAndDataOutput.java，DataInputStream 类和 DataOutputStream 类的应用，代码如下。

```
import java.io.*;
public class TestDataInputAndDataOutput {
    public static void main(String[] args) throws IOException {
        FileInputStream fis;
        DataInputStream dis;
        FileOutputStream fos;
        DataOutputStream dos;
        //向文件中写入数据
```

```
        fos = new FileOutputStream("pd.dat");
        dos = new DataOutputStream(fos);
        for (int i = 0; i < 10; i++) {
            dos.writeInt(i);
            dos.writeDouble(Math.random());
            dos.writeUTF("String" + i);
        }
        System.out.println("文件已创建!");
        //从文件中读取数据
        File f = new File("pd.dat");
        fis = new FileInputStream(f);
        dis = new DataInputStream(fis);
        for (int i = 0; i < 10; i++) {
            int r1 = dis.readInt();
            double r2 = dis.readDouble();
            String r3 = dis.readUTF();
            System.out.println(r1 + "\t" + r2 + "\t" + r3);
        }
        dis.close();
        fis.close();
        dos.close();
        fos.close();
    }
}
```

例 9-4 首先向文件写入基本类型数据，然后再从文件中重新读取这些数据。程序运行结果如下。

```
文件已创建!
0    0.5252416253427421     String0
1    0.451570795254293      String1
2    0.9476621592310538     String2
3    0.08660374935168247    String3
4    0.8287632681196592     String4
5    0.7669483754184802     String5
6    0.4607629834590704     String6
7    0.03554391796084955    String7
8    0.7395149923476644     String8
9    0.26304656574338525    String9
```

在例 9-4 中程序读/写的都是基本类型的数据。数据文件 pd.dat 只能通过程序本身来读取，如果用记事本打开该文件，则在文本编辑器中会显示为乱码。这是因为基本类型数据并不是以自然语言的形式保存的，而是以其在内存中的形式，即二进制形式保存的。这种二进制编码与其自然语言编码（Unicode 字符编码）不是对应的。

9.3 字符流类

字节流是一种功能强大而有效的 I/O 流，但是字节流并不是处理字符输入/输出的理想方式。Java 定义了字符流类专门用于处理字符的 I/O 操作。

9.3.1 Reader 和 Writer

面向字符的流类包括 Reader 类、Writer 类及它们的一些子类。

位于字符流类顶层的是 Reader 和 Writer 两个抽象类。Reader 类常用的方法见表 9-5，Writer 类常用的方法见表 9-6，这些方法在执行中产生错误时会抛出 IOException 异常。Reader 类和 Writer 类的子类都将继承这些方法。

表 9-5 Reader 类常用的方法

方法	功能描述
void close( )	关闭输入流
void mark(int readlimit)	在当前位置设置一个标记，后续的 reset( )方法可以将读操作重新定位于该位置
int read( )	从输入流中读取下一字符数据，到达文件尾返回-1
int read(char[ ] ch)	读取多个字符保存在参数指定的数组 ch 中
int read(char[ ] ch,int off, int len)	读取多个字符保存在参数指定的数组 ch 中，off 指定在数组中的存放位置，len 指定读取字符数
long skip(long n)	位置指针从当前位置向后跳过 *n* 个字符
void reset( )	将位置指针返回到标记的位置

表 9-6 Writer 类常用的方法

方法	功能描述
void close( )	关闭输出流
int flush( )	清空输出缓冲区
int write(int ch)	向输出流中写入一个字符数据。该方法接收一个 int 型参数 ch，将参数 ch 的低 16 位作为 Unicode 编码字符写入输出流中
int write(char [ ] ch)	将整个字符数组 ch 写入输出流中
int write(char[ ] ch,int offset,int n)	将数组 ch 从 offset 开始，长度为 *n* 个字符的子数组写入输出流中

9.3.2 FileReader 和 FileWriter

FileReader 类和 FileWriter 类使用字符流读/写文件，字符流可以完成和字节流同样的文件处理功能。字符流的优势在于它直接以字符为单位操作 Unicode 编码字符集，在需要存取字符文本的情况下，字符流是较好的选择。

1. FileWriter 类

向文件写入字符数据可以使用 FileWriter 类，该类是 Writer 类和 OutputStreamWriter 类的子类，可以使用其父类定义的方法。FileWriter 类常用的构造方法如下。

```
FileWriter(String fileName) throws IOException
```

```
FileWriter(String fileName,boolean append)throws IOException
```

其中，fileName是要打开的文件名。如果布尔型参数append值为true，则输出将连接到当前文件的末尾，否则当前文件将被覆盖。

2. FileReader类

从文件中读取字符数据可以使用FileReader类，该类是Reader类和InputStreamReader类的子类。FileReader类常用的构造方法如下。

```
FileReader(String  fileName)  throws  FileNotFoundException
```

该方法参数fileName和FileWriter类构造方法的参数相同。

【例9-5】 CopyFileByChar.java，用字符流类实现文件复制的功能，代码如下。

```
import java.io.*;
public class CopyFileByChar {
    public static void main(String[] args) {
        try {
            int ch = 0;
            String filename="D:\\java2023\\src\\ch09\\CopyFileByChar.java";
            Reader fr = new FileReader(filename);
            Writer fw = new FileWriter("copy.txt");
            long start = System.currentTimeMillis();
            while ((ch = fr.read()) != -1) {
                fw.write(ch);
                System.out.print((char) ch);
            }
            fr.close();
            fw.close();
            System.out.println("复制完成");
            long end = System.currentTimeMillis();
            System.out.println("复制时间:" + (end - start) + "ms");
        } catch (Exception e) {
            e.printStackTrace();
        }
    }
}
```

例9-5的程序结构与例9-2类似，不同的是读/写的数据以字符为单位，该程序需要注意以下问题。

① 程序的功能是使用FileReader类和FileWriter类实现文件复制功能，并计算复制操作所用的时间，文件同时显示在屏幕上。

② 程序中只进行了简单的异常处理，没有细化异常。

9.3.3 BufferedReader和BufferedWriter

BufferedReader类和BufferedWriter类可以用来实现字符流的缓冲。BufferedReader类用来提高字符数据的输入效率，BufferedWriter类增强了批量字符数据输出到另一个输出流的能力。

BufferedReader类和BufferedWriter类的构造方法需要接收InputStream和OutputStream类

型的参数，在读/写数据时提供缓冲功能，这两个类的使用方法与 BufferedInputStream 和 BufferedOutputStream 类似。

BufferedReader 类还提供了 readLine()方法用于读入一行字符，如果到了输入流的末尾，则 readLine()方法返回 null。BufferedWriter 提供了 newLine()方法，该方法用于生成换行符。

【例 9-6】 TestBufferedReaderAndBufferedWriter.java，使用 BufferedReader 类和 BufferedWriter 类实现字符数据的输入和输出，代码如下。

```
import java.io.*;
public class TestBufferedReaderAndBufferedWriter {
    public static void main(String[] args) throws IOException {
        String filename = "D:\\java2023\\src\\ch09\\" +
                "TestBufferedReaderAndBufferedWriter.java";
        FileReader input = new FileReader(filename);
        BufferedReader br = new BufferedReader(input);
        FileWriter output = new FileWriter("temp.txt");
        BufferedWriter bw = new BufferedWriter(output);
        long start = System.currentTimeMillis();
        String s = br.readLine();
        while (s != null) {
            bw.write(s);
            bw.newLine();
            System.out.println(s);
            s = br.readLine();
        }
        System.out.println("复制完成");
        long end = System.currentTimeMillis();
        System.out.println("复制时间:" + (end - start) + "ms");
        br.close();
        bw.close();
        input.close();
        output.close();
    }
}
```

比较例 9-6、例 9-5 和例 9-2，可以看出使用字符缓冲流可以提高 I/O 操作的效率。

9.3.4 PrintWriter

PrintWriter 类用于输出字符数据。

在很多情况下，标准输出 System.out 用于向终端（显示器）输出数据，但在实际的应用中，也经常使用 PrintWriter 类输出数据。PrintWriter 是基于字符的流，PrintWriter 类的常用构造方法如下。

```
PrintWriter(OutputStream  outputStream,boolean  flushOnNewline)
```

其中，outputStream 是 OutputStream 类的一个对象；参数 flushOnNewline 决定 PrintWriter 对象在每次输出新的一行数据后是否执行输出流的清空缓冲区操作，如果值为 true，则清空操作自动进行，否则清空操作需要由 flush()方法显式地进行。

print()和 println()方法都是 PrintWriter 的成员方法。标准输出 System.out 调用 println()方法时，每输出新的一行，流的缓冲区自动清空，这也是 print()方法和 println()方法的一个主要区别。

下面的代码用于建立一个连接到标准输出的 PrintWriter 流，并自动清空流的缓冲区。

```
PrintWriter  pw=new  PrintWriter(System.out,true);
```

【例 9-7】 TestPrintWriter.java，使用 PrintWriter 流来向文件 pwfile.txt 输出数据，代码如下。

```
import java.io.*;
public class TestPrintWriter {
    public static void main(String[] args) {
        String filename = "d:\\java2023\\pwfile.txt";
        String[] strings = {"Chinese modernization", "new journey","the Second Centenary Goal","the people are the country", "put the people first"};
        try {
            FileWriter fw = new FileWriter(filename); //建立文件输出流对象
            PrintWriter pw = new PrintWriter(fw);     //PrintWriter 流连接文件输出流
            for (String s : strings) {
                System.out.println(s.toUpperCase());
                pw.println(s);
            }
            pw.close();
        } catch (IOException e) {
            e.printStackTrace();
        }
    }
}
```

程序运行时，将输入数据显示在屏幕上，并写入文件 pwfile.txt。

9.4 File 类

File 类是 java.io 包中表示文件信息的类。它定义了若干与操作系统无关的方法来操作文件和目录。这些方法包括访问文件的属性、更改文件名、删除文件、创建文件或目录等。

9.4.1 File 类的方法

1. 构造方法

每个 File 类的对象标识了一个文件或目录，创建 File 类对象需要指明文件或目录名。File 类通过不同的构造方法来接收文件和目录名信息。

```
File(String path)
File(String path,String name)
File(File path,String name)
```

其中，参数 path 指明文件路径，参数 name 指明文件名，这两个参数值不能为 null，否则将抛出 NullPointerException 异常。路径可以是绝对路径或相对路径，但路径格式应该与本地操作系统采用的文件格式相匹配。下面是创建 File 类对象的代码。

```
File file1 = new File("d:\\java2023\\a.java");     //d:\\java2023 是目录
File file2 = new File("d:/java2023","file.txt");  //file.txt 是文件
File dir  = new File("d:/java2023");              //d:/java2023 是文件夹
File file3 = new File(dir,"pd.dat");
```

上面代码中，路径分隔符如果使用反斜线“\”，则需要使用转义符。需要注意的是，不同操作系统的路径分隔符是不一样的。在 Windows 操作系统中，“/”和“\”均可作为路径分隔符。

此外，无论路径所指的文件或目录在文件系统中是否存在，都不会影响 File 对象的创建。

2. 成员方法

创建 File 对象后，就可以调用相应的方法来判断该对象标识的文件或目录是否存在、获取文件的相关属性或者建立文件等。File 类定义的若干常用方法见表 9-7。

表 9-7　File 类定义的若干常用方法

方法	功能描述
boolean exists()	测试 File 对象所标识的文件（目录）是否存在
boolean isFile()	测试 File 对象是否为一个存在的文件
boolean isDirectory()	测试 File 对象是否为一个存在的目录
boolean canRead()	测试文件或目录是否可读
boolean canWrite()	测试文件或目录是否可写
String getName()	返回文件或者目录的名字，即路径中的最后一个名字
String getParent()	返回 File 对象所指文件或目录的上一级目录的路径名
String getPath()	返回 File 对象表示的路径名
String getAbsolutePath()	返回绝对路径。若 File 对象表示的路径是相对路径，则在前面加上用户当前的目录路径
long lastModified()	返回文件最后修改的时间（自 1970 年 1 月 1 日零时起的毫秒数）
long length()	返回文件长度（字节数）
boolean createNewFile() throws IOException	当 File 对象所标识的文件不存在而其父路径存在时，新建一个空文件并返回 true。若标识的文件的父路径也不存在，则抛出 IOException 异常
boolean mkdir()	当 File 对象所标识的目录不存在而其父路径存在时，新建一个目录并返回 true
boolean mkdirs()	当 File 对象所标识的目录不存在时，新建一个目录及父路径中的各级原来不存在的父目录，并返回 true
boolean delete()	删除由 File 对象所指的文件或者目录。若删除的是目录，则该目录必须为空（不包含任何文件和子目录）
boolean renameTo(File dest)	将当前 File 对象所指的文件或目录更改为由参数 dest 标识的文件或目录。该方法既可以实现文件或目录的更名，也可以实现文件或目录的移动。在实现移动时，方法会自动创建需要的各级父目录
String[ ] list()	返回 File 对象所指目录中所有文件和子目录的名字。若当前 File 对象表示的是文件而不是一个目录，则返回 null
File[ ] listFiles()	与 list()方法相比，该方法不是返回文件或子目录的名字，而是返回标识这

	些文件和子目录的 File 对象

9.4.2　File 类的应用

【例 9-8】　TestFile.java，File 类方法的应用，代码如下。

```
import java.io.*;
public class TestFile {
    public static void main(String[] args) throws IOException {
        File file = new File("d:/java2023/bb.txt");     //创建 File 类对象
        System.out.println(file.getAbsolutePath());    //绝对路径，d:\java2023\bb.txt
        System.out.println(file.getName());            //文件名，bb.txt
        System.out.println(file.getPath());            //路径，d:\java2023\bb.txt
        System.out.println(file.getParent());          //父路径，d:\java2023
        String sep = System.getProperty("file.separator");    //路径分隔符
        System.out.println(sep);
        System.out.println(file.getTotalSpace());             //返回磁盘容量
        System.out.println(file.canRead());        //返回可读文件属性，true
        System.out.println(file.isDirectory());    //判断 file 对象是否为目录，false
        System.out.println(file.isFile());         //判断 file 对象是否为文件，true
        System.out.println(file.exists());         //判断文件是否存在，true
        System.out.println(file.length());         //文件长度
    }
}
```

例 9-8 需要注意以下问题。

① 程序运行时，假设 d:\java2023\bb.txt 文件是存在的。如果该文件不存在，则运行结果与注释不同。

② 创建 File 对象时，也可以使用以下代码。

```
File  file  =  new  File("d:\\java\\b.txt");
```

这里使用 Windows 操作系统的路径分隔符，例 9-8 中用的分隔符是“/”，这个分隔符在 Windows 或 UNIX 操作系统下都可以使用。

【例 9-9】　ListFilesName1.java，使用 list( )方法列出指定目录下所有文件和子目录的名字，代码如下。

```
import java.io.*;
public class ListFilesName1{
    public static void main(String[] args) {
        File f = new File("d:/java2023");
        if (f.isDirectory()) {
            String[] names = f.list();
            for (String name : names)
                System.out.println(name);
        }
    }
}
```

程序运行结果如下，展示了 d://java2023 目录下的文件及子目录。

```
.idea
back.dat
bak.dat
bb.txt
copy.txt
java2.mp4
…
```

【例 9-10】 ListFilesName2.java，使用 listFiles( )方法列出指定目录下所有文件和子目录的名字，代码如下。如果类型是文件，标明“文件”，如果类型是目录，标明“目录”。

```
import java.io.File;
public class ListFilesName2 {
    public static void main(String[] args) {
        File file = new File("d:/java2023");
        File[] files=file.listFiles();
        for (File f:files) {
            if (f.isDirectory())
                System.out.println("目录："+f);
            else if (f.isFile())
                System.out.println("文件："+f);
        }
    }
}
```

程序运行结果如下。

```
目录：d:\java2023\.idea
文件：d:\java2023\back.dat
文件：d:\java2023\bak.dat
文件：d:\java2023\bb.txt
文件：d:\java2023\copy.txt
文件：d:\java2023\java2.mp4
目录：d:\java2023\out
…
```

9.5 项目实践

本任务实现学生信息管理系统项目中数据的导入、导出功能，并完善学生信息管理系统项目中数据输入的异常处理，包括学号（id）和年龄（age）的异常处理，设计思路如下。

① 在 StudentManage 类中，增加 importInfo( )方法用于数据导入，增加 exportInfo( )方法用于数据导出，增加 appendLog( )方法用于创建（追加）日志。

② 修改 StudentManage 类的 mainMenu( )方法，调整菜单内容；修改 process( )方法，实现不同的功能调用。

③ 增加一个 init( )方法，初始化学生信息管理项目的数据。

1. importInfo( )方法的实现

使用 importInfo()方法导入数据，包括以下步骤：一是逐行读取文件，可以使用 BufferedReader 类中的方法或 Scanner 类中的方法；二是逐行解析文件，使用字符串的 str.split( )方法，导入文件的格式是用逗号分隔的格式固定的文本文件；三是构造 StudentInfo 对象，然后添加到 studentList 容器中。

importInfo( )方法的代码如下。

```
public void importInfo() {
    Scanner sc = new Scanner(System.in);
    System.out.print("请输入导入的文件名:");
    String fn = sc.next();
    File file = new File(fn);
    if (file.exists()) {
        //BufferedReader br = new BufferedReader(new FileReader(fn));
        try {
            Scanner sc2 = new Scanner(file);
            String str;

            while (sc2.hasNextLine()) {
                str = sc2.nextLine();
                System.out.println(str);
                int id = Integer.parseInt(str.split(",")[0]);
                String name = str.split(",")[1];
                String sex = str.split(",")[2];
                int age = Integer.parseInt(str.split(",")[3]);

                StudentInfo s = new StudentInfo(id, name, sex, age);
                studentList.add(s);
            }
        } catch (FileNotFoundException e) {
            e.printStackTrace();
        }
        System.out.println("---导入成功---");
    } else {
        System.out.println("---要导入的文件不存在---");
    }
}
```

2. exportInfo( )方法的实现

使用 exportInfo()方法导出数据时，先遍历承载学生信息的 studentList 容器对象，将容器中的每个对象使用 toString()方法转换成字符串，再使用 BufferedWriter 类的 write()方法和 newLine()方法写入文件。

需要注意的是，在 StudentInfo 类中重写了 toString()方法，供对象转字符串时调用。

exportInfo( )方法的代码如下。

```
public void exportInfo() {
    Scanner sc = new Scanner(System.in);
    System.out.print("请输入要导出的文件名：");
```

```
    String fn = sc.next();
    try {
        BufferedWriter bw = new BufferedWriter(new FileWriter(fn));
        for (StudentInfo s : studentList) {
            bw.write(s.toString());
            bw.newLine();
        }
        bw.close();
    } catch (IOException e) {
        e.printStackTrace();
    }
    System.out.println("---导出成功---");
}
```

3. appendLog( )方法的实现

appendLog( )方法中，创建文件时使用代码 new FileWriter(filename, true)，实现追加功能；使用 Scanner 类的方法接收输入，调用 PrintWriter 类的 println( )方法将信息写入日志文件。

程序运行时，将输入数据显示在屏幕上，并写入文件 logfile.java。当输入“exit”时，退出输入循环，最后在写入信息的末尾加上完成输入的具体日期。

appendLog( )方法代码如下。

```
void appendLog() {
    String s = null;
    String filename="d:\\java2023\\logfile.log";
    Scanner sc = new Scanner(System.in);
    try {
        FileWriter fw = new FileWriter(filename, true);      //建立文件输出流对象
        PrintWriter log = new PrintWriter(fw);      //PrintWriter流连接文件输出流
        System.out.println("请输入日志信息，exit退出");
        while ((s = sc.nextLine()) != null) {
            if (s.equalsIgnoreCase("exit")) break;
            log.println("------------------------");             //向文件中写入数据
            log.println(s);
        }
        log.println("===" + new Date() + "===");
        log.flush();
        log.close();
    } catch (IOException e) {
        e.printStackTrace();
    }
}
```

4. 初始化数据的 init( )方法

该方法向学生信息管理系统中添加部分初始数据。程序代码如下。

```
public class StudentManage {
    private Vector<StudentInfo> studentList = new Vector<StudentInfo>();
    public void init() {
```

```
        StudentInfo s1 = new StudentInfo(101, "Rose", "female", 22);
        StudentInfo s2 = new StudentInfo(332, "Mike", "male", 21);
        StudentInfo s3 = new StudentInfo(204, "Kate", "female", 24);
        StudentInfo s4 = new StudentInfo(302, "Tom", "male", 19);
        studentList.add(s1);
        studentList.add(s2);
        studentList.add(s3);
        studentList.add(s4);
    }
…
}
```

5. 完整的程序框架

本项目的程序框架说明如下。

① 与任务 8 比较，StudentInfo.java 需要增加一个 toString( )方法。

② 在 TestStudentManage.java 中，增加 importInfo( )、exportInfo( )、appendLog( )、init( )等方法；根据程序功能修改 mainMenu( )方法和 control( )方法。

③ 测试类 TestStudentManage.java 调用 StudentManage 类的 control( )方法。

④ 为节省篇幅，本项目略去了增、删、改、查的各方法，下面是 TestStudentManage.java 的框架结构。

```
import java.util.*;
import java.io.*;

public class StudentManage {
    private Vector<StudentInfo> studentList = new Vector<StudentInfo>();
    public void init() {
      …
    }

    public void mainMenu() {
        System.out.println("-----学生信息管理-------");
        System.out.println("1:------导入学生信息");
        System.out.println("2:------导出学生信息");
        System.out.println("3:------显示学生信息");
        System.out.println("4:------追加工作日志");
        System.out.println("0:------返回");
        System.out.println("--------------------------");
    }

    public void control() {
        init();
        mainMenu();
        while (true) {
            Scanner sc = new Scanner(System.in);
            System.out.print("请选择>");
            String choice = sc.next();
```

```
            switch (choice) {
                case "1":
                    importInfo();
                    break;
                case "2":
                    exportInfo();
                    break;
                case "3":
                    show();
                    break;
                case "4":
                    appendLog();
                    break;
                case "0":
                    return;
                default:
                    System.out.println("输入错误,请输入 0~4! ");
            }
        }
    }
    public void importInfo() {    //导入功能
      …
    }

    public void exportInfo() {    //导出功能
      …
    }

    public void appendLog() {     //追加日志
      …
    }

    public void show() {          //显示信息
      …/*详见任务 8*/
    }
}
```

习题 9

1. 选择题

（1）关于 Java 的 I/O 流的说法，正确的是哪一项？（　　）

A．程序向输入流中写入数据　　B．程序从输出流中读取数据

C．流是单向的　　D．字节流的顶层抽象类是 Reader 和 Writer

（2）下面代码中，正确的是哪一项？（　　）

A．InputStream sa = new FileInputStream("file.txt");

B．InputStream sb = new InputStreamReader("file.txt","read");

C．FileInputStream　sc = new FileReader(new File("file.txt"));

D．BufferedReader br = new BufferedReader (new File("file.txt"));

（3）能够创建一个 DataOutputStream 流对象的是哪一项？（　　）

A. new DataOutputStream(new Writer("out.txt"));

B. new DataOutputStream(new OutputStream("out.txt"));

C. new DataOutputStream(new FileWriter("out.txt"));

D. new DataOutputStream(new FileOutputStream("out.txt"));

（4）下列关于 java.io 包的 File 类的说法中，正确的是哪一项？（　　）

A．属于字符流类　　B．属于字节流类

C．属于对象流类　　D．属于非流类

（5）下面的流类中，具有缓冲功能的是哪一项？（　　）

A．BufferedReader　　B．FileReader

C．DataInputReader　　D．FileInputReaer

（6）amethod()方法执行时，如果找不到 file.txt 文件，运行时的输出结果是哪一项？（　　）

```
public int amethod(){
    try{
        FileInputStream dis=new FileInputStream("file.txt");
    }catch(FileNotFoundException fne)  {
        System.out.println("No such file found");
        return -1;
    }catch(IOException ioe){
        System.out.println("IOException");
    }finally{
        System.out.println("Doing finally");
    }
    return 0;
}
```

A．No such file found　　B．No such file found,-1

C．No such file found,Doing finally　　D．0

2. 简答题

（1）Java 的输入/输出可以使用字节流或字符流实现，这两种流各有什么特点？

（2）读取一个文本文件的内容，FileInputStream 类和 FileReader 类哪个更合适？

（3）BufferedReader 类可以直接指向一个文件对象吗？

（4）File 类的主要功能是什么？

（5）写出下列命令的代码。

① 写出使用 BufferedReader 类从文本文件读取数据的代码。

② 写出使用 BufferedWriter 类向文本文件写入数据的代码。

③ 写出使用 PrintWriter 类向文本文件写入数据的代码。

3. 上机实践

（1）编写程序，实现下面的文件复制功能。

① 使用 FileInputStream 类和 FileOutputStream 类。

② 使用 BufferedReader 类和 BufferedWriter 类。

③ 把一个文件中的所有英文字母转换成大写英文字母，复制到另一文件中。

④ 删除一个文件中的某个单词后，复制到另一个文件中。

（2）文本文件 score.txt 中记录了学生成绩信息，每行包括一个学生的姓名、成绩两个信息（用空格分隔）。编程在控制台上输出按成绩降序排列的学生信息。

（3）编写程序，接收用户从键盘输入的文件名，然后判断该文件是否存在于当前目录。若存在，则输出文件是否可读和可写、文件长度、文件是普通文件还是目录等信息；若不存在，则输出提示信息。

任务 10　使用图形用户界面编程

图形用户界面是程序与用户交互的一种常用方式。利用图形用户界面，程序可以接收用户的输入并输出运行结果。本任务介绍应用 Swing 组件构建图形用户界面的过程，包括 Swing 组件的应用、布局管理器和事件处理等内容。

✧ 学习目标

（1）了解 Swing 组件类的层次关系。
（2）掌握常用的容器类与组件类。
（3）了解常用的布局管理器。
（4）掌握 Java 的事件处理机制。

✧ 项目描述

本任务应用图形用户界面完善学生信息管理系统，具体要点如下。
（1）应用 JMenuBar、JMenu、JMenuItem 等组件创建主菜单。
（2）应用 JDialog、JTextField、JList 等组件实现数据输入。
（3）应用 JTable 组件实现数据显示。

✧ 知识结构

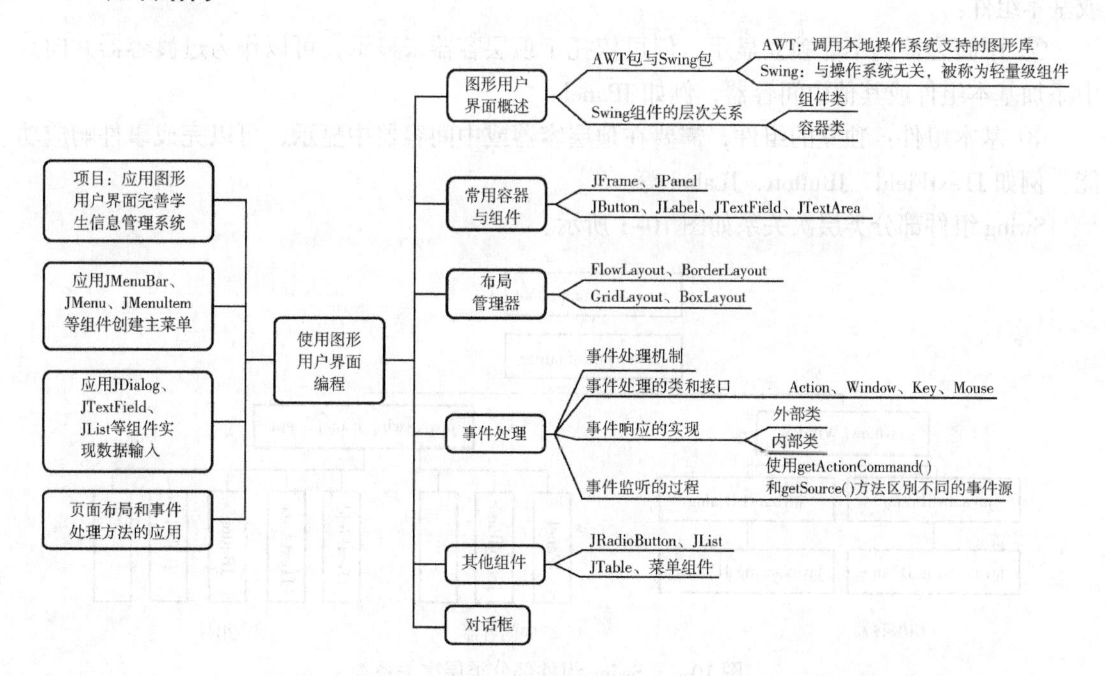

10.1 图形用户界面概述

10.1.1 AWT 包与 Swing 包

Java 具有强大的开发图形用户界面（GUI）程序的功能，主要的类封装在 java.awt 包和 javax.swing 包中。

java.awt 包中的按钮、标签、文本框等构建图形用户界面的类通常被称为抽象窗口工具箱（AWT）组件。应用 AWT 组件来构建图形用户界面时，实际上是调用本地操作系统支持的图形库。由于不同操作系统的图形库是有区别的，在一个平台上的显示效果可能与另一个平台存在不一致。

javax.swing 包是在 AWT 组件的基础上构建的一套 GUI 库，是用纯 Java 源代码来实现的，它实现并扩充了 AWT 组件的所有功能，其中的组件被称为 Swing 组件。Swing 组件具有操作系统无关性的特点，通常被称为轻量级组件。

10.1.2 Swing 组件的层次关系

在 Java 的 GUI 编程中，容器和组件是两个重要的概念。容器是 java.awt.Container 类的子类或间接子类，组件是 java.swing.JComponent 类的子类或间接子类。Swing 组件可以分为以下 3 类。

① 顶层容器：可以独立显示的容器，例如 JFrame 或 JDialog，可以向其中添加中间容器或基本组件。

② 中间容器：不能独立显示，但可依托于顶层容器来显示，可以作为过渡容器并向其中添加基本组件或其他中间容器，例如 JPanel。

③ 基本组件：独立的组件，需要在顶层容器或中间容器中显示，可以完成事件响应功能，例如 JTextField、JButton、JLabel 等。

Swing 组件部分类层次关系如图 10-1 所示。

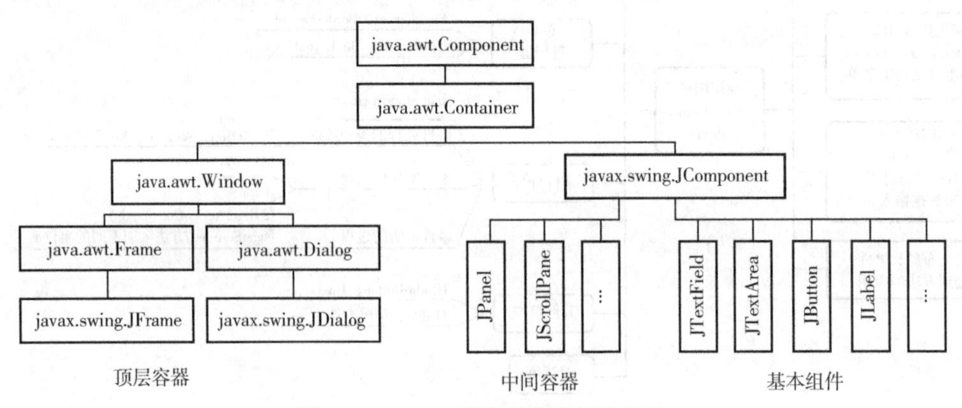

图 10-1　Swing 组件部分类层次关系

应用 Swing 组件的 GUI 编程，就是使用顶层容器、中间容器、基本组件构建界面，并完成事件响应的过程。Swing 组件类在 javax.swing 包中，事件响应处理类在 java.awt.event 包中，编制 Swing 用户程序一般要包含这两个包。

10.2 常用容器与组件

为方便了解图形界面的构建过程，本节介绍顶层容器类 JFrame、中间容器类 JPanel，以及 JButton、JLabel、JTextField、JTextArea 等基本组件类。

10.2.1 JFrame

Java 的顶层窗口被称为窗体，不能被其他窗口包含。JFrame 是最常用的窗体容器，用于添加中间容器或基本组件。JFrame 类常用方法见表 10-1。

表 10-1 JFrame 类常用方法

方法	功能
JFrame( )	构造方法，创建一个无标题的窗口
JFrame(String s)	构造方法，创建一个标题为 s 的窗口
void setSize(int width, int height)	设置窗口的大小
void setVisible(boolean flag)	参数 flag 值为 true 时窗口可见，否则窗口不可见
void setResizable(boolean flag)	参数 flag 值为 true 时窗口大小可调整，否则大小不可调整
Container getContentPane( )	获取当前窗体的 Container 对象，将其作为容器来添加组件或设置布局管理器
Component add(Component c)	添加组件 c，方法返回 c 对象的引用
Component add(Component c,int direct)	按方位添加组件 c，方法返回 c 对象的引用
void setLayout(LayoutManager lm)	设置布局管理器
void setDefaultCloseOperation(int value)	用来设置单击窗体右上角的关闭图标后，程序会做出怎样的处理

在 JFrame 的 setDefaultCloseOperation(int value)方法中，参数 value 取值如下。

```
DO_NOTHING_ON_CLOSE              //不做任何操作
HIDE_ON_CLOSE                    //隐藏当前窗体
DISPOSE_ON_CLOSE                 //隐藏当前窗体，并释放窗体占有的其他资源
EXIT_ON_CLOSE                    //结束窗体所在的应用程序
```

【例 10-1】 TestJFrame.java，创建并显示 JFrame 窗体，代码如下。

```
import javax.swing.*;
public class TestJFrame{
    public static void main(String []args){
        JFrame f = new JFrame("第 1 个 JFrame");
        f.setSize(300, 200);                    //设置 JFrame 大小
```

```
        f.setLocation(200,200);              //设置 JFrame 位置
        f.setVisible(true);                  //设置窗体可见
        f.setDefaultCloseOperation(JFrame.EXIT_ON_CLOSE);
    }
}
```

例 10-1 直接在 main()方法中创建 JFrame 对象并设置窗体属性，创建并显示 JFrame 窗体如图 10-2 所示。

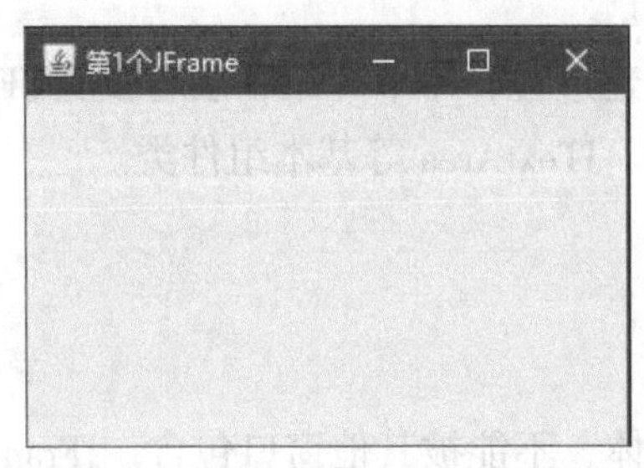

图 10-2 创建并显示 JFrame 窗体

创建窗体的另一种常见的方法是创建一个继承于 JFrame 类的子类，代码如下。

```
import javax.swing.*;
class MyFrame extends JFrame {
    public MyFrame(String name) {
        super(name);            //设置窗口标题
    }
    public void init() {
        //setBounds()方法用于设置窗体位置和大小
        this.setBounds(200, 200, 300, 200);
        this.setVisible(true);      //设置界面可见
    }
}
public class TestJFrame2 {          //测试类
    public static void main(String[] args) {
        new MyFrame("第 1 个 JFrame").init();
    }
}
```

10.2.2 JPanel

JPanel 是常用的中间容器，也称 JPanel 面板。JPanel 本身不能显示，依托于顶层容器才能显示，可以向 JPanel 中添加基本组件或其他中间容器。JPanel 类常用方法见表 10-2。

表 10-2 JPanel 类常用方法

方法	功能
JPanel()	构造方法，创建一个空的 JPanel 面板
void setLayout(LayoutManager lm)	设置布局管理器

10.2.3　JButton

JButton 是常用的按钮控件，JButton 类常用方法见表 10-3。

表 10-3　JButton 类常用方法

方法	功能
JButton(String text)	构造方法，创建名字是 text 的按钮
void setText(String text)	重新设置当前按钮的文本
String getText( )	获取当前按钮的文本
void addActionListener(ActionListener list)	向按钮增加事件监听器

10.2.4　JLabel

JLabel 负责创建标签对象，用来显示信息，但不具有编辑功能。JLabel 类常用方法见表 10-4。

表 10-4　JLabel 类常用方法

方法	功能
JLabel(String s)	构造方法，创建名字是 s 的标签，s 在标签中左对齐
JLabel(String s, int align)	构造方法，参数 align 标明标签 s 的对齐方式，由常量 JLabel.LEFT、JLabel.CENTER、JLabel.RIGHT 确定
void setText(String text)	设置当前标签的文本
String getText( )	获取当前标签的文本

10.2.5　JTextField

JTextField 是常用的单行文本组件，也称文本框，用于输入或编辑文本。JTextField 类常用方法见表 10-5。

表 10-5　JTextField 类常用方法

方法	功能
JTextField( )	构造方法，创建空文本框
JTextField(int cols)	构造方法，创建具有指定列数的空文本框
JTextField(String text)	构造方法，创建显示指定初始字符串的文本框
JTextField(String text, int cols)	构造方法，创建具有指定列数并显示指定初始字符串的文本框
void setText(String text)	重置当前文本框的内容
String getText( )	获取当前文本框的内容
void setEditable(boolean flag)	参数 flag 值为 true 是默认值，文本框是可编辑的，否则是只读的

10.2.6 JTextArea

JTextArea 是文本区组件，用于输入或编辑多行文本。JTextArea 类常用方法见表 10–6。

表 10–6 JTextArea 类常用方法

方法	功能
JTextArea( )	构造方法，创建空文本区
JTextArea(String text)	构造方法，创建显示指定初始字符串的文本区
JTextArea(int rows, int columns)	构造方法，创建具有指定行数和列数的空文本区
JTextArea(String text, int rows, int columns)	构造具有指定行数和列数并显示指定初始字符串的文本区
void setText(String text)	设置当前文本区的内容
String getText( )	获取当前文本区的内容
void setEditable(boolean flag)	参数 flag 值为 true 是默认值，文本区是可编辑的，否则是只读的

【例 10–2】 TestMyFrame2.java，创建一个 JFrame 窗体，其中包括一个中间容器 JPanel，向该 JPanel 容器添加一个文本框和一个按钮，代码如下。

```
import javax.swing.*;
class MyFrame2 extends JFrame{
    public void init(){
        JButton btn = new JButton("hello");
        JTextField tf=new JTextField("测试",12);
        JPanel pan = new JPanel();  //创建 Jpanel 容器
        pan.add(tf);          //向 JPanel 容器添加文本框
        pan.add(btn);         //向 JPanel 容器添加按钮
        this.add(pan);        //向顶层容器添加中间容器
        this.setSize(300,200);
        this.setVisible(true);
        this.setDefaultCloseOperation(JFrame.EXIT_ON_CLOSE);
    }
}
public class TestMyFrame2{
    public static void main(String []args){
        new MyFrame2().init();
    }
}
```

程序执行结果如图 10–3 所示。

图 10–3 例 10–2 程序执行结果

从例 10-2 中可以看出，Java 图形界面主要是应用 add( )方法向容器中添加组件形成的。如果向窗体或中间容器中添加多个组件，涉及多个组件如何摆放的问题，这是布局管理的内容。

10.3 布局管理器

向容器中添加组件时，需要考虑组件的位置和尺寸。如果容器大小发生变化，可能还要重新计算组件的新位置，来适应窗口的变化。这种生成界面的方法需要大量的组件位置计算。为解决这个问题，Java 引入布局管理器的概念，组件放置在容器中，由布局管理器来决定容器中组件的位置和尺寸。

Java 的布局管理器存在于 java.awt 包中，包括流布局（FlowLayout）、边界布局（BorderLayout）、网格布局（GridLayout）、盒布局（BoxLayout）等布局方式。使用布局管理器添加组件时，首先要创建布局管理器对象，再使用 setLayout( )方法为容器设定布局管理器，最后向容器内添加组件。

10.3.1 流布局

流布局即 FlowLayout 布局，使用 FlowLayout 类创建。其基本规则：将组件逐个地安放在容器中的一行上，一行放满后就另起一个新行。FlowLayout 布局不强行设定组件的大小，而是允许组件拥有它们自己合适的尺寸。JPanel 的默认布局管理器就是 FlowLayout。FlowLayout 类常用方法见表 10-7。

表 10-7　FlowLayout 类常用方法

方法	功能
FlowLayout( )	构造方法
FlowLayout(int align)	构造方法，参数 align 是对齐方式的可选项，取值有 FlowLayout.LEFT、FlowLayout.RIGHT 和 FlowLayout.CENTER 3 种形式
FlowLayout(int align, int hgap, int vgap)	构造方法，参数 align 含义同上，参数 hgap 和 vgap 用于设定组件的水平间距和垂直间距
void setHgap(int hgap)	设定组件的垂直间距
void setVgap(int vgap)	设定组件的水平间距

【例 10-3】　TestFlowLayout.java，FlowLayout 流布局示例，代码如下。

```
import java.awt.*;
import javax.swing.*;

class MyFrame3 extends JFrame {
    public void init() {
        FlowLayout f = new FlowLayout();        //创建流布局对象，默认中间对齐
        this.setLayout(f);                      //为 JFrame 容器设置布局
```

```
        this.add(new JButton("1"));          //添加 5 个按钮
        this.add(new JButton("2"));
        this.add(new JButton("3"));
        this.add(new JButton("4"));
        this.add(new JButton("5"));

        this.setSize(300, 200);
        this.setVisible(true);
    }
}
public class TestFlowLayout {
    public static void main(String[] args) {
        new MyFrame3().init();
    }
}
```

不同大小窗口下的流布局如图 10–4 所示。可以看出，应用流布局管理器时，组件大小不随窗口大小的改变而改变。

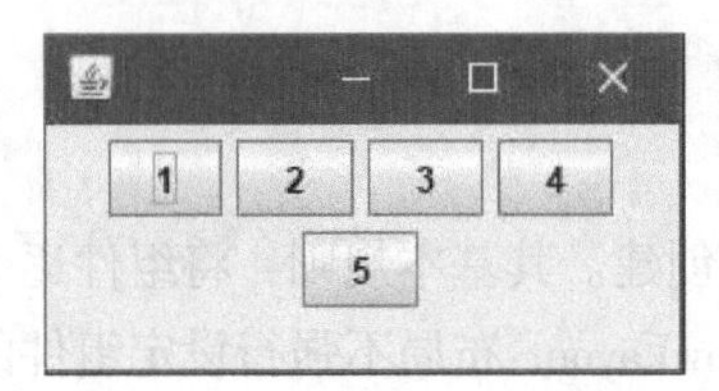

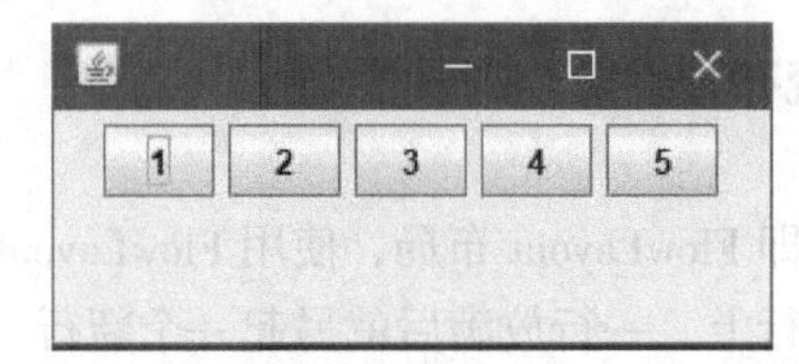

图 10–4　不同大小窗口下的流布局

10.3.2　边界布局

边界布局即 BorderLayout 布局，使用 BorderLayout 类创建。其基本规则：将窗口按照地图的方位分为东、南、西、北、中 5 个区域，程序可以指定将组件放在哪个区域。JFrame 的默认布局管理器是 BorderLayout。BorderLayout 类的构造方法如下。

```
BorderLayout();
BorderLayout(int hgap, int vgap);
```

构造方法中的 hgap 和 vgap 两个参数表示组件左右、上下间隔多少像素。

【例 10–4】　TestBorderLayout.java，边界布局的实现，代码如下。

```
class MyFrame4 extends JFrame {
    public void init() {
        BorderLayout f = new BorderLayout();//创建边界布局对象
        this.setLayout(f);                   //为 JFrame 容器设置布局
       //获取窗体内容面板作为容器
        Container container = this.getContentPane();
        container.add(new JButton("Mount Heng"), BorderLayout.NORTH);    //添加到北部
        container.add(new JButton("Heng Mountain"), BorderLayout.SOUTH);//添加到南部
        container.add(new JButton("Mount Hua"), BorderLayout.WEST);     //添加到西部
```

```
        container.add(new JButton("Mount Tai"), BorderLayout.EAST);    //添加到东部
        container.add(new JButton("Mount Song"), BorderLayout.CENTER);//添加到中部

        this.setSize(300, 200);
        this.setVisible(true);
    }
}
public class TestBorderLayout {
    public static void main(String[] args) {
        new MyFrame4().init();
    }
}
```

边界布局的效果如图 10–5 所示。边界布局管理器组件大小随窗口大小的改变而改变。如果某一个区域没有放置组件，其相邻的组件将会扩展占据其空间。

由于 JFrame 本身默认的布局管理器就是 BorderLayout，所以删除 init( )方法中的前两行，并不影响程序执行的结果。

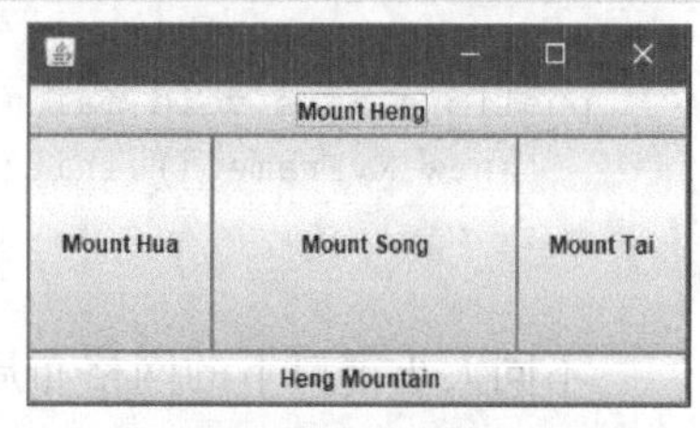

图 10–5　边界布局的效果

10.3.3　网格布局

网格布局即 GridLayout 布局，使用 GridLayout 类创建。其基本规则：将窗口分为 *m* 行 *n* 列的网格，按照从左至右、自上而下的方式依次放入组件。GridLayout 类常用方法见表 10–8。

表 10–8　GridLayout 类常用方法

方法	功能
GridLayout( )	构造方法，创建一个只有一行的网格，网格的列数根据实际需要而定
GridLayout(int rows, int cols)	构造方法，rows 和 cols 两个参数分别指定网格的行数和列数，rows 和 cols 中的一个值可以为 0，但不能两个都是 0。如果为 0，那么网格行（列）数将根据实际需要而定
GridLayout(int rows, int cols, int hgap, int vgap)	构造方法，参数 hgap 和 vgap 分别表示网格间的水平间距和垂直间距
void setRows(int rows)	设定网格行数
void setColumns(int cols)	设定网格列数
void setHgap(int hgap)	设定网格水平间距
void setVgap(int vgap)	设定网格垂直间距

【例 10–5】　TestGridLayout.java，网格布局的实现，代码如下。

```
import javax.swing.*;
import java.awt.*;
class MyFrame5 extends JFrame {
    public void init() {
```

```
        GridLayout f = new GridLayout(3, 3);             //创建网格布局对象
        Container c =this.getContentPane();
        this.setLayout(f);                               //为 JFrame 容器设置布局
        for (int i = 1; i <=7; i++) {
            c.add(new JButton("Btn" + i));
        }
        this.setSize(300, 200);
        this.setVisible(true);
        this.setDefaultCloseOperation(JFrame.EXIT_ON_CLOSE);
    }
}

public class TestGridLayout {
    public static void main(String[] args) {
        new MyFrame5().init();
    }
}
```

不同大小窗口下的网格布局界面如图 10-6 所示。可以看出，在网格布局管理器中，组件大小随窗口大小的改变而改变。

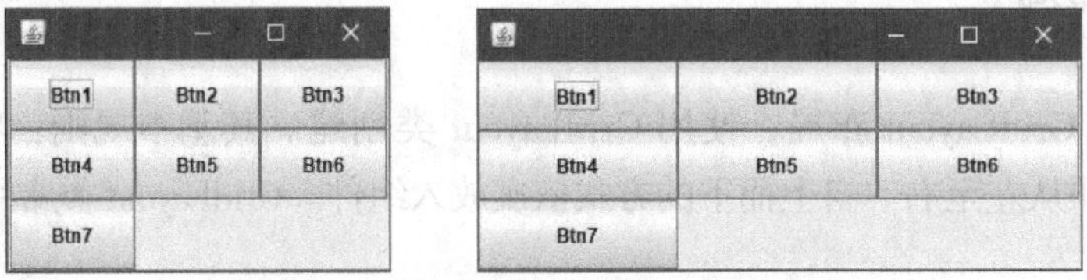

图 10-6　不同大小窗口下的网格布局界面

10.3.4　盒式布局

盒式布局即 BoxLayout 布局，由 BoxLayout 类创建。其基本规则：将容器中的组件按水平方向排成一行或按垂直方向排成一列。BoxLayout 布局类似于 FlowLayout 布局，增加了垂直排列的功能。BoxLayout 类常用构造方法如下。

```
BoxLayout(Container c, int axis);
```

该方法在容器 c 上建立 *x* 轴或 *y* 轴方向上的盒式布局。axis 可以为常量 BoxLayout.X_AXIS 或 BoxLayout.Y_AXIS。

【例 10-6】 TestBoxLayout.java，盒布局的实现，代码如下。

```
import javax.swing.*;
class MyFrame6 extends JFrame {
    public void init() {
        java.awt.Container container=this.getContentPane();
        //创建盒式布局对象
        BoxLayout layout = new BoxLayout(container, BoxLayout.Y_AXIS);
        container.setLayout(layout);
```

```
        container.add(new JButton("the Nanhai Sea"));              //添加布局元素
        container.add(new JButton("the Donghai Sea"));
        container.add(new JButton("the Huanghai Sea"));
        container.add(new JButton("the Bohai Sea"));
        this.setSize(300, 200);
        this.setVisible(true);
    }
}
public class TestBoxLayout {
    public static void main(String[] args) {
        new MyFrame6().init();
    }
}
```

盒式布局界面如图 10-7 所示。如果修改代码 BoxLayout layout = new BoxLayout(container, BoxLayout.X_AXIS)，则所有组件将呈水平显示。

应用盒式布局时，当窗口大小变化时，按钮组件大小不变，组件互相靠在一起。BoxLayout 类不提供设置组件水平间距或垂直间距的方法，但可以通过盒式布局容器 Box 来解决这个问题，具体方法请查询 JDK 的官方文档。

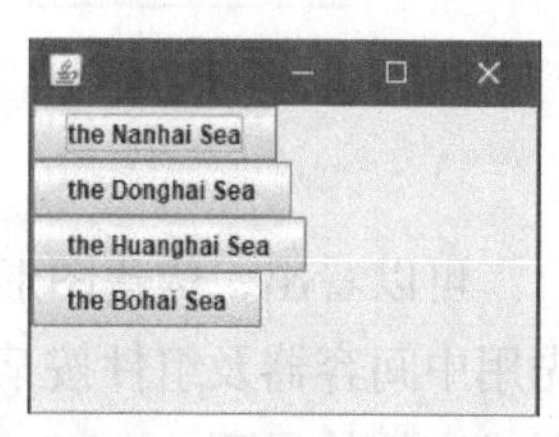

图 10-7　盒式布局界面

10.3.5　界面示例

【例 10-7】　ChatGUI.java，实现图 10-8（a）所示的聊天窗口。

根据图 10-8（a）的聊天窗口，绘制图 10-8（b）所示的界面结构。顶层容器 JFrame 设置 BorderLayout（默认）布局，JTextArea 组件加在中央，JPanel 中间容器置于窗口下方，JPanel 的布局为 FlowLayout（默认），向其中添加 JTextField 组件及 JButton 组件。程序代码如下。

```
import java.awt.*;
import javax.swing.*;
class MyFrame7 extends JFrame {
    public MyFrame7(String name) {
        super(name);
    }
    public void init() {
        JPanel p = new JPanel();  //中间 JPanel
        p.add(new JTextField(10));
        p.add(new JButton("发送"));
        Container container = this.getContentPane();
        container.add(new JTextArea(), BorderLayout.CENTER);
        container.add(p, BorderLayout.SOUTH);
        this.setSize(300, 200);
        this.setVisible(true);
    }
}
```

```
public class ChatGUI {
    public static void main(String[] args) {
        new MyFrame7("聊天窗口程序").init();
    }
}
```

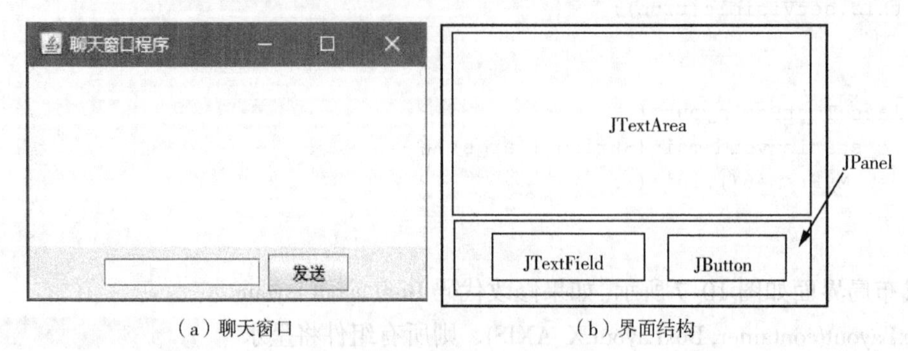

（a）聊天窗口　　（b）界面结构

图 10-8　聊天程序界面

可以看出，构建图形界面时，如果无法直接用一个布局管理器完成整个界面布局，可以先用中间容器及组件按某个布局管理器形成一级界面，然后再依次形成二级界面，直至最后形成完整的界面。

【例 10-8】 ComputerGUI.java，实现图 10-9（a）所示的计算器界面。

根据图 10-9（a）的计算器界面，绘制图 10-9（b）所示的界面结构。顶层容器 JFrame 设置为 BorderLayout 布局，JTextField 组件置于窗口上方，JPanel 中间容器置于窗口中央，JPanel 设置成 GridLayout 布局，并向其中添加 16 个 JButton 组件，代码如下。

```
import java.awt.*;
import javax.swing.*;
class MyFrame8 extends JFrame {
    public void init() {
        Container container = this.getContentPane();
        JPanel p = new JPanel();          //中间 JPanel
        p.setLayout(new GridLayout(4, 4));

        String s[] = {"7", "8", "9", "/", "4", "5", "6", "*",
                "1", "2", "3", "-", "0", ".", "=", "+"};
        for (int i = 0; i < 16; i++)
            p.add(new JButton(s[i]));

        container.add(new JTextField(), BorderLayout.NORTH);
        container.add(p, BorderLayout.CENTER);
        this.setSize(300, 200);
        this.setVisible(true);
        this.setDefaultCloseOperation(JFrame.EXIT_ON_CLOSE);
    }
}
public class ComputerGUI {
    public static void main(String[] args) {
```

```
        new MyFrame8().init();
    }
}
```

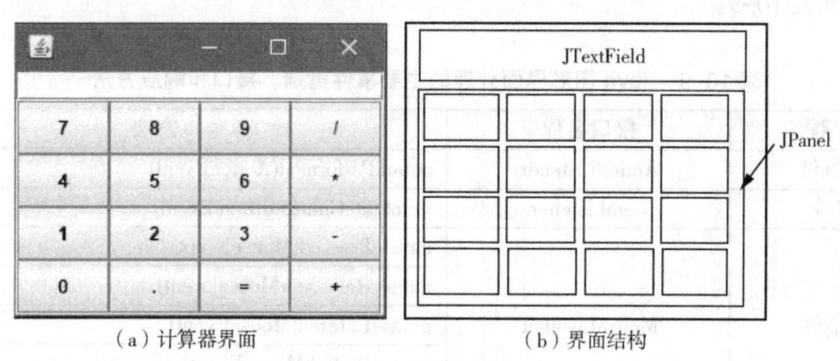

（a）计算器界面　　（b）界面结构

图 10-9　计算器界面

10.4 事件处理

10.4.1 事件处理机制

图形用户界面的组件经常需要对用户的鼠标、键盘等操作做出反应，这种反应就是**事件处理**。鼠标、键盘的操作被称为**事件**，产生事件的组件被称为**事件源**。对此事件做出响应的方法，被称为**事件处理程序**，也叫作事件处理器。Java 的事件处理机制如图 10-10 所示。

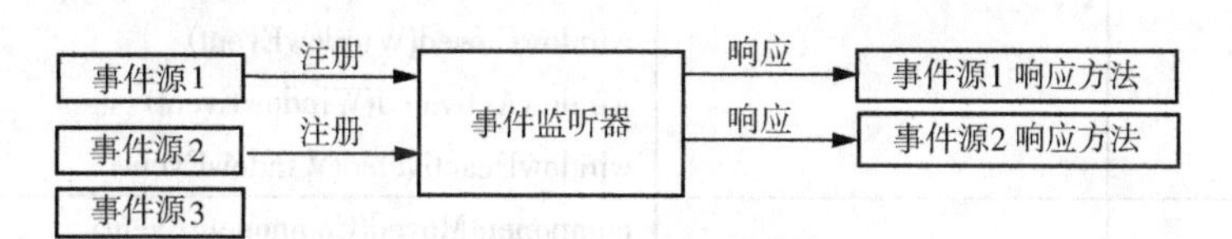

图 10-10　Java 的事件处理机制

从图 10-10 可以看出，事件源与事件响应方法被事件监听器分开，注册的事件源（例如事件源 1 和事件源 2）可以被方法响应，未注册的事件源 3 无法被响应。

事件监听器是事件处理的核心，包括以下功能。

① 事件监听器是保存事件源的容器，既能注册事件源，也能撤销事件源。

② 当事件发生时，事件监听器遍历监听的事件源容器，寻找具体产生事件的事件源，若找到，则执行相应的消息响应方法。

③ 事件监听器由 Java 系统完成。编程时需要完成注册事件源，并且编写消息响应程序。

10.4.2 事件处理的类和接口

事件监听框架是由 Java 系统本身完成的，它的消息响应方法形式是固定的。不同事件源产生多种事件，Java 系统为事件分类，每类对应一个或几个特定的方法，定义在不同的接口中，用户只要按规则实现接口中定义的方法即可。Java 图形界面处理的主要事件类别、接口和响应方法见表 10-9。

表 10-9 Java 图形界面处理的主要事件类别、接口和响应方法

事件类别	接口名称	方法
Action 事件	ActionListener	actionPerformed(ActionEvent)
Item 事件	ItemListener	itemStateChanged(ItemEvent)
Mouse 事件	MouseListener	mousePressed(MouseEvent)
		mouseReleased(MouseEvent)
		mouseEntered(MouseEvent)
		mouseExited(MouseEvent)
		mouseClick(MouseEvent)
Mouse Motion 事件	MouseMotionListener	mouseDragged(MouseEvent)
		mouseMoved(MouseEvent)
Key 事件	KeyListener	keyPressed(KeyEvent)
		keyReleased(KeyEvent)
		keyTyed(KeyEvent)
Focus 事件	FocusListener	focusGained(FocusEvent)
		focusLost(FocusEvent)
Adjustment 调整	AdjustmentListener	adjustmentValueChanged(AdjustmentEvent)
Window 事件	WindowListener	windowClosing(WindowEvent) windowOpened(WindowEvent) windowIconified(WindowEvent) windowDeiconified(WindowEvent) windowClosed(WindowEvent) windowActivated(WindowEvent) windowDeactivated(WindowEvent)
Component 事件	ComponentListener	componentMoved(ComponentEvent) componentHidden(ComponentEvent) componentResized(ComponentEvent) componentShown(ComponentEvent)
Container 事件	ContainerListener	componentAdded(ContainerEvent)
		componentRemoved(ContainerEvent)
Text 事件	TextListener	textValueChanged(TextEvent)

10.4.3 事件响应的实现

事件响应方法可以由实现事件响应接口的外部类或内部类实现。

【例 10-9】 TestAction1.java，使用 JFrame 类设计一个应用 FlowLayout 布局的窗口，向窗口中添加一个“关闭”按钮，单击“关闭”按钮，关闭该窗口。

按钮响应属于 Action 事件，事件接口是 ActionListener，方法是 actionPerformed (ActionEvent)。

因此，事件响应类需实现 ActionListener 接口并在其中完成 actionPerformed( )方法。程序代码如下。

```
import java.awt.*;
import java.awt.event.*;
import javax.swing.*;

class MyFrame9 extends JFrame {                      //事件源
    public void init() {
        JButton btn = new JButton("关闭");
        ActionListener monitor= new BtnMonitor();   //构造监听器
        btn.addActionListener(monitor);             //为按钮加监听
        this.setLayout(new FlowLayout());
        this.add(b);
        this.pack();
        this.setVisible(true);
    }
}
class BtnMonitor implements ActionListener {           //事件处理程序由外部类实现
    public void actionPerformed(ActionEvent e) {      //按钮事件响应方法
        System.exit(0);                              //退出应用程序
    }
}
public class TestAction1 {
    public static void main(String[] args) {
        new MyFrame9().init();
    }

}
```

程序运行结果如图 10-11 所示，单击“关闭”按钮退出应用程序。

图 10-11　例 10-9 程序运行结果

为按钮添加监听的方法是 addActionListener (ActionListener)，方法的参数是实现 ActionListener 接口的对象。在例 10-9 中，语句 btn.addActionListener(monitor)用于为按钮 btn 添加动作监听，monitor 是 BtnMonitor 类的对象，该类必须实现 ActionListener 接口，并重写 actionPerformed( )方法。

事件处理器经常使用内部类完成，将例 10-9 中的外部类 BtnMonitor 移到 MyFrame9 类内部，作为内部类，其余代码不变，完成的是相同的功能。

应用内部类实现监听的响应，方便共享事件源窗口中的数据成员；如果应用外部类实现监听的响应，需要解决事件源类中的成员与事件处理器之间的数据通信。因此多数情况下，应用内部类实现更加方便。

10.4.4　事件监听的过程

事件监听器负责将组件和事件处理器相连。每个组件可以单独注册一个事件监听器。在实际应用中，还可以为一个组件注册多个监听器，也可以为多个组件（一般是同类型的）注册一个监听器。

【例 10-10】 TestAction2.java，为两个按钮注册一个监听器。

为两个按钮注册一个监听器的界面如图 10-12 所示。图 10-12 的窗口中包括两个按钮，标题分别是“增加”“减少”，一个文本框用于计数，初值为 0。单击“增加”按钮，计数加 1 并显示；单击“减少”按钮，计数减 1 并显示。两个按钮组件注册一个监听实现类 Monitor，该类是使用内部类实现的，代码如下。

图 10-12　为两个按钮注册一个监听器的界面

```
import java.awt.*;
import java.awt.event.*;
import javax.swing.*;
class MyFrame10 extends JFrame{
    private TextField tf;
    private int count = 0;

    public void init(){
        Container container=this.getContentPane();
        JButton btn1 = new JButton("增加");
        JButton btn2 = new JButton("减少");
        tf = new TextField(""+count, 20);//初始化编辑框内容为 0
        container.add(btn1);container.add(btn2);container.add(tf);
        this.setLayout(new FlowLayout());
        this.setSize(400,120);
        this.setVisible(true);
        Monitor m1=new Monitor();
        btn1.addActionListener(m1);          //为按钮 btn1 添加监听
        btn2.addActionListener(m1);          //为按钮 btn2 添加监听
        this.setDefaultCloseOperation(JFrame.EXIT_ON_CLOSE);
    }
    class Monitor  implements ActionListener{
        public void actionPerformed(ActionEvent e){        //实现两个按钮操作响应方法
            String s = e.getActionCommand();               //区分事件源
            if(s.equals("增加")){
                count ++;
            }
            if(s.equals("减少")){
                count --;
            }
            Integer iObj = count;
            String str = iObj.toString();
            tf.setText(str);
        }
    }
```

```
}
public class TestAction2{
    public static void main(String []args){
        new MyFrame10().init();
    }
}
```

例 10-10 的知识点如下。

（1）getActionCommand( )方法或 getSource( )方法

“增加”和“减少”的功能都在 actionPerformed( )方法中实现，这就要求在该方法内分离出增加和减少功能。可以通过 ActionEvent 类的 getActionCommand( )方法的返回值来实现。

getActionCommand( )方法的返回值是按钮上显示的标签，也称命令字符串。例 10-10 就是通过 getActionCommand( )方法返回的命令字符串来判断的。可以看出，如果许多组件都对应相同的 actionPerformed( )方法，那么该方法内需要有很多分支语句，维护起来稍显复杂。

如果两个按钮的命令字符串相同（在编程中有可能出现），那么使用 getActionCommand( )方法返回值相同，会无法区分“增加”和“减少”两个按钮，这时可以使用 setActionCommand( )方法显示设定按钮的命令值，格式如下。

```
btn1.setActionCommand("add");    //设定 btn1 的命令标识串为 add
btn1.setActionCommand("minus"); //设定 btn2 的命令标识串为 minus
```

这样，就可以应用 actionPerformed( )方法了。例 10-10 没有显式地为按钮设定命令字符串，默认的命令字符串就是按钮的标签，这在编程中是需要注意的。

区分事件源对象，也可以使用 getSource( )方法，该方法返回 Object 类型的事件源对象。

（2）使用多个监听器

为每个组件创建一个监听器，不同的监听器对应不同的动作，层次清晰，这也是一种常用的实现方法。例 10-10 可以为两个按钮设计两个监听器，减少事件处理器的分支判断。

（3）将组件定义为成员变量

图形用户界面不需要把所有组件都定义为成员变量。例 10-10 包括两个按钮、一个文本框，但只将文本框定义为成员变量，这是因为文本框在 init( )、actionPerformed( )方法中被使用，也就是说只有那些多个方法中可能用到的组件，才适合被定义为成员变量。

10.5 其他组件

构建图形用户界面还经常使用 JRadioButton、JCheckBox、JList、JComboBox、JTable 等组件，下面分别介绍其中的部分组件。

10.5.1 JRadioButton

JRadioButton 是单选按钮组件，该组件提供选中或未选中两种状态，用户通过单击该组件切换状态。

JRadioButton 类使用 isSelected()方法返回按钮的当前状态，返回值为 true 表示选中，返回值为 false 表示未选中。

若干相同类型的按钮可以组合为按钮组。按钮组使用 ButtonGroup 类定义，特点是按钮组中只能有一个被选中。下面的代码将按钮 btn1、btn2 合并为一个组。

```
JButton btn1 = new JButton("btn1");
JButton btn2 = new JButton("btn2");
ButtonGroup gropu = new ButtonGroup();
group.add(btn1); group.add(btn2);
```

JRadioButton 具有两种状态的按钮可以注册 ItemEvent 事件监听程序，在 ItemListener 接口中声明了以下方法。

```
public void itemStateChanged(ItemEvent e);
```

当按钮的状态发生改变时，该方法将会被调用。

【例 10-11】 TestJRadioButton.java，编写图 10-13 所示的图形用户界面，当鼠标单击按钮时，按钮状态显示在编辑框中。代码如下。

```
import javax.swing.*;
import javax.swing.border.Border;
import java.awt.*;
import java.awt.event.ActionEvent;
import java.awt.event.ActionListener;

class MyFrame11 extends JFrame {
    JRadioButton radio1 = new JRadioButton("男");
    JRadioButton radio2 = new JRadioButton("女");
    JTextField tf = new JTextField(20);           //用于显示结果的文本区
    ActionListener al = new ActionListener() {    //响应 JRadioButton 的匿名类
        public void actionPerformed(ActionEvent e) {
            JRadioButton r = (JRadioButton)e.getSource();    //取得事件源
            String s = "";
            if (r == radio1) {
                s += radio1.getText() + "\t"+ radio1.isSelected();
            } else if (r == radio2) {
                s += radio2.getText() + "\t"+ radio2.isSelected();
            }
            tf.setText(s);
        }
    };

    public void init() {
        JPanel p2 = new JPanel();
        JPanel p1 = new JPanel();
        Border etched = BorderFactory.createEtchedBorder();
        p2.add(radio1);
        p2.add(radio2);
        Border border = BorderFactory.createTitledBorder(etched, "请选择性别");
        p2.setBorder(border);    //设置边框
```

```
        ButtonGroup g = new ButtonGroup();//创建 ButtonGroup 按钮组，并在组中添加按钮
        g.add(radio1);
        g.add(radio2);

        p1.add(tf);
        border = BorderFactory.createTitledBorder(etched, "结果");
        p1.setBorder(border);      //设置边框
        radio1.addActionListener(al);
        radio2.addActionListener(al);
        setLayout(new GridLayout(0, 1));
        add(p2);
        add(p1);
        pack();
        setVisible(true);
    }
}
public class TestJRadioButton {
    public static void main(String args[]) {
        new MyFrame11().init();
    }
}}
```

JRadioButton 按钮可以响应 ItemEvent 事件。但例 10–11 中按钮组 radio1 和 radio2 响应了 ActionEvent 事件，这说明该按钮也可以响应 ActionEvent 事件。

JCheckBox 是复选框组件，使用方法与 JRadioButton 类似。

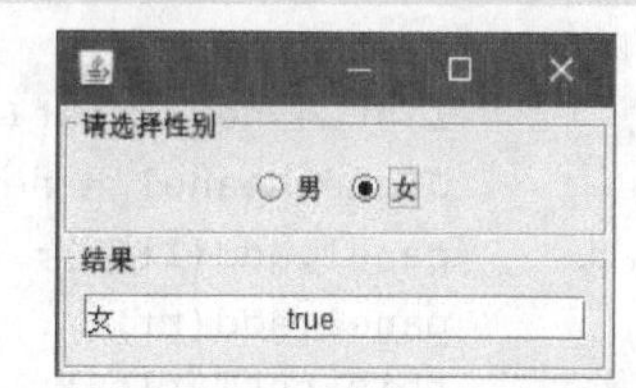

图 10–13　JRadioButton 的应用

10.5.2　JList

JList 类用于创建列表控件，提供一系列选项供用户选择。JList 常用方法见表 10–10。

表 10–10　JList 常用方法

方法	功能
JList()	构造方法，创建空列表
JList(E[ ] listData)	构造方法，创建列表，列表的选项由数组 listData 指定
JList(Vector<? extends E> listData)	构造方法，创建列表，列表的选项由 Vector 型参数 listData 指定
int getSelectedIndex()	返回选中项的索引值
void setSelectedIndex(int index)	设置某个选项被选中
E getSelectedValue()	返回选中项对象
void setListData(E[ ] listData)	用数组设置列表数据
List<E> getSelectedValuesList()	返回多个选项
void setSelectionMode(int mode)	对列表的选择模式进行设置

setSelectionMode(int mode) 方法中，参数 mode 取值如下。

```
ListSelectionModel.SINGLE_SELECTION                    //只能进行单项选择
ListSelectionModel.SINGLE_INTERVAL_SELECTION           //可多项选择，但多个选项必须是连续的
ListSelectionModel.MULTIPLE_INTERVAL_SELECTION         //多项选择，多个选项可以是间断的，这
                                                       //是选择模式的缺省值
```

在列表上执行选择操作时，将引发 ListSelectionEvent 事件，对应的接口是 ListSelectionListener，该接口定义了一个方法，形式为 public void valueChanged (ListSelection Event e)。需要注意的是，ListSelectionEvent、ListSelectionListener 均在 javax.swing. event 包下，并非 java.awt.event 包。

【例 10-12】 TestJList.java，JList 组件的应用。

用户在列表框中进行选择，被选中的选项（字符串）显示在右侧的编辑框中，例 10-12 的运行效果如图 10-14 所示，代码如下。

```
import javax.swing.*;
import javax.swing.event.*;
class MyFrame13 extends JFrame {
   JList list;
   JTextField tf = new JTextField(10);

   public void init() {
       String[] itemList = {"Yangtze River", "Yellow River", "Heilongjiang River",
"Pearl River"};
       list = new JList(itemList);
       JPanel panel = new JPanel();
       panel.add(list);
       panel.add(tf);
       this.setTitle("JList 组件");
       this.add(panel);
       this.pack();
       this.setVisible(true);
       this.setDefaultCloseOperation(JFrame.DISPOSE_ON_CLOSE);
       this.setSize(300,160);
       this.setLocationRelativeTo(null);
       ListSelectionListener al = new MonitorList();
       list.addListSelectionListener(al);
   }
   class MonitorList implements ListSelectionListener {

       @Override
       public void valueChanged(ListSelectionEvent e) {
           String item = (String) list.getSelectedValue();
           tf.setText(item);
       }
   }
}
public class TestJList{
   public static void main(String args[]) {
       new MyFrame13().init();
```

```
    }
}
```

JComboBox 组件用于创建组合框，它有不可编辑和可编辑两种形式，使用方法与 JList 组件类似。

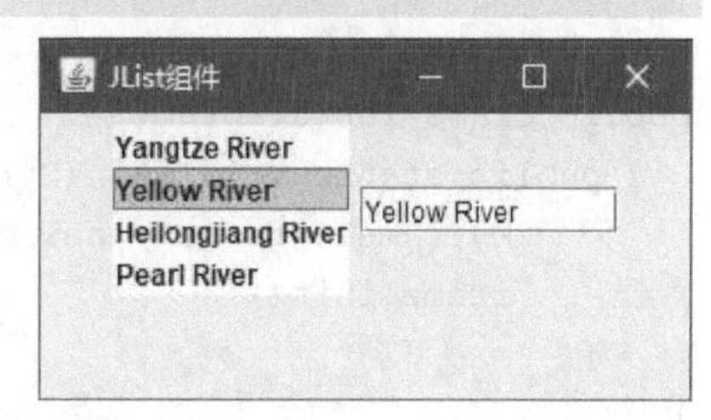

图 10-14　例 10-12 的运行效果

10.5.3　JTable

JTable 是二维表格组件。表格是一个多行、多列组成的显示区域。Swing 的 JTable 组件提供了对表格的支持。JTable 组件的构造方法见表 10-11。

表 10-11　JTable 组件的构造方法

方法	功能
JTable()	创建一个空表格
JTable(int rows, int cols)	创建一个指定行、列的表格
JTable(Object[ ][ ]data, Object[ ] colNames)	创建一个表格，表格显示二维数组的所有数据和每一列的名称
JTable(Vector[ ][ ]data, Object[ ] colNames)	创建一个表格，表格显示二维向量的所有数据和每一列的名称
JTable(TableModel tm)	使用指定的数据模型，创建一个表格，该数据模型由 TableModel 接口定义

表 10-11 列出了 JTable 类的主要构造方法，使用这些构造方法，可以把二维数据包装成表格，二维数据既可以是二维数组，又可以是集合元素为 Vector 的 Vector 类对象。为了给表格列设置标题，还需要传入一维数组作为列标题。

JTable 可响应较多的事件，主要有 MouseEvent、MouseMotionEvent、KeyEvent 等。

【例 10-13】　TestJTable.java，JTable 组件的应用，代码如下。

```
import java.awt.Dimension;
import java.util.Vector;
import javax.swing.*;
class MyFrame16 extends JFrame {
    String data[][] = {{"1", "zhang", "male", "22"}, {"2", "li", "female", "19"},
            {"3", "wang", "female", "20"}};

    String titles[] = {"学号", "姓名", "性别", "年龄"};          //列名称
    public void init() {
        JTable t = new JTable(data, titles);
        JScrollPane scrollPane = new JScrollPane(t);
        scrollPane.setAutoscrolls(true);//超出大小后自动出现滚动条
        add(scrollPane);
        this.setTitle("显示学生信息");
        this.setSize(360, 200);
        this.setLocationRelativeTo(null);
        this.setDefaultCloseOperation(JFrame.EXIT_ON_CLOSE);
```

```
        setVisible(true);
    }
}
public class TestJTable {
    public static void main(String args[]) {
        MyFrame16 frame = new MyFrame16();
        frame.init();
    }
}
```

例 10-13 的运行结果如图 10-15 所示。

学号	姓名	性别	年龄
1	zhang	male	22
2	li	female	19
3	wang	female	20

图 10-15　例 10-13 的运行结果

例 10-13 为 JFrame 窗体添加了一个表格，表格中包括标题和表格内容。程序定义了表格数据和标题的两个字符串数组，在创建 JTable 时将两个数组以参数的形式传入，利用 JTable 类展示了一组二维数据，这是 JTable 类最基本的应用。

JTable 组件用于展示二维表格的数据，JTree 组件可以以树状结构展示数据，请读者参考 JDK 文档学习使用。

10.5.4　菜单组件

菜单是重要的 GUI 组件。每个菜单组件包括一个**菜单条**，被称为 MenuBar。每个菜单条又包含多个**菜单项**，被称为 Menu。每个菜单项再包含若干个**菜单子项**，被称为 MenuItem。在 Swing 中，使用 JMenuBar、JMenu、JMenuItem 等类创建菜单。

JFrame 类的 setJMenuBar(JMenuBar menu) 方法将菜单置于窗口的上方。菜单组件的常用方法见表 10-12。

表 10-12　菜单组件的常用方法

方法	功能
JMenuBar( )	建立一个菜单条
JMenu(String title)	建立一个菜单项
JMenuItem(String text)	构造只显示文本的菜单项，文本由参数 text 指定
JMenuItem(String text, int mnemonic)	构造一个显示文本且有快捷键的菜单项，文本由参数 text 指定，快捷键由参数 mnemonic 指定
void addSeparator ( )	在菜单项间加入分隔线
insertSeparator(int index)	在菜单项间加入分隔线

当菜单中的菜单项被选中时，将会引发 ActionEvent 事件，因此通常需要为菜单项注册 ActionListener，以便对事件做出反应。

【例 10-14】　TestMenu.java，菜单组件的应用，菜单组件的运行效果如图 10-16 所示。

```
import javax.swing.*;
```

```
import java.awt.event.*;

class MyFrame21 extends JFrame {
    public void init() {
        JMenuBar bar = new JMenuBar();                    //产生菜单条
        JMenu menu1 = new JMenu("File");                  //产生菜单项
        JMenuItem mitem1 = new JMenuItem("Save", KeyEvent.VK_S);//产生 3 个菜单子项
        JMenuItem mitem2 = new JMenuItem("Load");
        JMenuItem mitem3 = new JMenuItem("Quit");

        menu1.add(mitem1);                         //为菜单项添加 3 个菜单子项
        menu1.add(mitem2);
        menu1.add(mitem3);
        bar.add(menu1);                              //为菜单条添加一个菜单项

        this.setJMenuBar(bar);                       //菜单放在 JFrame 上
        this.setBounds(200,200,300,200);
        this.setTitle("菜单组件");
        this.setVisible(true);
        this.setDefaultCloseOperation(JFrame.DISPOSE_ON_CLOSE);

        mitem3.addActionListener(new ActionListener() {//为 Quit 添加消息响应
            public void actionPerformed(ActionEvent e) {
                System.exit(0);
            }
        });
    }
}
public class TestMenu {
    public static void main(String args[]) {
        new MyFrame21().init();
    }
}
```

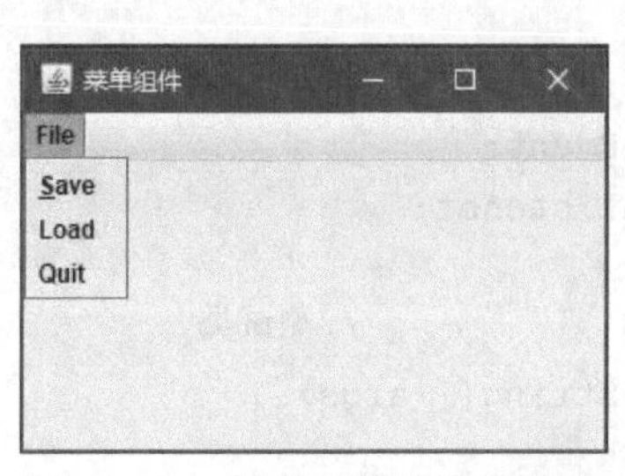

图 10-16　菜单组件的运行效果

10.6 对话框

对话框是常用的数据操作窗口，它和 JFrame 一样，都是顶层容器，可以独立显示。对话

框分为无模式和有模式两种情况。**无模式对话框**是指当该对话框出现后，仍可切换到其他界面进行操作，可以理解为“并行”操作；**有模式对话框**也称模式对话框，是指当该对话框出现后，不能切换到其他界面，只能该界面操作结束后，才能进行其他界面的操作，可以理解为“串行”操作。对话框被封装在 JDialog 类中，JDialog 对象可以是有模式或无模式的，JFrame 对象一般只能是无模式的。

JDialog 常用的构造方法如下。

```
JDialog(Frame owner, String title, boolean modal);
```

该方法构造一个有标题的对话框，布尔型参数 modal 指明是否为模式对话框。owner 是对话框所依赖的窗口。如果 owner 值为 null，对话框依赖一个默认的、不可见的窗口。对话框的拥有者被清除时，对话框也会被清除。

【例 10-15】 TestMyDialog.java，输入数据的模式对话框，用户在对话框中输入数据并显示，代码如下。例 10-15 的对话框启动界面如图 10-17 所示。

图 10-17　例 10-15 的对话框启动界面

```
import javax.swing.*;
import java.awt.*;
import java.awt.event.ActionEvent;
import java.awt.event.ActionListener;

public class TestMyDialog {                //测试类
    public static void main(String[] args) {
        new MyFrameDialog();
    }
}
class MyFrameDialog extends JFrame {     //主窗口
    MyFrameDialog() {
        super("MainFrame");
        JButton btn = new JButton("显示输入对话框");
        this.add(btn);
        this.setSize(500, 400);
```

```
        this.setLocationRelativeTo(null);
        this.setVisible(true);
        this.setLayout(new FlowLayout());
        this.setDefaultCloseOperation(JFrame.EXIT_ON_CLOSE);
        btn.addActionListener(new ActionListener() {     //匿名类，启动对话框
            @Override
            public void actionPerformed(ActionEvent e) {
                new MyDialog(null, "输入数据", true).setVisible(true);
            }
        });
    }
}

class MyDialog extends JDialog {                    //对话框类
    JTextField tid = new JTextField(10);
    JTextField tname = new JTextField(10);
    JTextField tsex = new JTextField(10);
    JTextField tage = new JTextField(10);
    public MyDialog(Frame f, String s, boolean b) {
        super(f, s, b);
        JPanel p1 = new JPanel();
        JPanel p2 = new JPanel();
        JPanel p3 = new JPanel();
        JPanel p4 = new JPanel();
        p1.add(new JLabel("学号"));
        p1.add(tid);
        p2.add(new JLabel("姓名"));
        p2.add(tname);
        p3.add(new JLabel("性别"));
        p3.add(tsex);
        p4.add(new JLabel("年龄"));
        p4.add(tage);
        JButton btn1 = new JButton("添加记录");
        this.add(p1);
        this.add(p2);
        this.add(p3);
        this.add(p4);
        this.add(btn1);
        this.setLayout(new FlowLayout());
        this.setSize(240, 280);
        this.setLocationRelativeTo(f);
        btn1.addActionListener(new StuMonitor());
    }
    class StuMonitor implements ActionListener {  //内部类
        @Override
        public void actionPerformed(ActionEvent e) {
            int id = Integer.parseInt(tid.getText());
            String name = tname.getText();
            String sex = tsex.getText();
```

```
            int age = Integer.parseInt(tage.getText());
            String result = id+"\t"+name+"\t\t"+sex+"\t\t"+age;
            JOptionPane.showMessageDialog(null,result,"输入数据",
                    JOptionPane.INFORMATION_MESSAGE);
        }
    }
}
```

例 10-15 中，主界面 MyFrameDialog 继承了 JFrame 类，输入数据对话框 MyDialog 继承了 JDialog 类，这两个类各自拥有自己的成员，层次清晰，易于维护。

javax.swing 包中，JOptionPane 类的静态方法 showMessageDialog() 用于创建一个消息对话框，具体代码如下。

```
showMessageDialog(null,result,"输入数据", JOptionPane.INFORMATION_MESSAGE)
```

该对话框显示了用户的输入数据。

需要注意的是，由于 MyDialog 是模式对话框，因此按钮“显示输入对话框”的消息响应代码必须加在对话框显示之前，也就是 setVisible()方法之前，否则就不可能执行了。

10.7 项目实践

本项目应用图形用户界面完善学生信息管理系统，重点完成菜单、数据输入和数据显示功能，要点如下。

① 应用 JMenuBar、JMenu、JMenuItem 等组件创建菜单。

② 应用 JDialog 作为数据输入界面，数据输入使用 JTextField 组件和 JList 组件。

③ 应用 JTable 组件实现数据输出。

1. 主窗体的实现

主窗体包括系统菜单和欢迎界面，布局设置为 BorderLayout。学生信息管理系统主界面如图 10-18 所示。限于篇幅，这里仅实现了“添加学生信息”和“显示学生信息”两个菜单项的功能。主窗体 MainFrame.java 程序代码如下。

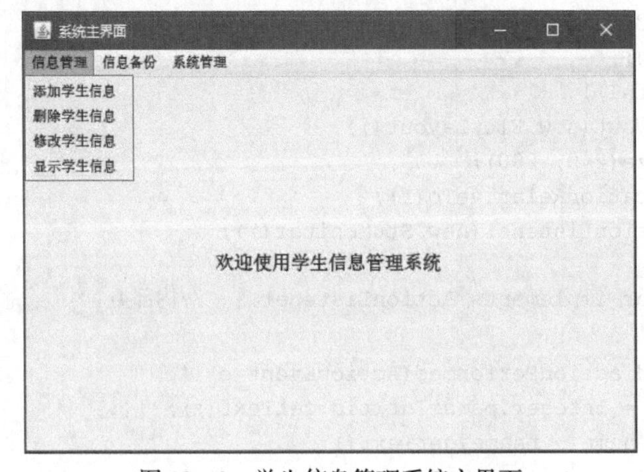

图 10-18 学生信息管理系统主界面

```
import javax.swing.*;
import java.awt.*;
import java.awt.event.*;

class MainFrame extends JFrame {              //主窗体
    InputDataDialog input1 = new InputDataDialog(this,"add",true);
    public void init() {
        this.setTitle("系统主界面");
        JLabel lbl1 = new JLabel("欢迎使用学生信息管理系统", JLabel.CENTER);
        lbl1.setFont(new Font("宋体", Font.BOLD, 16));
        this.setLayout(new BorderLayout());
        this.add(lbl1, BorderLayout.CENTER);
        this.add(lbl1);

        JMenuBar bar = new JMenuBar();                //创建菜单条
        JMenu menu1 = new JMenu("信息管理");          //创建菜单项
        JMenuItem mitem11 = new JMenuItem("添加学生信息");//创建菜单子项
        JMenuItem mitem12 = new JMenuItem("删除学生信息");
        JMenuItem mitem13 = new JMenuItem("修改学生信息");
        JMenuItem mitem14 = new JMenuItem("显示学生信息");

        JMenu menu2 = new JMenu("信息备份");              //创建菜单项
        JMenuItem mitem21 = new JMenuItem("导入数据"); //创建菜单子项
        JMenuItem mitem22 = new JMenuItem("导出数据");

        JMenu menu3 = new JMenu("系统管理");
        JMenuItem mitem31 = new JMenuItem("退出系统");

        menu1.add(mitem11);         //为菜单项添加菜单子项
        menu1.add(mitem12);
        menu1.add(mitem13);
        menu1.add(mitem14);

        menu2.add(mitem21);
        menu2.add(mitem22);

        menu3.add(mitem31);

        bar.add(menu1);             //为菜单条添加菜单项
        bar.add(menu2);
        bar.add(menu3);

        this.setJMenuBar(bar);     //向 JFrame 添加菜单
        this.setSize(600,480);
        this.setLocationRelativeTo(null);
        this.setVisible(true);
```

```
        miteml1.addActionListener(new ActionListener() {
            @Override
            public void actionPerformed(ActionEvent e) {
                input1.setVisible(true);    //显示输入信息对话框
            }
        });

        mitem14.addActionListener(new ActionListener() {
            @Override
            public void actionPerformed(ActionEvent e) {
                input1.show1();             //输出二维表信息
            }
        });

        mitem31.addActionListener(new ActionListener() {
            public void actionPerformed(ActionEvent e) {
                System.exit(0);
            }
        });
    }
}
```

2. 数据输入界面的实现

数据输入应用了 JDialog 组件，在其中添加了 JLabel、JTextField、JList 等组件。输入数据对话框如图 10-19 所示。

图 10-19　输入数据对话框

程序 ProcessStuInfo.java 代码如下，其中的 StudentInfo 类与任务 9 中的代码相同。基本思路是将输入的信息保存到 StudentInfo 对象中，再将对象保存到 Vector 类中。如果学号存在重复，则给出提示信息。

```
import javax.swing.*;
import javax.swing.event.*;
import java.awt.*;
import java.util.Vector;

class InputDataDialog extends JDialog {    //输入数据对话框
    Vector<StudentInfo> studentList = new Vector<StudentInfo>();
    JTextField tid = new JTextField(10);
    JTextField tname = new JTextField(10);
    String[] itemlist = {"  male  ", " female "};
    JList jlst = new JList(itemlist);
    String tsex=null;
```

```
    JTextField tage = new JTextField(10);
    ListSelectionListener a1 = new ListSelectionListener() { //获得列表框数据
        @Override
        public void valueChanged(ListSelectionEvent e) {
            tsex = (String) jlst.getSelectedValue();
        }
    };

    public InputDataDialog(Frame f, String s, boolean b) {
        super(f, s, b);
        JPanel p1 = new JPanel();
        JPanel p2 = new JPanel();
        JPanel p3 = new JPanel();
        JPanel p4 = new JPanel();
        p1.add(new JLabel("学号"));
        p1.add(tid);
        p2.add(new JLabel("姓名"));
        p2.add(tname);
        p3.add(new JLabel("性别"));
        p3.add(jlst);
        p4.add(new JLabel("年龄"));
        p4.add(tage);
        JButton btn1 = new JButton("添加记录");
        this.add(p1);
        this.add(p2);
        this.add(p3);
        this.add(p4);
        this.add(btn1);

        this.setTitle("添加数据");
        this.setLayout(new FlowLayout());
        this.setSize(240, 300);
        this.setLocationRelativeTo(f);
        jlst.addListSelectionListener(a1);
        btn1.addActionListener(new StuMonitor());
    }

    public class StuMonitor implements ActionListener { //内部类
        @Override
        public void actionPerformed(ActionEvent e) {
            int id = Integer.parseInt(tid.getText());
            int index = find(id);
            if (index != -1) {
                System.out.println("---该学生已存在---");
            } else {
                String name = tname.getText();
                String sex = tsex;
```

```
                int age = 0;
                try {
                    age = Integer.parseInt(tage.getText());
                } catch (Exception ee) {
                    System.out.println(ee.getMessage());
                }
                StudentInfo stu = new StudentInfo(id, name, sex, age);
                if (studentList.add(stu)){
                    System.out.println("添加成功");
                }else {
                    System.out.println("添加失败");
                }
            }
        }
        public int find(int id) {
            for (StudentInfo s : studentList) {
                if (s.id == id) {
                    return studentList.indexOf(s);
                }
            }
            return -1;
        }
    }
    //以下为信息显示功能的实现
    /*
      此处为信息显示界面代码，包括内部类及调用
    */
}
```

3. 信息显示界面的实现

信息显示界面应用了 JTable 组件，实现过程是将 Vector 类中的数据转换为二维的字符串数组，并将其作为参数传递给 JTable，实现过程详见 10.5.3 节。实现信息显示功能的 ShowStuInfo 类以内部类形式添加到 InputDataDialog 类中，具体代码如下。

```
    //以下为信息显示功能的实现
    public void show1() {
        new ShowStuInfo().init();
    }
    class ShowStuInfo extends JFrame {
        void init() {
            String data2[][] = new String[studentList.size()][4];
            for (int i = 0; i < studentList.size(); i++) {
                data2[i][0] = studentList.get(i).id + "";
                data2[i][1] = studentList.get(i).name + "";
                data2[i][2] = studentList.get(i).age + "";
                data2[i][3] = studentList.get(i).sex + "";
                }
            String titles[] = {"学号", "姓名", "性别", "年龄"};  //列名称
```

```
        JTable t = new JTable(data2, titles);
        JScrollPane scrollPane = new JScrollPane(t);        //设定表格在面板上的大小
        add(scrollPane);
        this.setTitle("显示学生信息");
        this.setSize(360, 200);
        this.setLocationRelativeTo(null);
        this.setDefaultCloseOperation(JFrame.EXIT_ON_CLOSE);
        setVisible(true);
    }
}
```

习题 10

1. 选择题

（1）所有 GUI 组件的父类是哪一项？（　　）

A．Button　B．List　C．Component　D．Container

（2）下列布局管理器中，JDialog 类和 JFrame 类的默认布局是哪一项？（　　）

A．FlowLayout　B．CardLayout　C．BorderLayout　D．GridLayout

（3）下列 Swing 组件中，属于容器类组件的是哪一项？（　　）

A．JList　B．JTextArea　C．JFrame　D．JChoice

（4）单击一个 JButton 按钮，生成的事件是哪一项？（　　）

A．ItemEvent　B．MouseEvent

C．MouseMotionEvent　D．ActionEvent

（5）为了实现按钮的动作监听，必须实现下面哪个接口？（　　）

A．MouseListener　B．ActionListener

C．FocusListener　D．WindowListener

（6）ActionEvent 类中的哪个方法返回按钮的动作命令串？（　　）

A．getActionCommand()　B．getModif iers()

C．paramString()　D．getID()

（7）设 Container 类对象 ct 的布局管理器是 BorderLayout，下面哪个语句在 ct 的 BorderLayout.EAST 位置上添加组件 JButton 对象 b？（　　）

A．ct.add(b, BorderLayout.EAST)　B．b.add(ct, BorderLayout.EAST)

C．b.add(BorderLayout.EAST, ct)　D．ct.add(b);

（8）下列关于菜单和对话框的描述中，**不正确**的是哪一项？（　　）

A．JFrame 是可以容纳菜单组件的容器

B．菜单条可包含若干个菜单，菜单又可包含若干菜单项，菜单项还可包含子菜单项

C．对话框与 JFrame 一样都可作为菜单组件的最外层容器

D．对话框不含有菜单条，它由 JFrame 弹出

2. 简答题

（1）Java 定义图形用户界面的类主要在哪两个包中？

（2）组件和容器有什么区别？

（3）JFrame 与 JPanel 的区别是什么？

（4）什么是布局管理器？使用布局管理器的优点是什么？

（5）简述 Java 图形用户界面的事件处理机制。

（6）JButton 与 JRadioButton 的区别是什么？

3. 上机实践

（1）构建图 10-20 所示的图形界面，并完成事件响应。

（2）构建图 10-21 所示的图形界面。

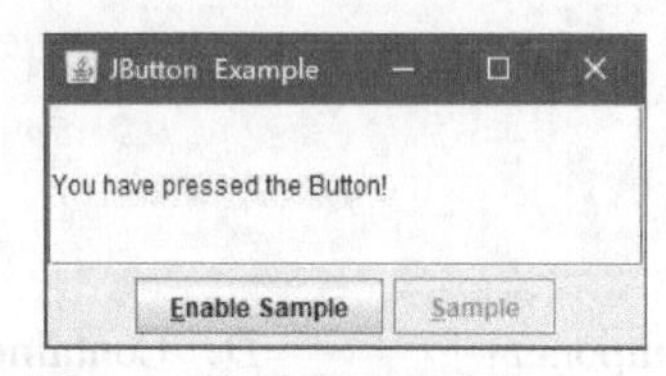

图 10-20　程序运行效果（1）

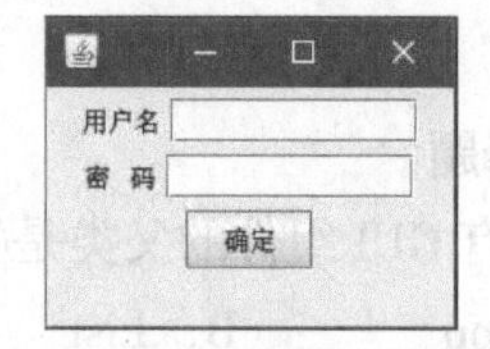

图 10-21　程序运行效果（2）

（3）编写求两个正整型数最大公约数的程序。要求：有两个文本框 txt1、txt2，用来输入整型数据；一个按钮；一个不可编辑的文本控件 txt3。当单击按钮时，在 txt3 中显示两个整型数的最大公约数的值。

（4）学生信息（姓名、年龄、性别）保存在文本文件 stu.txt 中，该文件每行保存一个学生信息，信息项之间用逗号分隔，读取该文件内容，将学生信息用 JTable 组件显示，程序运行结果如图 10-22 所示。

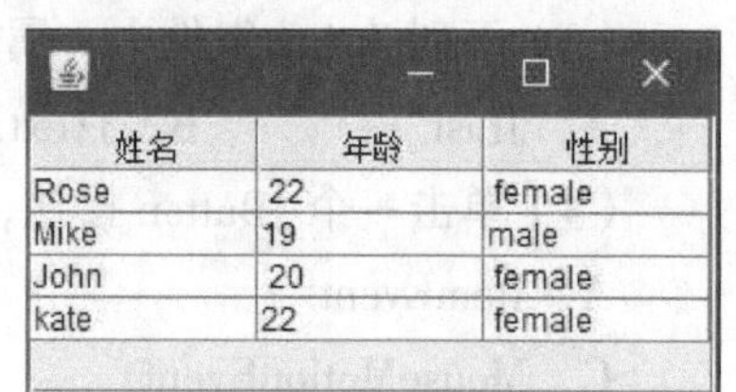

姓名	年龄	性别
Rose	22	female
Mike	19	male
John	20	female
kate	22	female

图 10-22　程序运行效果（3）

任务 11　Java 的数据库编程

数据库是数据的集合，用于存储数据，提高数据处理的效率。数据库的存储和访问属于数据库技术。数据库技术、网络技术、人工智能技术都是计算机应用领域的主流技术。

Java 通过 JDBC 访问 Sybase、Oracle、SQL Server、MySQL 等多种数据库。本任务介绍数据库的概念、结构化查询语言（SQL），以及如何使用 JDBD 操作 MySQL 数据库。

✧ 学习目标

（1）了解数据库和 MySQL 数据库的基础知识。
（2）学会使用 SQL 操作数据库。
（3）掌握 MySQL 连接数据库及数据增、删、改、查的方法。

✧ 项目描述

本任务应用 MySQL 数据库完善学生信息管理系统项目，基于数据库实现增加、删除、修改、查询等功能，具体要点如下。

（1）应用 MySQL 数据库保存数据，使用 JDBC API 来连接 MySQL 数据库。
（2）使用 StudentInfo 类保存学生信息。
（3）应用 StudentManage 类实现学生信息管理的业务逻辑。

✧ 知识结构

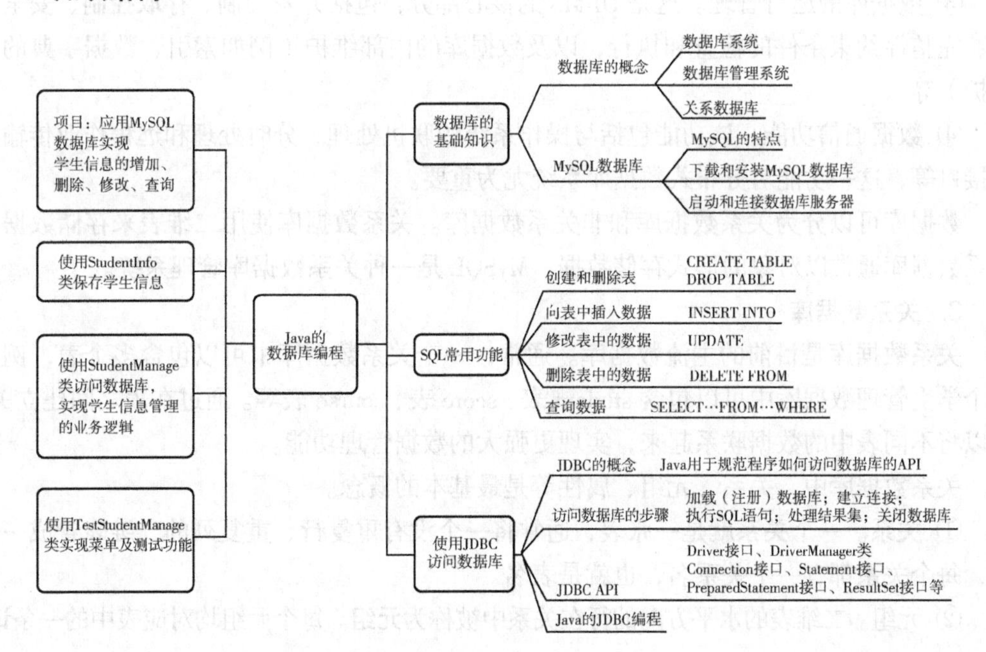

11.1 数据库的基础知识

11.1.1 数据库的概念

数据库将大量数据按照一定的方式组织并存储起来，是相互关联的数据的集合。数据库中的数据不仅包括描述事物的数据本身，还包括相关数据之间的联系。数据库以一定的方式组织、存储数据，并且具有尽可能少的冗余数据，数据库的数据能被多个用户共享。

相对于用文件存储数据，数据库为用户提供安全、高效、快速检索和修改的数据集合。同时，数据库文件独立于用户的应用程序，可被多个应用程序使用，可以更好地实现数据共享。

数据库系统和数据库管理系统（DBMS）是两个基础的概念。

1. 数据库系统

数据库系统是基于数据库的计算机应用系统，主要包括数据库、数据库管理系统、相关软/硬件环境和数据库用户。其中，数据库管理系统是数据库系统的核心。

2. 数据库管理系统

数据库管理系统是用来管理和维护数据库的、位于操作系统之上的系统软件，其主要功能如下。

① 数据定义功能。DBMS 提供数据定义语言，用户通过它可以方便地对数据库中的对象进行定义，例如对数据库、表、视图和索引进行定义。

② 数据操纵功能。DBMS 向用户提供数据操纵语言，实现对数据库的基本操作，例如查询、插入、删除和修改数据库中的数据。

③ 数据库的运行管理。这是 DBMS 的核心部分，包括并发控制、存取控制、安全性检查、完整性约束条件的检查和执行，以及数据库的内部维护（例如索引、数据字典的自动维护）等。

④ 数据通信功能。该功能包括与操作系统的联机处理、分时处理和远程作业传输的相应接口等，这一功能对分布式数据库系统尤为重要。

数据库可以分为关系数据库和非关系数据库。关系数据库使用二维表来存储数据，非关系数据库通常以对象的形式存储数据。MySQL 是一种关系数据库管理系统。

3. 关系数据库

关系数据库是目前的主流数据库。通常，一个关系数据库中可以包含多个表，例如，一个学生管理数据库中可以包含 student 表、score 表、course 表等。通过在表之间建立关系，可以将不同表中的数据联系起来，实现更强大的数据管理功能。

关系数据库中，关系、元组、属性等是最基本的概念。

① 关系。一个**关系**就是一张表，通常将一个没有重复行、重复列的二维表看成一个关系，每个关系都有一个关系名，也就是表名。

② 元组。二维表的水平方向的行在关系中被称为**元组**。每个元组均对应表中的一条**记录**。

③ 属性。二维表的垂直方向的列在关系中被称为**属性**，每个属性都有一个属性名，属性值则是各个元组属性的取值。属性名也称为字段名，属性值也称为字段值。属性的集合构成了表的结构。

④ 域。属性的取值范围称为**域**。域作为属性值的集合，其类型与范围由属性的性质及其所表示的意义来确定。同一属性只能在相同域中进行取值。

⑤ 关键字。其值能唯一地标识一个元组的属性或属性的组合被称为关键字。关键字可表示为属性或属性的组合，例如，雇员表的 id 字段可以作为标识一条记录的关键字。

11.1.2 MySQL 数据库

1. MySQL 的特点

MySQL 是一个关系数据库管理系统，早期由瑞典 MySQL AB 公司开发，现属于 Oracle 公司。MySQL 数据库的数据保存在多个表中，通过关系数据库的通用语言 SQL 操作。

MySQL 数据库软件分为社区版和企业版。社区版是开源免费的，但没有官方的技术支持。企业版提供数据仓库应用，支持事务处理，该版本需要付费使用，官方提供技术支持。总体上，MySQL 具有体积小、速度快、成本低、开放源码等特点，大量信息系统开发选择 MySQL 作为数据库。

2. 下载和安装 MySQL 数据库

MySQL 8.0 是当前的主流版本，在 Windows 操作系统下安装，推荐使用 MSI 安装方式。但要注意，安装 MySQL 时，用户需要有系统管理员的权限。

（1）下载安装包

从 MySQL 官网下载 MySQL 8.0 安装包。

在 MySQL 官网主页选择“DEVELOPER ZONE”菜单，进入 MySQL Community（社区版）下载页面。在“Select Operating System”下拉列表中，选择“Microsoft Windows”，MySQL 8.0 下载页面如图 11-1 所示（不同时间的界面可能不一样，图 11-1 是本书编者下载时的界面）。可以选择在线安装或离线安装（建议选项），单击“Download”按钮即可进入下载页面。

下载页面有提示是否注册的链接，跳过该链接直接下载即可。

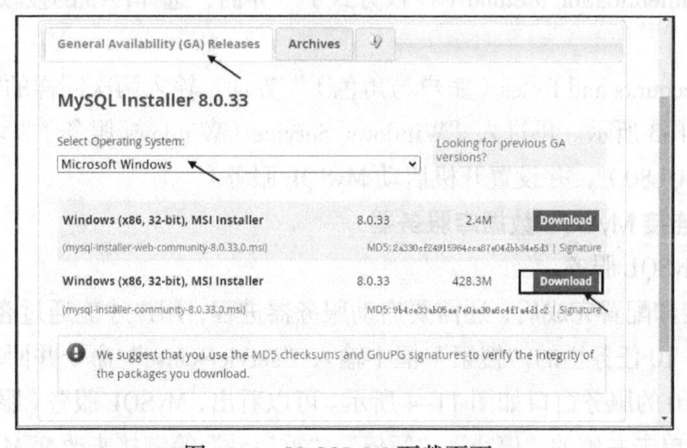

图 11-1　MySQL 8.0 下载页面

（2）安装和配置 MySQL 数据库

在 Windows 10 操作系统安装 MySQL 8.0 时，双击下载的 mysql-installer-community-8.0.33.0.msi 文件，打开向导，根据提示安装即可。这个过程包括确认“License Agreement（用户许可协议）”“Choosing a Setup Type（选择安装类型）”等步骤。

安装完成后，根据向导提示配置数据库。在这个过程中，需注意下面几点。

一是在“Type and Networking（类型与网络）”界面，在“Config Type”下拉列表中选择“Development Computer（开发机器）”，该选项可以将 MySQL 服务器配置成使用最少的系统资源，建议选择该项；同时，默认选择 TCP/IP 网络，使用默认端口为 3306；选择“OpenWindows Firewall ports for network access”复选框，保证防火墙允许通过该端口访问数据库。选择类型与网络界面如图 11-2 所示。

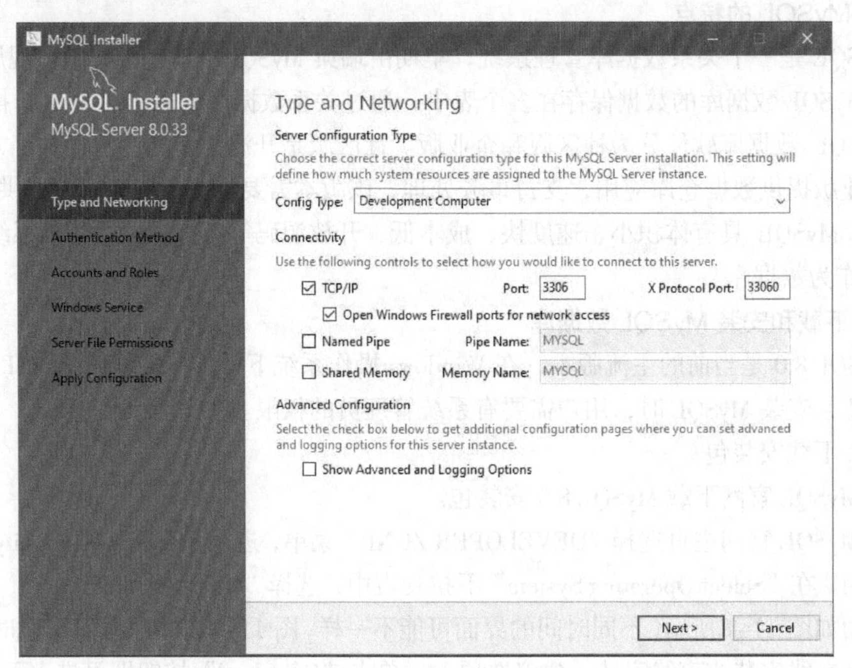

图 11-2 选择类型与网络界面

二是在“Authentication Method（授权方式）”界面，选择传统的授权方式，保留 5.x 版本的兼容性。

三是在“Accounts and Roles（账户与角色）”界面，输入两次同样的密码，设置账户名和密码，如图 11-3 所示。再进入“Windows Service（Windows 服务）”界面，设置服务器名称（例如 MySQL80），并设置开机启动 MySQL 服务。

3. 启动和连接 MySQL 数据库服务器

（1）启动 MySQL 服务

MySQL 安装和配置完成后，还需要启动服务器进程，用户才能通过客户端登录数据库。

在 Windows 10 任务栏的“搜索”框中输入“services.msc”命令并回车，出现“服务”窗口，Windows 10 的服务窗口如图 11-4 所示。可以看出，MySQL 服务（服务名为 MySQL80）正在运行，可以单击左侧的“停止”“暂停”“重启动”等链接来改变 MySQL 服务的状态。

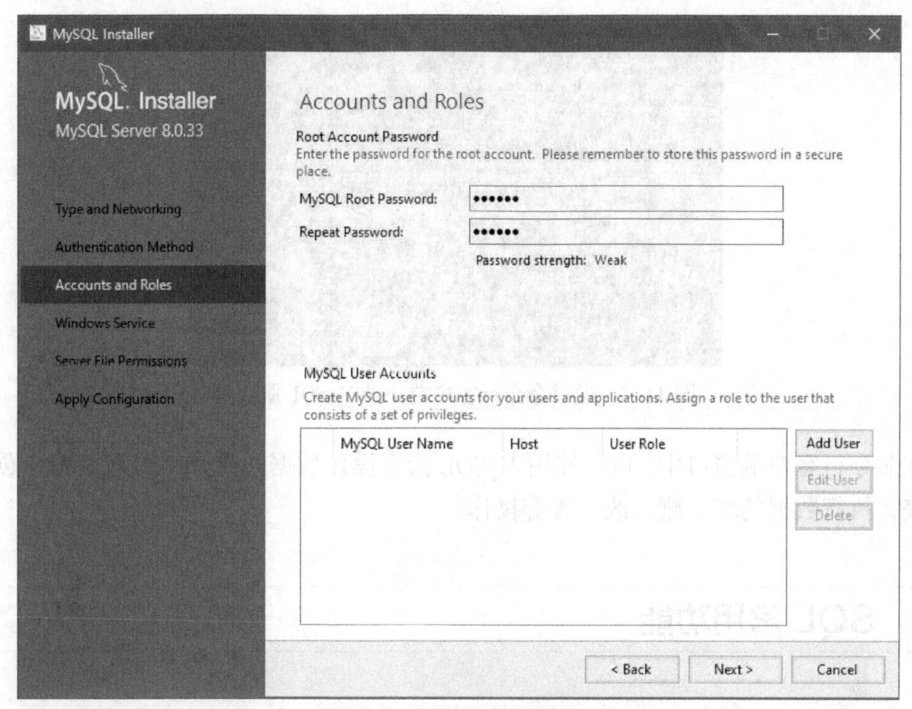

图 11-3　设置账户名和密码

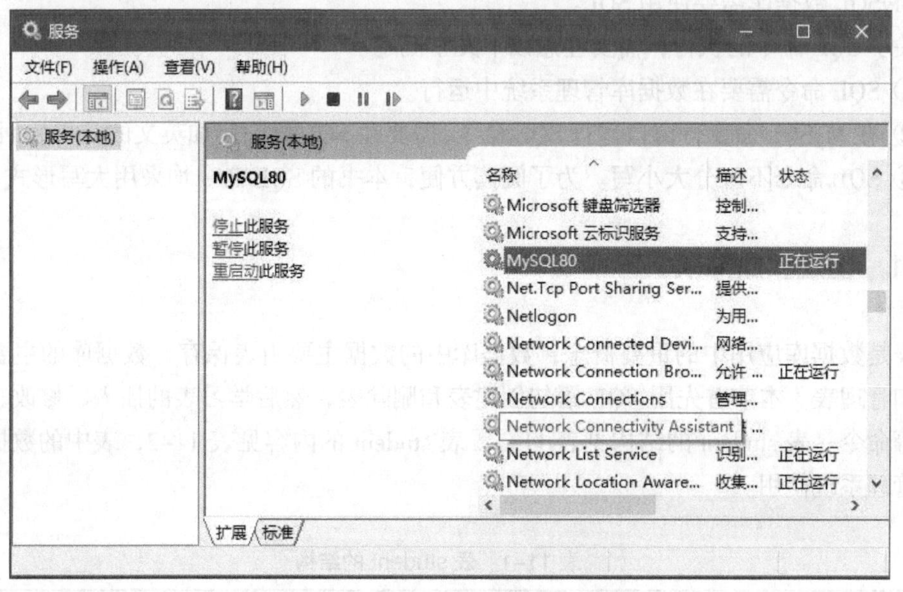

图 11-4　Windows 10 的服务窗口

（2）连接 MySQL 服务器

在安装 MySQL 的过程中，命令行客户端会被自动配置到计算机上，可以从“开始”菜单连接 MySQL 服务器。

在 Windows 10 操作系统中，执行[开始]/[MySQL]/[MySQL 8.0 Command Line Client]命令，进入命令行客户端窗口，输入数据库管理员密码（安装 MySQL 时设置），当出现“mysql>”提示符时，表示已经成功登录 MySQL 服务器，如图 11-5 所示。

```
MySQL 8.0 Command Line Client
Enter password: ******
Welcome to the MySQL monitor.  Commands end with ; or \g.
Your MySQL connection id is 9
Server version: 8.0.33 MySQL Community Server - GPL

Copyright (c) 2000, 2023, Oracle and/or its affiliates.

Oracle is a registered trademark of Oracle Corporation and/or its

affiliates. Other names may be trademarks of their respective
owners.

Type 'help;' or '\h' for help. Type '\c' to clear the current inp
ut statement.

mysql> _
```

图 11-5　通过命令行客户端登录 MySQL 服务器

在命令行客户端窗口中，可以使用 MySQL 命令操作数据库或者使用 SQL 命令创建数据库、表，执行数据的增、删、改、查等操作。

11.2 SQL 常用功能

SQL 是通用的关系数据库操作语言，可以实现数据定义、数据操纵和数据控制等功能。操作 MySQL 数据库需要使用 SQL。

关于 SQL 命令的执行，需要注意以下几个问题。

① SQL 命令需要在数据库管理系统中运行。

② 在 MySQL 命令行窗口运行 SQL 命令，需要在 SQL 语句后加英文的分号后回车执行。

③ SQL 命令不区分大小写。为了阅读方便，本书的 SQL 命令均采用大写形式。

11.2.1 创建和删除表

表是数据库应用中的重要概念，数据库中的数据主要由表保存，数据库的主要作用是组织和管理表。本节首先用 SQL 语句创建表和删除表，然后学习表的插入、修改、删除、查询等命令。表 student 的结构见表 11-1，表 student 的内容见表 11-2，表中的数据供学生信息管理系统使用。

表 11-1　表 student 的结构

列名	说明	数据类型
stuId	学号	int
stuName	姓名	char(10)
sex	性别	char(6)
age	年龄	int
regDate	入学日期	date
major	专业	varchar(20)

表 11-2　表 student 的内容

stuId	stuName	sex	age	regDate	major
101	Rose	女	19	2021-9-1	人工智能
203	Mike	男	20	2020-8-24	教育技术
204	Tom	男	20	2020-8-26	人工智能
306	Kate	女	20	2022-9-10	电子技术
109	John	女	21	2020-8-24	人工智能

1. 创建表

表的每一行是一条记录，每一列是表的一个字段，也就是一项内容。列的定义决定了表的结构，行则是表中的数据。表中的列名不可以重复，可以为表中的列指定数据类型。在 SQL 中，可以使用 CREATE TABLE 语句创建表，其语法格式如下。

```
CREATE TABLE <表名>(
  列名 1  数据类型(长度) 列属性 1,
  …
)
```

【例 11-1】 使用 CREATE DATABASE 语句创建数据库 test，使用 CREATE TABLE 语句创建员工表 student，表结构见表 11-1。

使用 CREATE DATABASE 语句创建数据库 test，并进入 test 数据库，代码如下。

```
CREATE DATABASE test;
USE test;
```

在 test 数据库中，使用 CREATE TABLE 语句创建表 student 的代码如下。

```
CREATE TABLE student (
    stuId int PRIMARY KEY,
    stuName char(10) NOT NULL,
    sex char(6) DEFAULT('男'),
    age int,
    regdate date,
    major varchar(20)
);
```

在 CREATE TABLE 语句中，用于定义列属性的常用关键字如下。

① PRIMARY KEY：定义主键属性，主键可以唯一标识表中的每条记录。

② NOT NULL：指定属性不允许为空，null 表示允许为空，是默认设置。

③ DEFAULT：指定属性的默认值。例如，指定 sex 列的默认值为“男”，可以使用 DEFAULT('男')。当向表中插入数据时，如果不指定此列的值，则属性采用默认值。

执行下面的语句可以查看表 student 的结构。

```
DESC student;
```

2. 删除表

DROP TABLE 语句用于删除表（表的结构、属性及索引也会被删除），其语法格式如下。

```
DROP  TABLE  <表名>;
```

【例 11-2】 删除 student 表。

```
DROP TABLE student;
```

11.2.2 向表中插入数据

INSERT 语句用于向表中插入数据，语法格式如下。

```
INSERT INTO <表名>[<字段名表>] VALUES (<表达式表>)
```

该命令在指定的表尾部添加一条新记录，其值为 VALUES 中表达式的值。当向表中所有字段插入数据时，表名后面的字段名可以省略，但插入数据的格式及顺序必须与表的结构一致；若只需要插入表中部分字段的数据，就需要列出插入数据的字段名（多个字段名之间用英文逗号分隔），且相应表达式的数据类型应与字段顺序对应。

【例 11-3】 将表 11-2 的数据插入 student 表。

插入数据的 SQL 语句如下。

```
INSERT INTO student VALUES(101,"Rose","女",19,"2021-9-1","人工智能");
INSERT INTO student VALUES(203,"Mike","男",20,"2020-8-24","教育技术");
INSERT INTO student VALUES(204,"Tom","男",20,"2020-8-26","人工智能");
INSERT INTO student VALUES(306,"Kate","女",20,"2022-9-10","电子技术");
INSERT INTO student VALUES(109,"John","女",21,"2020-8-24","人工智能");
```

11.2.3 修改表中的数据

UPDATE 语句用于修改表中的数据，语法格式如下。

```
UPDATE <表名> SET <字段名 1>=<表达式 1> [,<字段名 2>=<表达式 2>…][WHERE <条件表达式>]
```

更新一个表中满足条件的记录，一次可以更新多个字段值。如果省略 WHERE 子句，则会更新全部记录。

WHERE 后面的条件表达式返回 True 或者 False。常用运算符包括 ==（=）、!=、>=、<=、>、<等。在 SQL 中，==和=都可以用作相等判断。

【例 11-4】 将 student 表中 Kate 的年龄修改为 21，代码如下。

```
UPDATE student SET age=21 WHERE stuName="Kate";
```

如果将表中所有人的年龄增加 1，可以写成下面的 SQL 语句。

```
UPDATE student SET age=age+1;
```

11.2.4 删除表中的数据

DELETE 语句用于删除表中的数据，语法格式如下。

```
DELETE FROM <表名> [WHERE <条件表达式>]
```

FROM 指定从哪个表中删除数据，WHERE 指定被删除的记录所满足的条件。如果省略 WHERE 子句，则删除该表中的全部记录。

【例 11-5】 删除 student 表中性别为“女”的记录，代码如下。

```
DELETE FROM student WHERE sex='女'
```

11.2.5　查询数据

SQL 的核心功能是查询。查询时将查询的表、查询的字段、筛选记录的条件、记录分组的依据、排序的方式等写在一条 SQL 语句中，就可以完成指定的操作。

SQL 使用 SELECT 语句创建查询，基本形式由 SELECT…FROM…WHERE 子句组成，具体的命令格式如下。

```
SELECT <字段名表>|* FROM <表名> [WHERE <条件表达式>][GROUP BY <分组字段名>
[HAVING <条件表达式>]][ORDER BY <排序选项>[asc|DESC]]
```

各选项功能如下。

① SELECT 子句说明要查询的字段名，如果是*，表示查询表中的所有字段。

② FROM 子句说明查询的数据来源，如果查询的结果来自多个表，需要通过 join 选项指明连接条件。

③ WHERE 子句说明查询的筛选条件。多个条件之间可用逻辑运算符 and、or、not 连接。

④ GROUP BY 子句用于将查询结果按分组字段名分组。HAVING 子句必须跟随 GROUP BY 使用，它用来限定分组必须满足的条件。

⑤ ORDER BY 子句用于对查询结果进行排序。

【例 11-6】　检索年龄大于等于 20 的学生的学号和姓名信息；检索性别为“女”且专业是“人工智能”的学生信息；按年龄降序检索 student 表中的全部信息，代码如下。

```
SELECT stuId,stuName FROM student WHERE age>=20;
SELECT * FROM student WHERE (sex="女" and major='人工智能');
SELECT * FROM student ORDER BY age;
```

例 11-6 包括 3 个查询语句。用 WHERE 短语指定查询条件，查询条件可以是任意复杂的条件表达式；SQL 中排序的子句是 ORDER BY，其命令格式为 ORDER BY <排序选项>[asc|DESC]，选项 asc 表示升序，选项 DESC 表示降序（默认按升序排序）。

11.3　使用 JDBC 访问数据库

11.3.1　JDBC 的概念

Java操作数据库需要通过JDBC实现。JDBC是Java用于规范程序如何访问数据库的API，提供了查询和更新数据库中数据的方法。JDBC 接口是 Java 标准库自带的，主要存在于 java.sql 包中，具体的 JDBC 驱动程序需要由数据库厂商提供，例如，MySQL 数据库的 JDBC 驱动由 Oracle 公司提供。因此，要访问某个具体的数据库，需要引入该厂商提供的 JDBC 驱动，然后通过 JDBC 接口来访问。应用程序使用 JDBC 操作数据库的过程如图 11-6 所示。

JDBC 是访问数据库的接口，它只是一种数据访问规范，依赖于数据库厂商对 JDBC 规范的具体实现。因此，在编写程序操作数据库时，一定要下载并导入不同数据库的驱动程序。

11.3.2 访问数据库的步骤

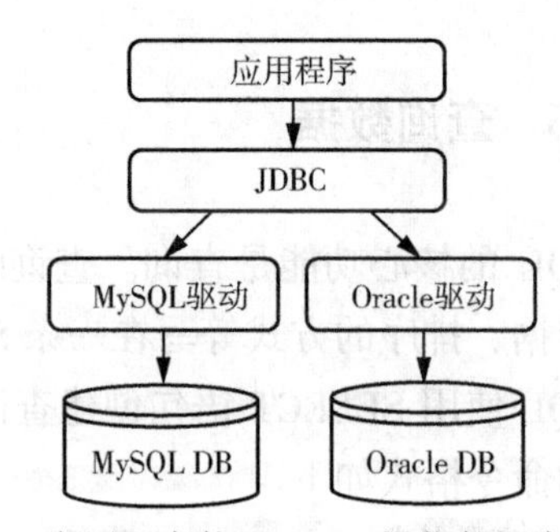

图 11-6 应用程序使用 JDBC 操作数据库的过程

Java 程序连接和操作 MySQL 数据库主要包括以下 5 个步骤。

① 加载（注册）数据库。

② 建立连接。

③ 执行 SQL 语句。

④ 处理结果集。

⑤ 关闭数据库。

下面先给出一个连接和访问 MySQL 数据库的程序，再介绍 JDBC API。

【例 11-7】 TestMySQL1.java，访问 MySQL 数据库，代码如下。

```
import java.sql.*;
public class TestMySQL1 {
    public static void main(String[] args) throws Exception {
        String driver = "com.mysql.cj.jdbc.Driver";
        String url = "jdbc:mysql://localhost:3306/test";
        String user = "root";
        String pwd = "123456";
        //以代码连接数据库
        Class.forName(driver);
        Connection conn = DriverManager.getConnection(url, user, pwd);
        String strSQL = "SELECT * FROM student";
        Statement stmt = conn.createStatement();

        //以下是查询、遍历代码
        ResultSet rst = stmt.executeQuery(strSQL);    //获得记录集
        System.out.println("学号\t 姓名\t 性别\t 年龄\t 入学日期\t 专业");
        while (rst.next()) {                          //遍历记录集
            String sid = rst.getString(1);
            String sname = rst.getString(2);
            String ssex = rst.getString(3);
            int sage = rst.getInt(4);
            String sregdate = rst.getString("regdate");
            String smajor= rst.getString("major");
            System.out.println(sid + "\t" + sname + "\t" + ssex + "\t" +sage + "\
t" +sregdate + "\t" +smajor);
        }
        //查询、遍历代码结束
        rst.close();
        stmt.close();
        conn.close();
    }
}
```

程序运行结果如下。

```
学号    姓名    性别    年龄    入学日期      专业
101     Rose    女      19      2021-09-01    人工智能
109     John    女      21      2020-08-24    人工智能
203     Mike    男      20      2020-08-24    教育技术
204     Tom     男      20      2020-08-26    人工智能
306     Kate    女      21      2022-09-10    电子技术
```

11.3.3 JDBC API

JDBC API 提供的接口和类包括 Driver 接口、DriverManager 类、Connection 接口、Statement 接口、PreparedStatement 接口、ResultSet 接口等。

1. Driver 接口

java.sql.Driver 接口定义了数据库驱动对象应具备的功能，所有支持 Java 连接的数据库都会实现该接口。不同的数据库驱动类的类名有所区别。例如，MySQL 数据库的驱动类名称为 com.mysql.cj.jdbc.Driver，Oracle 数据库的驱动类名称为 oracle.jdbc.driver.OracleDriver。

Class 类的 forName(String className)方法用于加载数据库，参数 className 指明待加载的驱动程序的类名称，代码如下。

```
Class.forName("com.mysql.cj.jdbc.Driver");
```

2. DriverManager 类

DriverManager 类是数据库驱动管理类。这个类用于注册驱动，以及创建程序与数据库之间的连接。下面的代码使用 DriverManager 类创建 Connection 对象。

```
Connection conn = DriverManager.getConnection(url, user, pwd);
```

该代码创建到指定数据库 url 的连接（相当于打开文件），用户名为 user，密码为 pwd，返回值是 Connection 对象。

3. Connection 接口

Connection 接口表示 Java 程序和数据库的连接对象，只有获得该连接对象后，才能访问数据库，并操作数据表。Connection 接口的常用方法见表 11-3。

表 11-3 Connection 接口的常用方法

方法	功能描述
Statement createStatement( )	创建 Statement 接口对象，将 SQL 语句发送到数据库
PreparedStatement prepareStatement(String sql)	创建 PreparedStatement 接口对象，将参数化的 SQL 语句发送到数据库
DatabaseMetaData getMetaData( )	返回表示数据库元数据的 DatabaseMetaData 对象
void close( )	关闭数据库连接

4. Statement 接口

Statement 是 Java 执行静态 SQL 语句的接口，返回一个结果集（ResultSet）对象。Statement 对象通过 Connection 接口对象的 createStatement( )语句创建。Statement 接口的常用方法见表 11-4。

表 11-4　Statement 接口的常用方法

方法	功能描述
boolean execute (String sql)	用于执行 SQL 语句，如果返回值为 true，表示所执行的 SQL 语句有查询结果
int executeUpdate(String sql)	该方法用于执行 INSERT、UPDATE、DELETE 语句及数据定义 sql 语句，返回受影响的记录数
ResultSet executeQuery(String sql)	该方法用于产生单个结果集的 sql 语句，例如 SELECT 语句，返回值是一个结果集
void close( )	关闭 Statement 对象

下面的代码创建 Statement 对象。

```
Statement  stmt  =  conn.createStatement( );
```

5. PreparedStatement 接口

PreparedStatement 接口是 Statement 接口的子接口，并推荐使用该接口。PreparedStatement 接口的对象用于执行预编译的 SQL 语句，可以将参数化的 SQL 语句发送到数据库。

创建 PreparedStatement 对象需要使用 Connection 对象的 prepareStatement( )方法，代码如下。

```
PreparedStatement  pstmt  =  conn.prepareStatement(strSQL);
```

带有或不带有输入参数的 SQL 语句都可以被预编译并存储在 PreparedStatement 对象中，然后使用该对象来多次执行 SQL 语句。PreparedStatement 接口的常用方法见表 11-5。

表 11-5　PreparedStatement 接口的常用方法

方法	功能描述
boolean execute (String sql) int executeUpdate(String sql) ResultSet executeQuery(String sql)	同 Statement 接口中的方法
void setInt(int pos, int value)	为指定位置的参数设置 int 类型值
void setString(int pos, String value)	为指定位置的参数设置 String 类型值
void setDate(int pos, Date value)	为指定位置的参数设置 Date 类型值
void setBinaryStream(int pos,InputStream x, int length)	将二进制的输入流写入指定的二进制字段中

需要注意的是，使用 setXXX( )方法的输入参数类型必须与已定义的 SQL 数据表的字段类型兼容。

6. ResultSet 接口

ResultSet 接口用于保存 SELECT 查询得到的结果集，结果集记录的行号从 1 开始。ResultSet 对象具有指向当前记录的指针，指针的开始位置在 1 行之前，调用 ResultSet 对象的 next( )方法可以将当前记录指针移到下一条记录，调用 ResultSet 对象的 getXXX( )方法可以获得当前记录某个字段的值。

ResultSet 接口的常用方法见表 11-6。

表 11-6　ResultSet 接口的常用方法

方法	功能描述
boolean next( )	将指针移到当前记录的下一行
boolean previous( )	将指针移到当前记录的上一行
int getInt(int ColumnIndex)	返回当前行的指定列的 int 值，ColumnIndex 表示字段的索引
int getInt(int ColumnName)	返回当前行的指定列的 int 值，ColumnName 表示字段名
String getString(int ColumnIndex)	返回当前行的指定列的 String 值，ColumnIndex 表示字段的索引
String getString (int ColumnName)	返回当前行的指定列的 String 值，ColumnName 表示字段名

11.3.4　Java 的 JDBC 编程

1. 添加 MySQL 驱动包

使用 JDBC 操作 MySQL 数据库，要将 MySQL 的驱动程序添加到项目中，具体步骤如下。

① 在 MySQL 官网下载驱动程序。进入下载页面后，操作系统选择“Platform Independent”，下载扩展名为“zip”的文件，该文件是 Windows 版本的驱动程序。本书下载 Windows 版 JDBC 驱动，版本为 8.0.32，单击“Download”按钮下载。MySQL 驱动程序下载页面如图 11-7 所示。

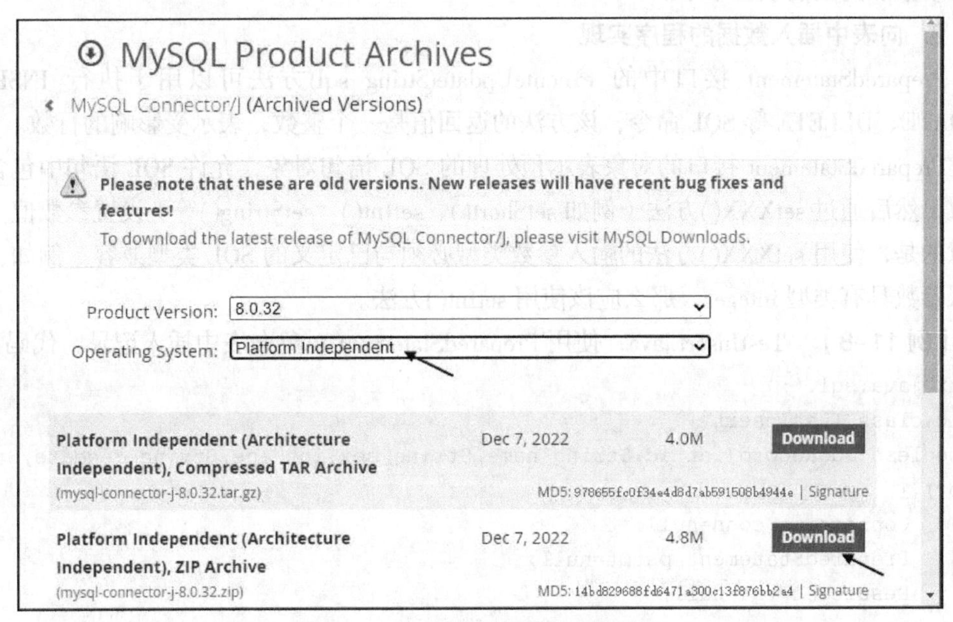

图 11-7　MySQL 驱动程序下载页面

② 解压下载的文件，找到其中的 MySQL 数据库驱动程序（mysql-connector-j-8.0.32.jar）。

③ 启动 IntelliJ IDEA 环境，在窗口中执行[File]/[Project Structure]命令，出现“Project Structure”对话框。选择“Modules”模块的“Dependencies”选项卡，单击其中的“+”按钮，选择下拉列表中的“JARs or Directories”项，添加驱动程序到项目，如图 11-8 所示。

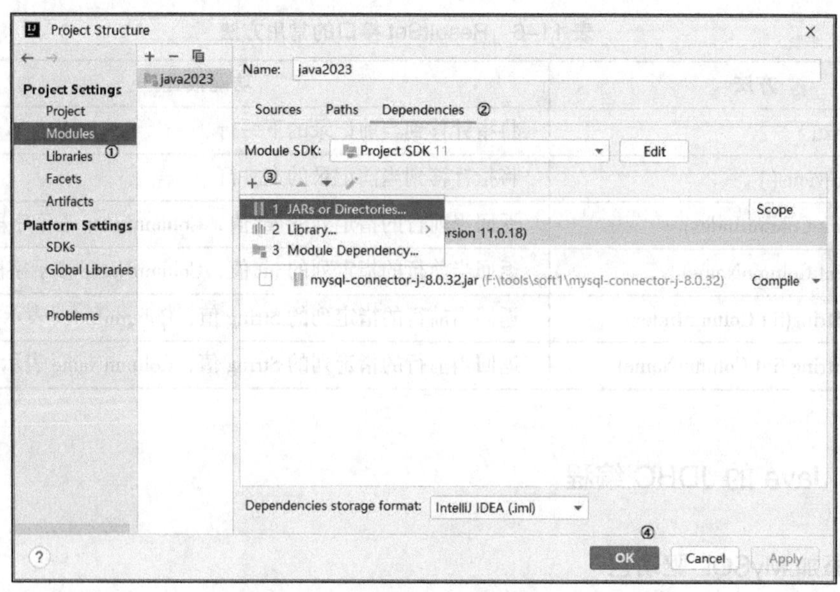

图 11-8　添加驱动程序到项目

④ 在出现的“Attach Files or Directories”对话框中，找到数据库驱动程序（mysql-connector-j-8.0.32.jar），单击“OK”按钮完成添加操作。

此时，可以看到“Modules”模块中多出了一个 MySQL 的驱动程序，表示已将 MySQL 的驱动添加到当前项目中了。

2. 向表中插入数据的程序实现

PreparedStatement 接口中的 executeUpdate(String sql)方法可以用于执行 INSERT、UPDATE、DELETE 等 SQL 命令，该方法的返回值是一个整数，表示受影响的行数。

PreparedStatement 接口的对象表示预处理的 SQL 语句对象，允许 SQL 语句中包含未知参数，然后通过 setXXX()方法（例如 setShort()、setInt()、setString()等）设置参数值。需要注意的是，使用 setXXX()方法的输入参数类型必须与已定义的 SQL 类型兼容。例如，如果输入参数具有类型 integer，那么应该使用 setInt()方法。

【例 11-8】　TestInsert.java，使用 PreparedStatement 对象向表中插入记录，代码如下。

```
import java.sql.*;
public class TestInsert {
   boolean addRecord(int id,String name,String sex,int age,String regdate,String
 major) {
        Connection conn=null;
        PreparedStatement pstmt=null;
        ResultSet rst=null;

        String driver = "com.mysql.cj.jdbc.Driver";
        String url = "jdbc:mysql://localhost:3306/test";
        String user = "root";
        String pwd = "123456";
        try {
            Class.forName(driver);
```

```
            conn = DriverManager.getConnection(url, user, pwd);
            String strSQL="INSERT INTO student VALUES(?,?,?,?,?,?)";
            pstmt = conn.prepareStatement(strSQL);
            pstmt.setInt(1,id);
            pstmt.setString(2,name);
            pstmt.setString(3,sex);
            pstmt.setInt(4 ,age);
            pstmt.setString(5,regdate);
            pstmt.setString(6,major);

            int i= pstmt.executeUpdate();
            pstmt.close();
            conn.close();
            if (i==1) {
                System.out.println("插入记录成功");
                return true;
            }
        }catch (Exception e) {
            e.printStackTrace();
        }
        return false;
    }
    public static void main(String[] args){
        TestInsert t = new TestInsert();
        t.addRecord(111,"Kalen","女",17,"2022-8-7","机器人");
        t.addRecord(221,"Karl","男",20,"2021-11-07","电子技术");
        t.addRecord(345,"John","女",21,"2020-3-7","机器人");
    }
}
```

例 11-8 中，定义了 addRecord()方法，该方法连接 MySQL 数据库，并创建 PreparedStatement 对象向表中插入记录，插入记录成功后，给出提示信息。

在 main()方法中，调用 addRecord()方法实现记录插入。

3. 查询表中数据的程序实现

查询数据可以使用 Statement 接口或 PreparedStatement 接口中的 executeQuery()方法实现。下面的示例使用 PreparedStatement 接口中的方法。具体实现过程包括以下要点。

① 考虑面向对象的需要，将查询到的每条记录信息封装到 Student 对象中。

② 所有记录信息保存到 Vector 类的对象 v 中。

③ 将对象 v 转换为 String 类型的二维数组 data。

④ 创建存储表头的一维数组 title，将二维数组 data 和一维数组 title 传递给 JTable 对象，并在 JFrame 中显示。

【例 11-9】 TestSelect.java，查询 student 表中年龄大于等于 20 的记录，并显示在 JTable 组件中，代码如下。

```
import javax.swing.*;
import java.sql.*;
```

```
import java.util.*;

class Student {
    int sid;
    String sname;
    String sex;
    int age;
}

class MyFrame extends JFrame {
    String title[] = {"学号", "姓名", "性别", "年龄"};          //每列名称
    Vector<Student> v = new Vector();

    public void getData() {
        Connection conn = null;
        PreparedStatement pstmt = null;
        ResultSet rst = null;
        String driver = "com.mysql.cj.jdbc.Driver";
        String url = "jdbc:mysql://localhost:3306/test";
        String user = "root";
        String pwd = "123456";
        try {
            Class.forName(driver);
            conn = DriverManager.getConnection(url, user, pwd);
            String strSQL = "SELECT stuid,stuname,sex,age FROM student WHERE age>
= ?";
            pstmt = conn.prepareStatement(strSQL);
            pstmt.setInt(1, 20);
            //以下是查询、遍历代码
            rst = pstmt.executeQuery();     //获得记录集
            while (rst.next()) {                        //遍历记录集
                Student s = new Student();
                s.sid = rst.getInt(1);
                s.sname = rst.getString(2);
                s.sex = rst.getString(3);
                s.age = rst.getInt(4);
                v.add(s);
            }
            //查询、遍历代码结束
            rst.close();
            pstmt.close();
            conn.close();
        } catch (Exception e) {
            System.out.println(e.getMessage());
        }
    }

    public void init() {
```

```
        getData();                      //获取查询的数据
        String data[][] = new String[v.size()][5];
        for (int i = 0; i < v.size(); i++) {
            Student st = v.elementAt(i);
            data[i][0] = "" + st.sid;
            data[i][1] = st.sname;
            data[i][2] = st.sex;
            data[i][3] = "" + st.age;
        }

        JTable t = new JTable(data, title);
        JScrollPane scrollPane = new JScrollPane(t);
        this.add(scrollPane);
        this.setTitle("显示学生信息");
        this.setSize(360, 200);
        this.setLocationRelativeTo(null);
        this.setDefaultCloseOperation(JFrame.EXIT_ON_CLOSE);
        this.setVisible(true);
    }
}

public class TestSelect {
    public static void main(String args[]) {
        new MyFrame().init();
    }
}
```

例 11-9 程序的运行结果如图 11-9 所示。

显示学生信息

学号	姓名	性别	年龄
109	John	女	21
203	Mike	男	20
204	Tom	男	20
221	Karl	男	20
345	John	女	21

图 11-9　例 11-9 程序的运行结果

11.4 项目实践

应用 MySQL 数据库实现学生信息的增加、删除、修改、查询等功能，要点如下。

① 使用 StudentInfo 类保存学生信息。

② 使用 StudentManage 类访问数据库，实现学生信息管理的业务逻辑。

③ 使用 TestStudentManage 类实现菜单及测试功能。

1. StudentInfo 类的实现

StudentInfo 类用于存储学生对象，为该类增加了 setter( )和 getter( )方法。StudentInfo.java 代码如下。

```
public class StudentInfo {
    private int sid;
    private String sname;
    private String sex;
    private int age;

    public int getSid() {
        return sid;
    }
    public String getSname() {
        return sname;
    }
    public String getSex() {
        return sex;
    }
    public int getAge() {
        return age;
    }

    public void setSid(int sid) {
        this.sid = sid;
    }
    public void setSname(String sname) {
        this.sname = sname;
    }
    public void setSex(String sex) {
        this.sex = sex;
    }
    public void setAge(int age) {
        this.age = age;
    }

    public StudentInfo(int sid, String sname, String sex, int age) {
        this.sid = sid;
        this.sname = sname;
        this.sex = sex;
        this.age = age;
    }

    public String toString() {
        return sid + "\t\t" + sname + "\t\t" + sex + "\t\t" + age;
    }
}
```

2. StudentManage 类的实现

StudentManage 类实现项目的业务逻辑。

① control( )方法调用 mainMenu( )方法显示功能菜单。

② 根据用户选择，调用 add( )、remove( )、modify( )、search( )等方法，这些方法访问 MySQL 数据库。

③ studentList 存储的是 StudentInfo 类对象。

StudentManage 类中的常用方法见表 11-7。

表 11-7　StudentManage 类中的常用方法

方法	功能描述
public Connection getConnection( )	返回数据库连接对象
public void control( )	显示功能菜单，根据用户选择，调用增、删、改、查等方法
public int findStudent(int id)	判断表中是否存在重复 id 的记录
public void add( ) void addStudent(StudentInfo s)	增加信息
public void remove( ) void removeStudent(int id)	删除信息
public void modify( ) void modifyStudent(StudentInfo s)	修改信息
public void search( )	查询信息
public void show( )	显示信息

StudentManage.java 代码如下。

```
import java.util.*;
import java.sql.*;

public class StudentManage {
    private Connection conn = getConnection();
    private Statement stmt = null;
    private PreparedStatement pstmt = null;
    private ResultSet rs = null;

    public Connection getConnection() {  //返回数据库连接对象
        String driver = "com.mysql.cj.jdbc.Driver";
        String url = "jdbc:mysql://localhost:3306/test";
        String user = "root";
        String pwd = "123456";
        try {
            Class.forName(driver);
            conn = DriverManager.getConnection(url, user, pwd);
            stmt = conn.createStatement();
        } catch (Exception e) {
            System.out.println("Error: " + e);
        }
```

```
        return conn;
    }
    public int findStudent(int id) {
        String query = "SELECT * FROM student2 WHERE stuId=" + id;
        try {
            stmt = conn.createStatement();
            rs = stmt.executeQuery(query);
            if (rs.next()) {
                return rs.getRow();
            }
        } catch (Exception e) {
            System.out.println("Error: " + e);
        }
        return -1;
    }

    public void addStudent(StudentInfo s) {
        String query = "INSERT INTO student2(stuId, stuName, sex, age) VALUES(?,?,
?,?)";
        try {
            pstmt = conn.prepareStatement(query);
            pstmt.setInt(1, s.getSid());
            pstmt.setString(2, s.getSname());
            pstmt.setString(3, s.getSex());
            pstmt.setInt(4, s.getAge());
            int i = pstmt.executeUpdate();
            if (i == 1)
                System.out.println("插入记录成功");

        } catch (Exception e) {
            System.out.println(e.getMessage());
        }
    }

    public void add() {  //增加信息
        Scanner sc = new Scanner(System.in);
        System.out.print("学号: ");
        int id = sc.nextInt();
        int index = findStudent(id);
        if (index != -1) {
            System.out.println("-----学生信息已存在-----");
        } else {
            System.out.print("姓名: ");
            String name = sc.next();
            System.out.print("性别: ");
            String sex = sc.next();
            System.out.print("年龄: ");
            int age = sc.nextInt();
```

```
            StudentInfo s = new StudentInfo(id, name, sex, age);
            addStudent(s);
        }
    }

    public void removeStudent(int id) {
        String query = "DELETE FROM student2 WHERE stuId=" + id;
        try {
            stmt = conn.createStatement();
            int i =  stmt.executeUpdate(query);
            if (i == 1)
                System.out.println("删除记录成功");
        } catch (Exception e) {
            System.out.println(e.getMessage());
        }
    }

    public void remove() {  //删除信息
        System.out.print("请输入要删除的学号:");
        Scanner sc = new Scanner(System.in);
        int id = sc.nextInt();
        int index = findStudent(id);
        if (index == -1) {
            System.out.println("-----无此学生信息-----");
            return;
        }
        removeStudent(id);
    }

    public void modifyStudent(StudentInfo s) {
        String query = "UPDATE student2 SET stuName=?,sex=?,age=? where stuId=?";
        try {
            pstmt = conn.prepareStatement(query);
            pstmt.setString(1, s.getSname());
            pstmt.setString(2, s.getSex());
            pstmt.setInt(3, s.getAge());
            pstmt.setInt(4, s.getSid());
            pstmt.executeUpdate();
        } catch (Exception e) {
            System.out.println(e.getMessage());
        }
    }

    public void modify() { //修改信息
        System.out.print("请输入要修改的学号: ");
        Scanner sc = new Scanner(System.in);
        int id = sc.nextInt();
```

```
        int index = findStudent(id);
        if (index == -1) {
            System.out.println("-----无此学生信息-----");
            return;
        }
        System.out.print("姓名: ");
        String name = sc.next();
        System.out.print("性别: ");
        String sex = sc.next();
        System.out.print("年龄: ");
        int age = sc.nextInt();

        StudentInfo s = new StudentInfo(id, name, sex, age);
        modifyStudent(s);
    }

    public void search() {  //查询信息
        Scanner sc = new Scanner(System.in);
        System.out.print("姓名: ");
        String name = sc.next();
        String query = "SELECT * FROM student2 WHERE stuName=?";
        try {
            pstmt = conn.prepareStatement(query);
            pstmt.setString(1, name);
            ResultSet rs = pstmt.executeQuery();
            if (!rs.isBeforeFirst() ) {
                System.out.println("您查找的记录不存在! ");
            }
            while (rs.next()) {

                StudentInfo s = new StudentInfo(rs.getInt(1), rs.getString(2),
rs.getString(3),rs.getInt(4));
                System.out.println(s);
            }


        } catch (Exception e) {
            e.printStackTrace();
        }
    }

    public void show() {  //显示信息
        String query = "SELECT * FROM student2 ORDER BY stuId";
        try {
            stmt = conn.createStatement();
            rs = stmt.executeQuery(query);
            System.out.println("ID\t\tName\t\tSex\t\tAge");
            while (rs.next()) {
```

```
                StudentInfo s = new StudentInfo(rs.getInt("stuId"), rs.getString(
"stuName"), rs.getString("sex"),rs.getInt("age"));
                System.out.println(s);
            }
        } catch (Exception e) {
            System.out.println("Error: " + e);
        }
    }
}
```

3. TestStudentManage 类的实现

主类 TestStudentManage 调用方法 control( )，根据用户选择，调用增、删、改、查等方法。在 control( )方法中调用 mainMenu( )方法，显示系统菜单。

TestStudentManage.java 代码如下。

```
import java.util.Scanner;

public class TestStudentManage {
    public static void main(String[] args) {
        TestStudentManage sm = new TestStudentManage();
        sm.control();
    }

    public void mainMenu() {
        String line = "-".repeat(6);
        System.out.println(line + "学生信息管理" + line);
        System.out.println("1:" + line + "增加信息");
        System.out.println("2:" + line + "删除信息");
        System.out.println("3:" + line + "修改信息");
        System.out.println("4:" + line + "姓名查找");
        System.out.println("5:" + line + "显示信息");
        System.out.println("0:------返回");
        System.out.println("-".repeat(22));
    }

    public void control() {
        mainMenu();
        StudentManage sm = new StudentManage();
        while (true) {
            Scanner sc = new Scanner(System.in);
            System.out.print("请选择>");
            String choice = sc.next();
            switch (choice) {
                case "1":
                    sm.add();
                    break;
                case "2":
                    sm.remove();
```

```
                break;
            case "3":
                sm.modify();
                break;
            case "4":
                sm.search();
                break;
            case "5":
                sm.show();
                break;
            case "0":
                return;
            default:
                System.out.println("输入错误,请输入 0~5 选择功能");
            }
        }
    }
}
```

项目删除模块和查询模块的运行结果如下。

```
------学生信息管理------
1:------增加信息
2:------删除信息
3:------修改信息
4:------姓名查找
5:------显示信息
0:------返回
----------------------
请选择>2
请输入要删除的学号:101
删除记录成功
请选择>4
姓名: rose
103             rose            fe              18
请选择>
```

习题 11

1. 选择题

（1）连接 MySQL 的 test 数据库，正确的代码是哪一项？（　　）

A. Connection conn= DriverManager.getConnection(jdbc:mysql://localhost/test);

B. Connection conn = DriverManager.connect("jdbc:mysql://localhost/test");

C. Connection conn = DriverManager.getConnection("mysql:jdbc://localhost/test");

D. Connection conn = DriverManager.getConnection("jdbc:mysql://localhost/test");

（2）存在 Connection 对象 conn，创建 Statement 对象的代码是哪一项？（　　）

A．Statement stmt = conn.statement( );

B．Statement stmt = Connection.createStatement( );

C．Statement stmt = conn.createStatement( );

D．Statement stmt = connection.create( );

（3）有 Statement 对象 stmt，正确执行查询的代码是哪一项？（　　）

A．stmt.execute("SELECT * FROM Student ");

B．stmt.executeQuery("SELECT * FROM Student ");

C．stmt.executeUpdate("SELECT * FROM Student ");

D．stmt.query("SELECT * FROM Student ");

（4）有 Connection 对象 conn，为 sName 设置值为“John”的代码是哪一项？（　　）

```
String strSQL="INSERT INTO Student(sName) VALUES(?)";
PreparedStatement pstmt = conn.prepareStatement(strSQL);
```

A．pstmt.setString(0, "John");　　B．pstmt.setString(1, "John");

C．pstmt.setString(0, 'John');　　D．pstmt.setString(1, 'John');

（5）Statement 接口中定义的 executeQuery( )方法的返回类型是哪一项？（　　）

A．ResultSet　　B．int　　C．boolean　　D．受影响的记录数量

（6）接口 Statement 中定义的 executeUpdate( )方法的返回类型是哪一项？（　　）

A．ResultSet　　B．int　　C．boolean　　D．1

（7）使用 JDBC API 访问数据库时，可能产生异常的类型是哪一项？（　　）

A．NullPointerException　　B．SQLError

C．SQLException　　D．IOException

2．简答题

（1）执行 SQL 命令需要注意哪些问题?

（2）什么是 JDBC?

（3）JDBC 数据库编程的一般步骤是什么?

（4）Statement 对象和 PreparedStatement 对象的建立和执行方面有什么区别?

3．上机实践

以下所有操作基于数据库 test 中的 student 表。

（1）在 MySQL 的命令行窗口中，使用 SQL 命令完成以下操作。

① 查询学号 stuId 为 101 的学生信息。

② 给定学生的学号 stuId、姓名 stuName、性别 sex、年龄 age，在 student 表中添加一条记录，然后显示表中所有记录。

③ 给定学号 stuId 为 101，从 student 表中删除该条记录，然后显示表中所有记录。

（2）应用 JDBC API 编写程序，查询 test 数据库的 student 表中年龄 age 在 20～23 的记录，并输出查询结果。

（3）应用 JDBC API 编写程序，将男同学的年龄 age 增加 1 岁，修改完毕后显示 student 表中的所有记录。

（4）利用图形用户界面完成例 11-8 向数据库中的 student 表添加记录功能。

任务12　学生信息管理系统项目的实现

在学习 Java SE 基础知识和面向对象程序设计的方法之后，本任务在前面各任务完成的项目实践内容的基础上，完善 Java+MySQL 的图形用户界面的学生信息管理系统项目。

✧ 学习目标

（1）Java 面向对象程序设计知识的综合应用。
（2）掌握图形用户界面应用程序开发的基本思路。
（3）熟练掌握 Java SE 中访问 MySQL 数据库的方法。

✧ 项目描述

本任务完善学生信息管理系统项目的信息管理、数据备份等模块，基于 MySQL 数据库，实现信息的增加、删除、修改等功能，具体要点如下。
（1）完成项目的分析与设计。
（2）实现系统登录功能。
（3）实现信息管理与数据备份功能。

✧ 知识结构

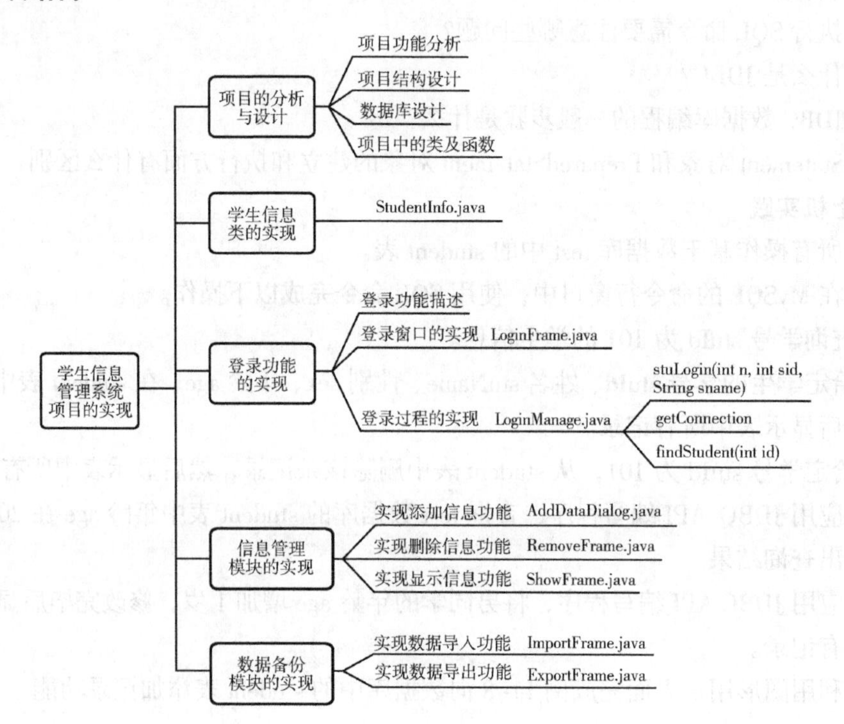

12.1 项目的分析与设计

12.1.1 项目功能分析

学生信息管理系统是一个基于 MySQL 数据库的应用系统，主要完成学生信息管理及数据备份功能。从用户需求的角度分析，系统功能包括以下 3 个方面。

① 系统登录验证功能。

② 学生信息管理功能，实现信息的增加、删除、修改、显示。

③ 数据备份功能，实现数据的导入和导出。

12.1.2 项目结构设计

根据学生信息管理系统的功能要求，划分系统的功能模块，梳理出系统结构。学生信息管理系统的结构如图 12–1 所示。

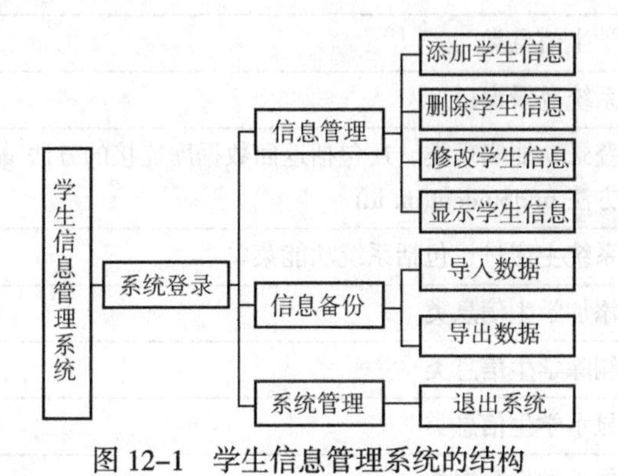

图 12–1　学生信息管理系统的结构

12.1.3 数据库设计

根据项目功能分析及结构设计要求，在 MySQL 中建立 test 数据库。为简化程序设计，本项目仅在数据库 test 中建立 student 表。

创建数据库和表的过程请参考任务 11，具体 SQL 代码如下。

```
CREATE DATABASE IF NOT EXIST test;
USE test;
CREATE TABLE  IF NOT EXISTS student (
  stuId int NOT NULL,
  stuName char(10) NOT NULL,
  sex char(6) DEFAULT '男',
```

```
  age int DEFAULT 22,
  regdate date DEFAULT '2010-02-02',
  major varchar(20) DEFAULT NULL,
  PRIMARY KEY (`stuId`)
) ;
```

插入初始数据的 SQL 代码如下。

```
INSERT INTO student VALUES(101,"Rose","女",19,"2021-9-1","人工智能");
INSERT INTO student VALUES(203,"Mike","男",20,"2020-8-24","教育技术");
INSERT INTO student VALUES(204,"Tom","男",20,"2020-8-26","人工智能");
```

12.1.4 项目中的类及函数

本项目是使用 Java+MySQL 实现的图形用户界面的信息管理系统。数据库名称为 test，学生信息保存在 student 表中，实现的是学生信息的增加、删除、修改（读者实现）、显示、数据导入和导出等功能。学生信息管理系统中的类及其功能描述见表 12–1。

表 12–1 学生信息管理系统中的类及其功能描述

类	功能描述
TestLoginFrame.java	系统启动类
StudentInfo.java	学生信息类
LoginFrame.java	系统登录窗口
LoginManage.java	登录功能实现类，还包括返回数据库连接的方法 getConnection()和查找学生的方法 findStudent(int id)
MainFrame.java	系统主窗口，包括系统功能菜单
AddDataDialog.java	添加学生信息类
RemoveFrame,java	删除学生信息类
ShowFrame.java	显示学生信息类
ImportFrame.java	导入学生数据类
ExportFrame.java	导出学生数据类

12.2 学生信息类的实现

StudentInfo 类用于存储学生对象，这里在任务 11 的 StudentInfo 类基础上增加了 regdate 和 major 属性，应用 setter( )和 getter( )方法对 private 属性进行了封装。

StudentInfo 类还重写了 toString( )方法，该方法在导出学生信息类 ExportFrame.java 中被调用。StudentInfo.java 代码如下。

```
public class StudentInfo {
    private int sid;
```

```
    private String sname;
    private String sex;
    private int age;
    private String regdate;
    private String major;

    public StudentInfo(int sid, String sname, String sex, int age, String regdate,
String major) {
        this.sid = sid;
        this.sname = sname;
        this.sex = sex;
        this.age = age;
        this.regdate = regdate;
        this.major = major;
    }

    public int getSid() {
        return sid;
    }
    public String getSname() {
        return sname;
    }
    public String getSex() {
        return sex;
    }
    public int getAge() {
        return age;
    }
    public String getRegdate() {
        return regdate;
    }
    public String getMajor() {
        return major;
    }

    public void setSid(int sid) {
        this.sid = sid;
    }
    public void setSname(String sname) {
        this.sname = sname;
    }
    public void setSex(String sex) {
        this.sex = sex;
    }
    public void setAge(int age) {
        this.age = age;
    }
    public void setRegdate(String regdate) {
```

```
        this.regdate = regdate;
    }
    public void setMajor(String major) {
        this.major = major;
    }

    public String toString() {
        return sid + "," + sname + "," + sex + "," + age + "," + regdate + "," +
major;
    }
}
```

12.3 登录功能的实现

12.3.1 登录功能描述

学生信息管理系统的登录界面如图 12-2 所示。为了简化数据库设计，程序使用学号和姓名信息登录。用户输入学号和姓名，系统调用 LoginManage 类的 stuLogin( )方法验证，该方法访问 student 表，如果信息匹配成功，则显示系统主界面；如果学号或姓名有误，则给出提示信息。

图 12-2 学生信息管理系统的登录界面

12.3.2 登录窗口的实现

登录窗口由 LoginFrame 类实现，该类继承了 JFrame 类，应用了嵌套的布局。为了得到较好的布局效果，使用 Box.createVerticalBox( )方法创建垂直的盒布局容器，使用 createVerticalStrut(int)方法创建元素的垂直间距。

LoginFrame 类使用 setFont( )方法设置 JLabel 的字体和字号。LoginFrame.java 代码如下。

```
import java.awt.*;
import java.awt.event.*;
import javax.swing.*;

class LoginFrame extends JFrame {
    private static JTextField tId = new JTextField(16);
    private JTextField tName = new JTextField(16);

    public LoginFrame(String title) {
        this.setTitle(title);
```

```
        JLabel lbl1 = new JLabel("学生信息管理系统", JLabel.CENTER);
        lbl1.setFont(new Font("宋体", Font.BOLD, 24));

        Box b1 = Box.createVerticalBox();
        b1.add(new JLabel("学号:"));
        b1.add(b1.createVerticalStrut(8));
        b1.add(new JLabel("姓名:"));
        b1.add(b1.createVerticalStrut(8));

        Box b2 = Box.createVerticalBox();
        b2.add(tId);
        b2.add(b2.createVerticalStrut(8));
        b2.add(tName);
        b2.add(b2.createVerticalStrut(8));
        JButton loginBtn = new JButton("Login");
        JButton resetBtn = new JButton("Reset");

        this.setLayout(new BorderLayout(40, 24));
        this.add(lbl1, BorderLayout.NORTH);
        JPanel p1 = new JPanel();
        p1.add(b1);        p1.add(b2);
        JPanel p2 = new JPanel();
        p2.add(loginBtn);   p2.add(resetBtn);
        this.add(p1, BorderLayout.CENTER);
        this.add(p2, BorderLayout.SOUTH);
        this.setSize(400, 240);
        this.setLocationRelativeTo(null);
        this.setVisible(true);
        this.setDefaultCloseOperation(JFrame.DISPOSE_ON_CLOSE);

        loginBtn.addActionListener(new ActionListener() {
            public void actionPerformed(ActionEvent e) {
                int n = 0;
                try {
                    int sid = Integer.parseInt(tId.getText());//获取学号
                    String sname = tName.getText();           //获取姓名
                    n = LoginManage.stuLogin(n, sid, sname);
                } catch (Exception e1) {}

                if (n == 1)
                    setVisible(false);
                else if (n == 2) {
                    JOptionPane.showMessageDialog(null, "姓名错误");
                } else
                    JOptionPane.showMessageDialog(null, "学号错误");

            }
        });
```

```
        resetBtn.addActionListener(new ActionListener() {
            public void actionPerformed(ActionEvent e) {
                tId.setText("");
                tName.setText("");
            }
        });
    }
}
```

12.3.3 登录过程的实现

登录过程由 LoginManage 类实现，该类包括 3 个静态方法。其中的 stuLogin(int n, int sid, String sname)方法被 LoginFrame 类调用，根据传递的参数 sid 和 sname 是否合法来判断是否启动主窗口。

getConnection( )方法返回数据库连接对象，findStudent(int id)方法用于在 student 表中查找是否存在指定 id，这两个方法被项目中的多个类调用。

LoginManage.java 代码如下。学生信息管理系统主界面如图 12-3 所示。

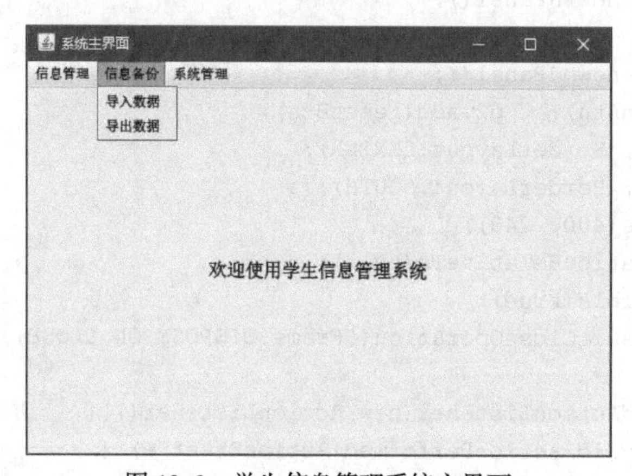

图 12-3　学生信息管理系统主界面

```
import java.sql.*;
class LoginManage {
    private static Connection conn = getConnection();
    private static Statement stmt = null;
    private static ResultSet rs = null;
    public static Connection getConnection() {  //返回数据库连接对象
        String driver = "com.mysql.cj.jdbc.Driver";
        String url = "jdbc:mysql://localhost:3306/test";
        String user = "root";
        String pwd = "123456";
        try {
            Class.forName(driver);
            conn = DriverManager.getConnection(url, user, pwd);
            stmt = conn.createStatement();
```

```
        } catch (Exception e) {
            System.out.println("Error: " + e);
        }
        return conn;
    }
    public static int findStudent(int id) {    //在 student 表中查找是否存在 id
        String query = "SELECT * FROM student WHERE stuId=" + id;
        try {
            Statement stmt = conn.createStatement();
            ResultSet rs = stmt.executeQuery(query);
            if (rs.next()) {
                return rs.getRow();
            }
        } catch (Exception e) {
            System.out.println("Error: " + e);
        }
        return -1;
    }
    public static int stuLogin(int n, int sid, String sname) throws SQLException
{
        getConnection();
        stmt = conn.createStatement();
        String sql = "SELECT * FROM student WHERE stuId=" + sid;
        rs = stmt.executeQuery(sql);
        if (rs.next()) {
            if (((rs.getInt(1)) == sid) && ((rs.getString(2)).equals(sname))) {
                n = 1;
                new MainFrame().init();
            } else
                n = 2;
        } else
            n = 3;
        conn.close();
        return n;
    }
}
```

12.4 信息管理模块的实现

12.4.1 实现添加信息功能

添加信息功能由 AddDataDialog 类实现，该类继承 JDialog 类。实现思路是在图形用户界面中输入信息，然后创建 StudentInfo 对象，使用 INSERT INTO 命令将 StudentInfo 对象（属性）

插入 student 表。

AddDataDialog.java 代码如下。输入数据的对话框如图 12-4 所示。

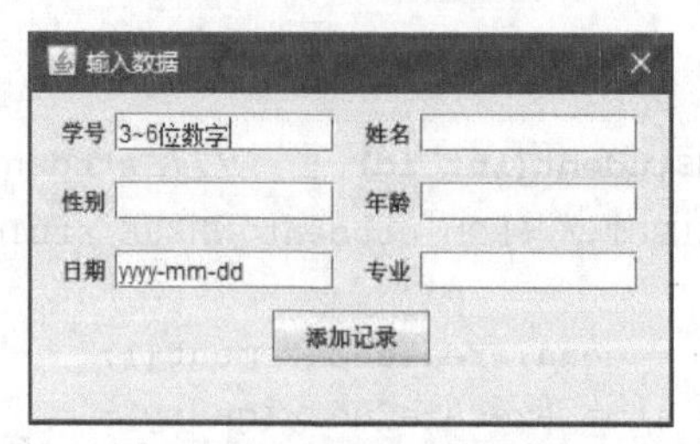

图 12-4 输入数据的对话框

```
import javax.swing.*;
import java.awt.*;
import java.awt.event.*;
import java.sql.*;
import java.util.*;

class AddDataDialog extends JDialog {     //输入数据的对话框
    Connection conn= LoginManage.getConnection();
    PreparedStatement pstmt =null;
    JTextField tid = new JTextField(10);
    JTextField tname = new JTextField(10);
    JTextField tsex = new JTextField(10);
    JTextField tage = new JTextField(10);
    JTextField tdate = new JTextField(10);
    JTextField tmajor = new JTextField(10);

    public AddDataDialog(Frame f, String s, boolean b) {
        super(f, s, b);
        JPanel p1 = new JPanel();
        JPanel p2 = new JPanel();
        JPanel p3 = new JPanel();
        JPanel p4 = new JPanel();
        JPanel p5 = new JPanel();
        JPanel p6 = new JPanel();
        p1.add(new JLabel("学号"));
        tid.setText("3～6位数字");      p1.add(tid);
        p2.add(new JLabel("姓名"));    p2.add(tname);
        p3.add(new JLabel("性别"));    p3.add(tsex);
        p4.add(new JLabel("年龄"));    p4.add(tage);
        p5.add(new JLabel("日期"));
        tdate.setText("yyyy-mm-dd");  p5.add(tdate);
        p6.add(new JLabel("专业"));    p6.add(tmajor);
        JButton btn1 = new JButton("添加记录");
        this.setLayout(new FlowLayout());
        this.add(p1);
```

```
        this.add(p2);
        this.add(p3);
        this.add(p4);
        this.add(p5);
        this.add(p6);
        this.add(btn1);

        this.setTitle("输入数据");
        this.setSize(240, 300);
        this.setLocationRelativeTo(f);
        btn1.addActionListener(new StuMonitor());
    }

    public class StuMonitor implements ActionListener {  //内部类,插入数据到student表
        @Override
        public void actionPerformed(ActionEvent e) {

            int id = Integer.parseInt(tid.getText());
            int index = LoginManage.findStudent(id);
            if (index != -1) {
                JOptionPane.showMessageDialog(null,"该学生已存在");
            } else {
                String name = tname.getText();
                String sex = tsex.getText();
                int age = 0;
                try {
                    age = Integer.parseInt(tage.getText());
                } catch (Exception ee) {
                    System.out.println(ee.getMessage());
                }

                String date = tdate.getText();
                String major = tmajor.getText();
                StudentInfo stu = new StudentInfo(id, name, sex, age, date, major);
          String query = "INSERT INTO student VALUES(?,?,?,?,?,?)";
          try {
                    pstmt = conn.prepareStatement(query);
                    pstmt.setInt(1, stu.getSid());
                    pstmt.setString(2, stu.getSname());
                    pstmt.setString(3, stu.getSex());
                    pstmt.setInt(4, stu.getAge());
                    pstmt.setString(5,stu.getRegdate());
                    pstmt.setString(6, stu.getMajor());
                    int i = pstmt.executeUpdate();
                    if (i == 1)
                        JOptionPane.showMessageDialog(null,"插入记录成功");
                } catch (Exception ee) {
                    System.out.println(ee.getMessage());
```

```
                }
            }
        }
    }
}
```

12.4.2 实现删除信息功能

删除信息功能由 RemoveFrame 类实现，该类继承 JFrame 类。实现思路是在图形用户界面中输入学生学号信息，然后访问 test 数据库中的 student 表，如果学号不存在，则给出提示信息；如果存在，则执行 DELETE FROM 命令。

RemoveFrame.java 代码如下。删除数据的窗口如图 12-5 所示。

```
import javax.swing.*;
import java.awt.*;
import java.awt.event.*;
import java.sql.*;

public class RemoveFrame extends JFrame {
    Connection conn = LoginManage.getConnection();
    Statement stmt = null;
    JTextField fileName = null;
    JButton btn = null;

    public RemoveFrame() {
        JLabel lbl1 = new JLabel("请输入删除的学号: ", JLabel.CENTER);
        fileName = new JTextField(16);
        btn = new JButton(("提交"));
        Monitor1 m1 = new Monitor1();
        btn.addActionListener(m1);
        fileName.addActionListener(m1);
        this.setDefaultCloseOperation(JFrame.DISPOSE_ON_CLOSE);
        this.setLayout(new FlowLayout());
        this.add(lbl1);
        this.add(fileName);
        this.add(btn);
        this.setTitle("删除数据");
        this.setSize(420, 280);
        this.setLocationRelativeTo(null);
        this.setVisible(true);
    }

    class Monitor1 implements ActionListener {   //内部类，删除记录
        @Override
        public void actionPerformed(ActionEvent e) {
            try {
                int id = Integer.parseInt(fileName.getText());
```

```
                int index = LoginManage.findStudent(id);
                if (index == -1) {
                    JOptionPane.showMessageDialog(null, "无此学生信息");
                    return;
                }
                String query = "DELETE FROM student WHERE stuId=" + id;
                                stmt = conn.createStatement();
                int i = stmt.executeUpdate(query);
                if (i == 1)
                    JOptionPane.showMessageDialog(null, "删除记录成功");
            } catch (Exception ee) {
                ee.printStackTrace();
            }
        }
    }
}
```

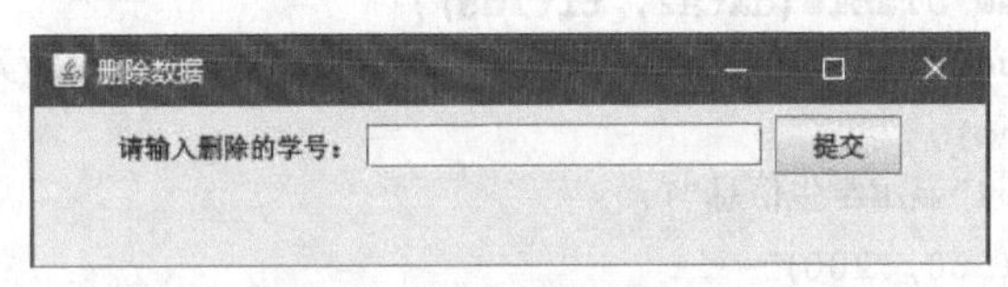

图 12-5　删除数据的窗口

12.4.3　实现显示信息功能

显示信息功能的实现过程请参考任务 11 中的例 11-9，ShowFrame.java 代码如下。

```
import javax.swing.*;
import java.sql.*;
import java.util.Vector;

public class ShowFrame extends JFrame {
    Connection conn = LoginManage.getConnection();
    Statement stmt = null;
    ResultSet rs = null;
    Vector<StudentInfo> studentList = new Vector<StudentInfo>();
    public ShowFrame() {
        StudentInfo s = null;
        String query = "SELECT * FROM student ORDER BY stuId";
        try {
            stmt = conn.createStatement();
            rs = stmt.executeQuery(query);
            while (rs.next()) {
                s = new StudentInfo(rs.getInt("stuId"), rs.getString("stuName"),
                        rs.getString("sex"), rs.getInt("age"), rs.getString("regDate"),
                        rs.getString("major"));
                studentList.add(s);
```

```
            }
        } catch (Exception e) {
            System.out.println("Error: " + e);
        }

        String data2[][] = new String[studentList.size()][6];
        for (int i = 0; i < studentList.size(); i++) {
            data2[i][0] = studentList.get(i).getSid() + "";
            data2[i][1] = studentList.get(i).getSname() + "";
            data2[i][2] = studentList.get(i).getAge() + "";
            data2[i][3] = studentList.get(i).getSex() + "";
            data2[i][4] = studentList.get(i).getRegdate() + "";
            data2[i][5] = studentList.get(i).getMajor() + "";
        }
        String titles[] = {"学号", "姓名", "性别", "年龄", "入学日期", "专业"}; //列名称

        JTable t = new JTable(data2, titles);
        JScrollPane scrollPane = new JScrollPane(t);          //设置表格在面板上的大小
        add(scrollPane);
        this.setTitle("显示学生信息");
        this.setSize(560, 200);
        this.setLocationRelativeTo(null);
        this.setDefaultCloseOperation(JFrame.DISPOSE_ON_CLOSE);
        setVisible(true);
    }
}
```

12.5 数据备份模块的实现

12.5.1 实现数据导入功能

数据导入由 ImportFrame 类实现，实现思路是从图形用户界面中输入要导入的指定格式的文本文件名，然后解析该文件，用解析到的数据项构造 StudentInfo 对象，再将对象保存到 Vector 类对象 studentList 中。

最后读取 studentList 对象，将其中的元素使用 INSERT INTO 语句保存到 test 数据库的 student 表中。

ImportFrame.java 代码如下。

```
import javax.swing.*;
import java.awt.*;
import java.awt.event.*;
import java.io.*;
import java.sql.*;
```

```
import java.util.*;

public class ImportFrame extends JFrame {
    Connection conn= LoginManage.getConnection();
    PreparedStatement pstmt =null;
    Vector<StudentInfo> studentList=new Vector<StudentInfo>();
    JTextField fileName = null;
    JButton btn = null;

    public ImportFrame() {
        JLabel lbl1 = new JLabel("请输入导入的文件名：", JLabel.CENTER);
        fileName = new JTextField(16);
        btn = new JButton(("提交"));
        Monitor1 m1 = new Monitor1();
        btn.addActionListener(m1);
        this.setLayout(new FlowLayout());
        this.add(lbl1);
        this.add(fileName);
        this.add(btn);
        this.setTitle("导入数据");
        this.setSize(420, 280);
        this.setLocationRelativeTo(null);
        this.setVisible(true);
        this.setDefaultCloseOperation(2);
    }

    class Monitor1 implements ActionListener {    //内部类，向表中插入数据
        @Override
        public void actionPerformed(ActionEvent e) {
            String fn = fileName.getText();
            File file = new File(fn);
            if (file.exists()) {
                try {
                    Scanner sc = new Scanner(file);
                    String str = null;
                    while (sc.hasNextLine()) {
                        str = sc.nextLine();
                        int id = Integer.parseInt(str.split(",")[0]);
                        String name = str.split(",")[1];
                        String sex = str.split(",")[2];
                        int age = Integer.parseInt(str.split(",")[3]);
                        String date = str.split(",")[4];
                        String major= str.split(",")[5];
                        StudentInfo s = new StudentInfo(id, name, sex, age,date,major);
                        studentList.add(s);
                    }
                    importData();                    //调用导入数据表的方法
                } catch (FileNotFoundException ee) {
```

```
                ee.printStackTrace();
            }
        } else {
            JOptionPane.showMessageDialog(null,"导入的文件不存在");
        }
    }

    void importData() {
        String query = "INSERT INTO student VALUES(?,?,?,?,?,?)";
        try {
            pstmt =conn.prepareStatement(query);
            for (int i=0;i<studentList.size();i++) {
                pstmt = conn.prepareStatement(query);
                pstmt.setInt(1, studentList.get(i).getSid());
                pstmt.setString(2, studentList.get(i).getSname());
                pstmt.setString(3, studentList.get(i).getSex());
                pstmt.setInt(4, studentList.get(i).getAge());
                pstmt.setString(5,studentList.get(i).getRegdate());
                pstmt.setString(6, studentList.get(i).getMajor());
                pstmt.executeUpdate();
            }
        }catch (Exception ee) {
            ee.printStackTrace();
        }
    }
}
/*public static void main(String[] args) {
    new ImportFrame();
}*/
}
```

12.5.2 实现数据导出功能

数据导出由 ExportFrame 类实现，实现思路如下。

① 从图形用户界面中输入要导出的文件名，保存到变量 fileName 中。

② 定义 ExportData( )方法，该方法连接 test 数据库，读取 student 表的每行数据，使用读取的数据构造 StudentInfo 对象，再将 StudentInfo 对象保存到 Vector 类对象 studentList 中。

③ 创建 BufferedWriter 对象，连接到 FileWriter 对象，将 studentList 对象的每个元素写入文本文件。

ExportFrame.java 代码如下。

```
import javax.swing.*;
import java.awt.*;
import java.awt.event.*;
import java.io.*;
import java.sql.*;
```

```
import java.util.Vector;

public class ExportFrame extends JFrame {
    Connection conn = LoginManage.getConnection();
    Statement stmt = null;
    ResultSet rs = null;
    Vector<StudentInfo> studentList = new Vector<StudentInfo>();
    JTextField fileName = null;
    JButton btn = null;

    public ExportFrame() {
        JLabel lbl1 = new JLabel("请输入导出的文件名：", JLabel.CENTER);
        fileName = new JTextField(16);
        btn = new JButton(("提交"));
        Monitor1 m1 = new Monitor1();
        btn.addActionListener(m1);
        fileName.addActionListener(m1);
        this.setDefaultCloseOperation(JFrame.DISPOSE_ON_CLOSE);
        this.setLayout(new FlowLayout());
        this.add(lbl1);
        this.add(fileName);
        this.add(btn);
        this.setTitle("导出数据");
        this.setSize(420, 280);
        this.setLocationRelativeTo(null);
        this.setVisible(true);
    }

    class Monitor1 implements ActionListener {           //内部类，导出数据到文件
        @Override
        public void actionPerformed(ActionEvent e) {
            String fn = fileName.getText();
            try {
              ExportData();                            //导出数据到 Vector 类对象
               BufferedWriter bw = new BufferedWriter(new FileWriter(fn));
               for (StudentInfo s : studentList) {
                   bw.write(s.toString()); //调用 StudentInfo 类中重写的 toString()方法
                   bw.newLine();
               }
               bw.close();
            } catch (IOException ee) {
               ee.printStackTrace();
            }
            JOptionPane.showMessageDialog(null,"导出成功");
        }
    }

    void ExportData() {
```

```
        String query = "Select * FROM student";
        try {
            stmt=conn.createStatement();
            rs = stmt.executeQuery(query);
            while (rs.next()) {
                int id = rs.getInt(1);
                String name = rs.getString(2);
                String sex = rs.getString(3);
                int age = rs.getInt(4);
                String date = rs.getString(5);
                String major = rs.getString(6);
                StudentInfo s = new StudentInfo(id, name, sex, age, date, major);
                studentList.add(s);
            }
        } catch (Exception ee) {
            ee.printStackTrace();
        }
    }
    /*public static void main(String[] args) {
        new ExportFrame();
    }*/
}
```

习题 12

1. 简答题

（1）使用 JDBC 操作 MySQL 数据库，需要将 MySQL 的驱动程序添加到项目中，叙述操作步骤。

（2）BoxLayout 类用于创建盒布局。在盒布局中，通常还需要使用盒式布局容器 Box，为什么？

（3）学生信息管理系统的数据备份模块包括 ImportFrame.java 和 ExportFrame.java 两个文件，导入和导出的文件默认在哪个文件夹？

（4）学生信息管理系统的数据导入模块 ImportFrame.java 导入文件时，如果导入数据和表中已有的数据存在学号重复，那么运行效果是什么？

2. 上机实践

（1）应用 BoxLayout 类用于创建图 12-6 所示的盒布局。

（2）基于数据库 test 中的 student 表，完成学生信息管理系统中的信息查找模块，要求应用图形用户界面输入和输出。

（3）基于数据库 test 中的 student 表，完成学生信息管理系统中的信息修改模块，要求应用图形用户界面输入和输出。

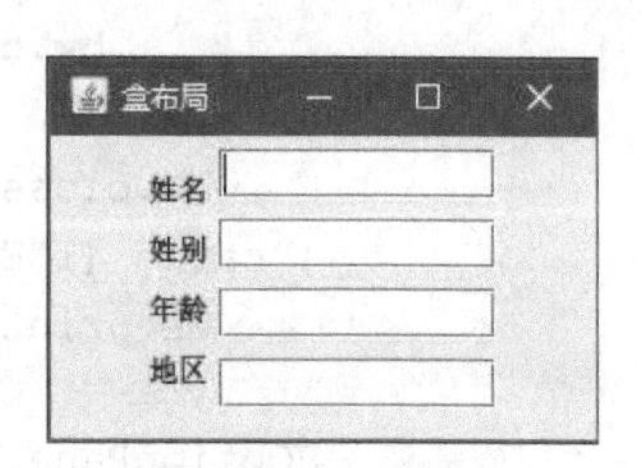

图 12-6　盒布局